武 汉 大 学 百 年 名 典

自 然 科 学 类 编 审 委 员 会

主任委员　李晓红

副主任委员　卓仁禧　周创兵　蒋昌忠

委员　（以姓氏笔画为序）

文习山　宁津生　石　兢　刘经南
何克清　吴庆鸣　李文鑫　李平湘
李晓红　李德仁　陈　化　陈庆辉
卓仁禧　周云峰　周创兵　庞代文
易　帆　谈广鸣　舒红兵　蒋昌忠
樊明文

秘书长　李平湘

社 会 科 学 类 编 审 委 员 会

主任委员　韩　进

副主任委员　冯天瑜　骆郁廷　谢红星

委员　（以姓氏笔画为序）

马费成　方　卿　邓大松　冯天瑜
石义彬　佘双好　汪信砚　沈壮海
肖永平　陈　伟　陈庆辉　周茂荣
於可训　罗国祥　胡德坤　骆郁廷
涂晓峰　郭齐勇　黄　进　谢红星
韩　进　谭力文

秘书长　沈壮海

胡迪鹤 教授1935年5月出生于湖南零陵。1956年在北京大学数学力学系参加了由我国概率统计先驱许宝騄先生主持的"全国第一届概率论与数理统计人才联合学习班"，1957年毕业于北京大学数学力学系，毕业后留校任教。1973年调入武汉大学，1980年由讲师越级晋升为教授，1986年由国务院学位办批准为博士生导师。自1991年起享受国务院政府特殊津贴。1979年至1981年应J.L.Doob教授之邀在美国伊利诺大学访问研究，1992年夏应J.Taylor教授之邀在美国弗吉尼亚大学讲学并合作研究。在概率论与随机分形方面，出版专著8部，译著1部，发表论文96篇，其专著与论文8次获省部级以上学术奖。2004年获湖北省优秀研究生导师称号并先后主持过国家自然科学基金、国家教委基金和科学院基金项目共13次。

曾任武汉大学数学系系主任，数学研究所副所长，国家教委科技委数学组成员，国家教委教学指导委员会委员，中国数学会常务理事，中国概率统计学会常务理事，湖北省数学会副理事长兼秘书长，武汉市科协副主席，《应用概率统计》及《数学杂志》副主编。

武汉大学
百年名典

一般状态马氏过程

分析理论

胡迪鹤 著

武汉大学出版社

图书在版编目(CIP)数据

一般状态马氏过程分析理论/胡迪鹤著. —武汉：武汉大学出版社，
2013.11
武汉大学百年名典
ISBN 978-7-307-11866-9

Ⅰ.一… Ⅱ.胡… Ⅲ.马尔柯夫过程 Ⅳ.O211.62

中国版本图书馆 CIP 数据核字（2013）第 236061 号

责任编辑：顾素萍 责任校对：汪欣怡 版式设计：马 佳

出版发行：**武汉大学出版社** （430072 武昌 珞珈山）
（电子邮件：cbs22@whu.edu.cn 网址：www.wdp.com.cn）
印刷：湖北恒泰印务有限公司
开本：720×1000 1/16 印张：14.25 字数：203 千字 插页：4
版次：2013 年 11 月第 1 版 2013 年 11 月第 1 次印刷
ISBN 978-7-307-11866-9 定价：42.00 元

《武汉大学百年名典》出版前言

百年武汉大学,走过的是学术传承、学术发展和学术创新的辉煌路程;世纪珞珈山水,承沐的是学者大师们学术风范、学术精神和学术风格的润泽。在武汉大学发展的不同年代,一批批著名学者和学术大师在这里辛勤耕耘,教书育人,著书立说。他们在学术上精品、上品纷呈,有的在继承传统中开创新论,有的集众家之说而独成一派,也有的学贯中西而独领风骚,还有的因顺应时代发展潮流而开学术学科先河。所有这些,构成了武汉大学百年学府最深厚、最深刻的学术底蕴。

武汉大学历年累积的学术精品、上品,不仅凸现了武汉大学"自强、弘毅、求是、拓新"的学术风格和学术风范,而且也丰富了武汉大学"自强、弘毅、求是、拓新"的学术气派和学术精神;不仅深刻反映了武汉大学有过的人文社会科学和自然科学的辉煌的学术成就,而且也从多方面映现了 20 世纪中国人文社会科学和自然科学发展的最具代表性的学术成就。高等学府,自当以学者为敬,以学术为尊,以学风为重;自当在尊重不同学术成就中增进学术繁荣,在包容不同学术观点中提升学术品质。为此,我们纵览武汉大学百年学术源流,取其上品,掬其精华,结集出版,是为《武汉大学百年名典》。

"根深叶茂,实大声洪。山高水长,流风甚美。"这是董必武同志 1963 年 11 月为武汉大学校庆题写的诗句,长期以来为武汉大学师生传颂。我们以此诗句为《武汉大学百年名典》的封面题词,实是希望武汉大学留存的那些泽被当时、惠及后人的学术精品、上品,能在现时代得到更为广泛的发扬和传承;实是希望《武汉大学百年名典》这一恢宏的出版工程,能为中华优秀文化的积累和当代中国学术的繁荣有所建树。

《武汉大学百年名典》编审委员会

序

马尔可夫过程是随机过程中历史最悠久的一个分支,也是目前发展很迅速的一个分支.马尔可夫过程的初期(从 20 世纪初到 20 世纪 50 年代)研究,主要集中在可数状态方面.这方面奠基性的专著如 [49].近年来国内在这方面也出了不少专著,如[29],[31],[32],[33],[34].50 年代以来,随着现代分析理论的发展,一方面可数状态的马尔可夫过程继续向纵深发展,另一方面,一般状态的马尔可夫过程得到了迅速发展.奠基性的专著如[5],[6].

本书主要研究一般状态的马尔可夫过程的分析理论,轨道理论基本未涉及.全书除了一小部分泛函分析方面的基本知识(如 Bochner 积分、算子半群理论、Banach 代数)外,主要是作者近年来在马尔可夫过程的分析理论方面研究工作的小结.

全书共分三章 27 节.第一章讨论时齐的转移函数及其所产生的算子半群的性质;第二章讨论时齐的 q 过程的构造理论;第三章讨论非时齐的转移函数的各种分析性质.

作者力图把本书写得通俗易读.对于掌握"测度论"、"泛函分析"和"点集拓扑"初步知识的读者,阅读此书不会有多大困难.

限于作者学识浅薄,本书缺点错误定然不少,敬希不吝指正.

胡迪鹤
1984 年于武汉大学

目　　录

第一章　时齐的准转移函数及算子半群的分析理论·················· 1

1.1　准转移函数及算子半群 ······························· 1

1.2　强极限与 Bochner 积分 ······························ 4

1.3　无穷小算子··· 13

1.4　准转移函数与半群的关系····························· 26

1.5　准转移函数的连续性································· 30

1.6　半群的强连续性····································· 31

1.7　准转移函数的可微性与 Kolmogorov 方程 ············· 40

1.8　半群的可微性······································· 52

第二章　q 过程的构造理论 ····························· 54

2.1　q 过程的存在性 ······························· 54

2.2　拉氏变换··· 64

2.3　空间 $U_\lambda(s)$ 和 $V_\lambda(s)$ ············· 70

2.4　q 过程的构造 ································· 77

2.5　唯一性准则······································· 93

2.6　Feller 性 ··· 98

第三章　非时齐的准转移函数的分析理论··············· 106

3.1　非时齐的准转移函数的连续性 ····················· 106

3.2　全叠积与微叠积 ································· 108

3.3　非时齐的准转移函数的可微性 ····················· 114

3.4　Kolmogorov 方程式 ····························· 124

3.5 拉氏变换 ·· 129

3.6 非时齐的 q 过程的存在性 ···················· 137

3.7 q 过程的唯一性 ································· 145

3.8 双参数算子半群 ·························· 148

3.9 标准准转移函数所产生的双参数算子半群 ········ 158

3.10 准转移函数的强遍历性 ······················ 164

3.11 遍历极限的收敛速度 ······················· 179

3.12 q 过程的遍历位势 ························· 182

3.13 对称性 ··· 197

参考文献 ·· 215

索引 ·· 219

第一章　时齐的准转移函数及算子半群的分析理论

本书符号及术语，多沿袭近代随机过程理论中所通用者. 例如从集合 E_1 到 E_2 中的变换 f，记为 $f\colon E_1 \to E_2$，为了突出自变量及对应关系有时也记为 $t \to f(t)$ 或 $t \to f_t$. 如 E_i 中还有 σ 代数 $\mathcal{E}_i$，f 关于 $\mathcal{E}_1$ 和 $\mathcal{E}_2$ 可测，则记为 $f \in \mathcal{E}_1/\mathcal{E}_2$. 特别地，若 $E_2 = \mathbf{R}^1 = (-\infty, \infty)$，$\mathcal{E}_2$ 是 $\mathbf{R}^1$ 中的全体 Borel 集合，则简记为 $f \in \mathcal{E}_1$. 而 $f \in \mathrm{b}\mathcal{E}_1$ 表 $f \in \mathcal{E}_1$ 且有界，$f \in \mathcal{E}_1^+$ 表 $f \in \mathcal{E}_1$ 且非负. 对任何 $A \in \mathcal{E}_1$，I_A 表 A 的**示性函数**，即 $I_A(x) = 1$ 或 0 视 x 属于 A 或不属于 A 而定. 有时记 $I_A(x)$ 为 $\varepsilon_x(A)$ 或 $\delta(x, A)$.

本书所言测度均非负. 若 $(E_1, \mathcal{E}_1, \mu)$ 是测度空间，$f \in \mathcal{E}_1$，$A \in \mathcal{E}_1$，f 在 A 上关于 μ 的积分记为 $\int_A f \, \mathrm{d}u$ 或 $\int_A f(x) \mu(\mathrm{d}x)$. 若 $\mathcal{M}$ 是集合 E 上的集合系，则记 $\sigma(\mathcal{M})$ 为由 $\mathcal{M}$ 所产生的 σ 代数. $a \wedge b = \min(a, b)$，$a \vee b = \max(a, b)$，$\mathcal{B}_\infty^0$ 表 $[0, \infty)$ 中的全体 Borel 集合.

1.1　准转移函数及算子半群

设 $\mathbf{T} \subset (-\infty, \infty)$，$(E, \mathcal{E})$ 是可测空间.

定义 1.1　称 $P(s, t, x, A)$ $(s \leqslant t,\ s, t \in \mathbf{T},\ x \in E,\ A \in \mathcal{E})$ 是**准转移函数**，如果

（ⅰ）对任意的 $s \leqslant t$，$s, t \in \mathbf{T}$，$x \in E$，$P(s, t, x, \cdot)$ 是 $\mathcal{E}$ 上的测度，且 $P(s, t, x, E) \leqslant 1$；

（ⅱ）对任意的 $s \leqslant t$，$s, t \in \mathbf{T}$，$A \in \mathcal{E}$，有

1

$$P(s,t,\cdot,A) \in \mathscr{E}, \quad P(s,s,x,A) = I_A(x);$$

（ⅲ）满足 **K-C 方程式**，即对任意的 $s \leqslant t \leqslant u$，$s,t,u \in \mathbf{T}$，$x \in E$，$A \in \mathscr{E}$，有

$$P(s,u,x,A) = \int_E P(s,t,x,\mathrm{d}y)P(t,u,y,A).$$

特别地，满足 $P(s,t,x,E) \equiv 1$ 的准转移函数称为**转移函数**，满足

$$P(s+h,t+h,x,A) \equiv P(s,t,x,A)$$

$$(s \leqslant t, \ s,t,s+h,t+h \in \mathbf{T}, \ x \in E, \ A \in \mathscr{E})$$

的（准）转移函数称为**时齐的(准)转移函数**. 对时齐的（准）转移函数，K-C 方程式变为

$$P(s+t,x,A) = \int_E P(s,x,\mathrm{d}y)P(t,y,A)$$

$$(s,t \in \mathbf{T}, \ x \in E, \ A \in \mathscr{E}).$$

本章所讨论的（准）转移函数，都是时齐的，如不特别申明，总令 $\mathbf{T} = [0,\infty)$.

定义 1.2　由 Banach 空间 $\mathbf{B}$ 到 $\mathbf{B}$ 的有界线性算子族 $\{F_t : t \in \mathbf{T}\}$ 称为一个**半群**，如果

$$F_{s+t} = F_s \circ F_t$$

（$s,t \in \mathbf{T}$，$F_0 = I$ 是恒等算子，$F_s \circ F_t$ 表复合算子）. 特别地，如果还有正实数 β，使 $\|F_t\| \leqslant e^{\beta t}$（$t \in \mathbf{T}$），则称此半群是**标准型的**，更特别地，若

$$\|F_t\| \leqslant 1 \quad (t \in \mathbf{T}),$$

则称此半群是**压缩型的**（此处 $\|F_t\|$ 表算子 F_t 的范数）.

下面我们给出两个 Banach 空间，并给出由准转移函数所产生的两个半群.

（1）$\mathscr{M} = \{f : f \in \mathrm{b}\mathscr{E}\}$，在 $\mathscr{M}$ 中按函数的普通加法与数量乘法来定义线性运算，并定义范数

$$\|f\| = \sup_{x \in E} |f(x)| \quad (f \in \mathscr{M}),$$

则 $\mathscr{M}$ 构成 Banach 空间.

（2）$\mathscr{L} = \{\varphi : \varphi$ 是 $\mathscr{E}$ 上完全可加的实值的集合函数$\}$. 在 $\mathscr{L}$ 中定义

线性运算如下：

$$(c_1\varphi_1 + c_2\varphi_2)(A) = c_1\varphi_1(A) + c_2\varphi_2(A)$$

（$\varphi_1, \varphi_2 \in \mathcal{L}$, c_1, c_2 是实数, $A \in \mathcal{E}$），再定义范数

$$\|\varphi\| = |\varphi|(E) \quad (\varphi \in \mathcal{L}),$$

$$|\varphi| = \varphi^+ + \varphi^-, \quad \varphi^+(A) = \varphi(AF), \quad \varphi^-(A) = -\varphi(AG),$$

（$A \in \mathcal{E}$，(F,G) 是 φ 的一组 Hahn 分解）. 则 $\mathcal{L}$ 亦为一 Banach 空间.

下面从准转移函数 $P(t,x,A)$ 在 $\mathcal{M}$ 和 $\mathcal{L}$ 上分别构造两个算子半群.

(1) $\{P_t : t \in \mathbf{T}\}$.

任取 $f \in \mathcal{M}$，定义

$$(P_t f)(x) = \int_E P(t,x,\mathrm{d}y) f(y) \quad (t \in \mathbf{T}, \ x \in E),$$

显然，P_t 是定义在 $\mathcal{M}$ 上取值于 $\mathcal{M}$ 中的有界线性算子. 由 $P(t,x,A)$ 满足 K-C 方程式可知：

$$P_s \cdot P_t = P_t \cdot P_s = P_{s+t} \quad (s,t \in \mathbf{T}),$$

再注意 $P(t,x,E) \leqslant 1$（$t \in \mathbf{T}$, $x \in E$），可知 $\{P_t : t \in \mathbf{T}\}$ 是压缩型的半群.

(2) $\{V_t : t \in \mathbf{T}\}$.

任取 $\varphi \in \mathcal{L}$，定义

$$(V_t \varphi)(A) = \int_E \varphi(\mathrm{d}x) P(t,x,A) \quad (t \in \mathbf{T}, \ A \in \mathcal{E}).$$

显然，V_t 是定义在 $\mathcal{L}$ 上取值于 $\mathcal{L}$ 中的有界线性算子，而由 $P(t,x,A)$ 满足 K-C 方程式可得

$$(V_{s+t}\varphi)(A) = \int_E \varphi(\mathrm{d}x) P(s+t,x,A)$$

$$= \int_E \varphi(\mathrm{d}x) \int_E P(s,x,\mathrm{d}y) P(t,y,A)$$

$$= (V_t \circ V_s \varphi)(A) \quad (s,t \in \mathbf{T}, \ A \in \mathcal{E}).$$

显然，$\|V_t \varphi\| \leqslant \|\varphi\|$（$\varphi \in \mathcal{L}$, $t \in \mathbf{T}$），所以 $\{V_t : t \in \mathbf{T}\}$ 是压缩型半群.

命题 1.1　任取 $f \in \mathcal{M}$, $\varphi \in \mathcal{L}$，定义 $(f,\varphi) = \int_E \varphi(\mathrm{d}x) f(x)$，则

$$(P_t f, \varphi) = (f, V_t \varphi).$$

证 $(P_t f, \varphi) = \int_E \varphi(\mathrm{d}x) \int_E P(t, x, \mathrm{d}y) f(y) = (f, V_t \varphi)$. □

由命题 1.1 看出：$\{P_t : t \in \mathbf{T}\}$ 与 $\{V_t : t \in \mathbf{T}\}$ 相互唯一决定. 事实上，若令 $I_A(x)$ 是 A 上的示性函数，ε_x 是 $\mathscr{E}$ 上的测度值集中在 $\{x\}$ 的概率测度，则

$$(V_t \varphi)(A) = (I_A, V_t \varphi) = (P_t I_A, \varphi),$$
$$(P_t f)(x) = (P_t f, \varepsilon_x) = (f, V_t \varepsilon_x).$$

现在我们来看一个特殊情形. 若 E 是非负整数集，记 $p_{i,j}(t) = P(t, i, \{j\})$，则 $P(t, x, A)$ 由 $p_{i,j}(t)$ 所唯一决定. 这时，$\mathscr{M}$ 为

$$(m) = \left\{ y: y = \begin{bmatrix} y_0 \\ y_1 \\ \vdots \end{bmatrix}, \sup_{j \geqslant 0} |y_j| < \infty \right\},$$

$\mathscr{L}$ 为

$$(l) = \left\{ \alpha': \alpha' = (\alpha_0, \alpha_1, \cdots), \sum_{j=0}^{\infty} |\alpha_j| < \infty \right\}.$$

而 $\{P_t : t \in \mathbf{T}\}$ 和 $\{V_t : t \in \mathbf{T}\}$ 分别由下式决定：

$$P_t y = P(t) y \quad (t \in \mathbf{T}, y \in (m)),$$
$$V_t \alpha' = \alpha' P(t) \quad (t \in \mathbf{T}, \alpha' \in (l)),$$

其中 $P(t) = (p_{i,j}(t), i, j \geqslant 0)$ 是由 $p_{i,j}(t)$ 为元素构成的矩阵，而上述两式右端是普通的矩阵乘法.

1.2　强极限与 Bochner 积分

定义 2.1　设 **B** 是一个 Banach 空间.

(1) 设 $f_n, f \in \mathbf{B}$. 若 $\lim\limits_{n \to \infty} \|f_n - f\| = 0$，则称 $\{f_n\}$ **强收敛**到 f，或称 f 是 $\{f_n\}$ 的**强极限**，记之为

$$f = (\mathrm{s}) \lim_{n \to \infty} f_n, \quad \text{或} \quad f_n \xrightarrow{(\mathrm{s})} f \text{（当 } n \to \infty).$$

(2) 设 $t \to f_t$ 是定义在 $[a, b]$ 上取值于 **B** 的抽象函数，$t_0 \in [a, b]$. 若

$$(s) \lim_{t \to t_0} f_t = f_{t_0},$$

则称 f_t 在 t_0 **强连续**. 如果 f_t 在 $[a,b]$ 上每一点都强连续,则说 f_t 在 $[a,b]$ **上强连续**.

若存在 $g_{t_0} \in \mathbf{B}$,使

$$(s) \lim_{h \to 0} \frac{f_{t_0+h} - f_{t_0}}{h} = g_{t_0},$$

则称 f_t 在 t_0 **是强可导的**,g_{t_0} **称为** f_t **在** t_0 **的强导数**,记之为 $f'_{t_0} = g_{t_0}$ 或 $(s)\dfrac{\mathrm{d}f_t}{\mathrm{d}t}\Big|_{t=t_0} = g_{t_0}$. 如果 f_t 在 $[a,b]$ 上每一点都是强可导的,则说 f_t **在** $[a,b]$ **上强可导**.

例如,若 $\mathbf{B} = \mathscr{M}$,$\mathscr{M}$ 的定义如 1.1 节,则 $\mathscr{M}$ 中之强收敛即数学分析中的一致收敛.

定义 2.2　设 $\mathscr{F}^1$ 为 $\mathbf{R}^1$ 中一切 Lebesgue 可测集,μ^* 是 $\mathscr{F}^1$ 上的 Lebesgue 测度,遂得完备测度空间 $(\mathbf{R}^1, \mathscr{F}^1, \mu^*)$. $\mathbf{B}$ 是 Banach 空间,$S \in \mathscr{F}^1$,$f_t: S \to \mathbf{B}$,称 f_t 在 S 上关于 $\mathscr{F}^1$ **强可测**(简称**强可测**),如果存在简单抽象函数列 $\{f_t^{(n)}\}$,使

$$f_t = (s) \lim_{n \to \infty} f_t^{(n)}, \quad [\text{a. e.}] \text{ in } S \ (\mu^*).$$

(所谓 g_t 是**简单抽象函数**,意即 $g_t = \sum_{i=1}^{k} c_i I_{A_i}(t)$,$c_i \in \mathbf{B}$,$A_i$ 是 S 中的可测子集,$A_1, A_2, \cdots, A_k$ 两两不交,$\bigcup_{i=1}^{k} A_i = S$.)

命题 2.1　(甲)　若 $\{g_t^{(n)}\}$ 是强可测函数列,且

$$g_t = (s) \lim_{n \to \infty} g_t^{(n)}, \quad [\text{a. e.}] \text{ in } S \ (\mu^*),$$

则 g_t 亦为强可测函数.

(乙)　若 f_t 是强可测函数,则

(1)　$\|f_t\|$ 是实变实值的 Lebesgue 可测函数;

(2)　存在简单抽象函数列 $\{f_t^{(n)}\}$,使

$$\|f_t^{(n)}\| \leqslant 2\|f_t\| \quad (n \geqslant 1, \ t \in S),$$

$$f_t = (s) \lim_{n \to \infty} f_t^{(n)}, \quad [\text{a. e.}] \text{ in } S \ (\mu^*).$$

证 （甲）显然成立. 下证（乙）.

（1） 对简单抽象函数 $f_t^{(n)} = \sum_{i=1}^{k_n} c_i^{(n)} I_{A_i^{(n)}}(t)$，总有

$$\|f_t^{(n)}\| = \sum_{i=1}^{k_n} \|c_i^{(n)}\| I_{A_i^{(n)}}(t)$$

是实变实值 Lebesgue 可测函数，但 f_t 强可测，故必存在简单抽象函数列 $\{f_t^{(n)}\}$ 使

$$f_t = (\mathrm{s}) \lim_{n \to \infty} f_t^{(n)}, \quad [\mathrm{a.\,e.}] \text{ in } S(\mu^*).$$

由范数的连续性得

$$\|f_t\| = \lim_{n \to \infty} \|f_t^{(n)}\|, \quad [\mathrm{a.\,e.}] \text{ in } S(\mu^*).$$

而今 $\|f_t^{(n)}\|$ 是 Lebesgue 可测的，故 $\|f_t\|$ 亦然.

（2） 设 $\{g_t^{(n)}\}$ 是简单抽象函数列，满足

$$f_t = (\mathrm{s}) \lim_{n \to \infty} g_t^{(n)}, \quad [\mathrm{a.\,e.}] \text{ in } S(\mu^*),$$

取

$$f_t^{(n)} = \begin{cases} 0, & \text{当} \|g_t^{(n)}\| > 2\|f_t^{(n)}\|, \\ g_t^{(n)}, & \text{反之,} \end{cases}$$

则 $\{f_t^{(n)}\}$ 即为所求. □

定义 2.3（Bochner 积分） 设 $(\mathbf{R}^1, \mathscr{F}^1, \mu^*)$，S，**B** 如定义 2.2. $f_t: S \to \mathbf{B}$，f_t 是强可测的，且 $\|f_t\|$ 在 S 上 Lebesgue 可积.

（1） 若 f_t 是简单抽象函数：

$$f_t = \sum_{i=1}^{n} c_i I_{A_i}(t),$$

$A_i \in \mathscr{F}^1$，$\bigcup_{i=1}^{n} A_i = S$，$A_i \cap A_j = \varnothing$ $(i \neq j)$，$c_i \in \mathbf{B}$，则定义 f_t（在 S 上）的 **Bochner 积分**为

$$\sum_{i=1}^{n} c_i \mu^*(A_i),$$

记之为 $(\mathrm{s}) \int_S f_t \mathrm{d}t = \sum_{i=1}^{n} c_i \mu^*(A_i).$

注意：$\|f_t\| = \sum_{i=1}^{n} \|c_i\| I_{A_i}(t)$，而又设

$$\int_S \|f_t\| \mathrm{d}t < \infty,$$

所以 $\|c_i\| \mu^*(A_i) < \infty$ $(i = 1, 2, \cdots, n)$. 因此

$$\text{``} \mu^*(A_i) = \infty \Rightarrow c_i = 0 \text{''}.$$

若约定 $0 \cdot \infty = 0$，则上面的积分恒为 **B** 中一元素. 这说明对满足定义 2.3 中条件的简单抽象函数 f_t，其 Bochner 积分必存在. 而积分值的唯一性是显然的.

（2）设 f_t 是一般的强可测函数，且 $\|f_t\|$ 在 S 上 Lebesgue 可积. 若对任意一列简单抽象函数

$$f_t^{(n)} = \sum_{i=1}^{k_n} c_i^{(n)} I_{A_i^{(n)}}(t),$$

只要 $\|f_t^{(n)}\| \leqslant 2\|f_t\|$，而且

$$f_t = (\mathrm{s}) \lim_{n \to \infty} f_t^{(n)}, \ [\mathrm{a.\,e.}] \text{ in } S \ (\mu^*),$$

均存在 $h \in \mathbf{B}$，使

$$h = (\mathrm{s}) \lim_{n \to \infty} \sum_{i=1}^{k_n} c_i^{(n)} \mu^*(A_i^{(n)}) = (\mathrm{s}) \lim_{n \to \infty} \left((\mathrm{s}) \int_S f_t^{(n)} \mathrm{d}t \right),$$

而且 h 不依赖 $\{f_t^{(n)}\}$ 的选取，则称 f_t 在 S 上是 **Bochner 可积的**，h 称为其**积分值**，记之为

$$h = (\mathrm{s}) \int_S f_t \mathrm{d}t.$$

对于任何一个可测子集 $S_1 \subset S$，定义

$$(\mathrm{s}) \int_{S_1} f_t \mathrm{d}t = (\mathrm{s}) \int_S I_{S_1}(t) f_t \mathrm{d}t.$$

定理 2.1 设 f_t 强可测，且 $\|f_t\|$ 在 S 上是 Lebesgue 可积的，则 f_t 在 S 上 Bochner 可积.

证 由命题 2.1，可取简单抽象函数列 $\{f_t^{(n)}\}$，使

$$\lim_{n \to \infty} \|f_t^{(n)} - f_t\| = 0, \ [\mathrm{a.\,e.}] \text{ in } S \ (\mu^*), \tag{2.1}$$

$$\|f_t^{(n)}\| \leqslant 2\|f_t\| \quad (n \geqslant 1,\, t \in S). \tag{2.2}$$

由 $(2.1),(2.2)$ 并应用控制收敛定理可得

$$\lim_{n,m\to\infty} \left\| (s)\int_S f_t^{(n)}\,\mathrm{d}t - (s)\int_S f_t^{(m)}\,\mathrm{d}t \right\|$$

$$\leqslant \lim_{n,m\to\infty} \int_S \|f_t^{(n)} - f_t^{(m)}\|\,\mathrm{d}t$$

$$\leqslant \lim_{n,m\to\infty} \left(\int_S \|f_t^{(n)} - f_t\|\,\mathrm{d}t + \int_S \|f_t - f_t^{(m)}\|\,\mathrm{d}t \right)$$

$$= \left(\int_S \lim_{n\to\infty} \|f_t^{(n)} - f_t\|\,\mathrm{d}t + \int_S \lim_{m\to\infty} \|f_t - f_t^{(m)}\|\,\mathrm{d}t \right)$$

$$= 0. \tag{2.3}$$

由 Banach 空间 $\mathbf{B}$ 的完备性得知：存在 $h \in \mathbf{B}$，使得

$$h = (s)\lim_{n\to\infty} \left((s)\int_S f_t^{(n)}\,\mathrm{d}t \right).$$

若有两列简单抽象函数列 $\{f_t^{(n)}\}, \{g_t^{(n)}\}$，使得

$$\|f_t^{(n)}\| \leqslant 2\|f_t\|,\ \|g_t^{(n)}\| \leqslant 2\|f_t\| \quad (n \geqslant 1),$$

$$f_t = (s)\lim_{n\to\infty} f_t^{(n)} = (s)\lim_{n\to\infty} g_t^{(n)},\, [\text{a.e.}] \text{ in } S\,(\mu^*),$$

往证：

$$(s)\lim_{n\to\infty}(s)\int_S f_t^{(n)}\,\mathrm{d}t = (s)\lim_{n\to\infty}(s)\int_S g_t^{(n)}\,\mathrm{d}t. \tag{2.4}$$

(注意：如前所证，(2.4) 两端的极限存在.) 事实上，作

$$h_t^{(n)} = \begin{cases} f_t^{(n)}, & n \text{ 为奇数}, \\ g_t^{(n)}, & n \text{ 为偶数}, \end{cases}$$

则 $\|h_t^{(n)}\| \leqslant 2\|f_t\|$ $(n \geqslant 1)$，$\{h_t^{(n)}\}$ 是简单抽象函数列，且

$$f_t = (s)\lim_{n\to\infty} h_t^{(n)},\, [\text{a.e.}] \text{ in } S\,(\mu^*).$$

因此，必存在 $h \in \mathbf{B}$，使

$$h = (s)\lim_{n\to\infty}(s)\int_S h_t^{(n)}\,\mathrm{d}t,$$

但是 $\left\{ (s)\int_S f_t^{(n)}\,\mathrm{d}t \right\}, \left\{ (s)\int_S g_t^{(n)}\,\mathrm{d}t \right\}$ 都是 $\left\{ (s)\int_S h_t^{(n)}\,\mathrm{d}t \right\}$ 的子序列，所以

$$(s)\lim_{n\to\infty}(s)\int_S f_t^{(n)}\,\mathrm{d}t = (s)\lim_{n\to\infty}(s)\int_S g_t^{(n)}\,\mathrm{d}t = h.$$

至此，定理 2.1 得证. □

系 1 设 f_t 是强可测的，则下列陈述等价：

(1) $\|f_t\|$ 在 S 上 Lebesgue 可积；

(2) 存在简单抽象函数列 $\{f_t^{(n)}\}$，使 $\|f_t^{(n)}\|$ Lebesgue 可积 $(n \geqslant 1)$，

$$\text{(s)} \lim_{n \to \infty} f_t^{(n)} = f_t, \ [\text{a. e.}] \text{ in } S \ (\mu^*),$$

$$\lim_{n \to \infty} \int_S \|f_t^{(n)} - f_t\| \mathrm{d}t = 0, \quad \|f_t^{(n)}\| \leqslant 2\|f_t\|;$$

(3) 存在简单抽象函数列 $\{f_t^{(n)}\}$，使

$$\text{(s)} \lim_{n \to \infty} f_t^{(n)} = f_t, \ [\text{a. e.}] \text{ in } S \ (\mu^*),$$

$$\lim_{n \to \infty} \int_S \|f_t^{(n)} - f_t\| \mathrm{d}t = 0, \ \|f_t^{(n)}\| \text{ Lebesgue 可积} (n \geqslant 1).$$

证 (1)$\Rightarrow$(2). 设(1)成立，因 f_t 是强可测的，由命题 2.1 得知存在简单抽象函数列 $\{f_t^{(n)}\}$，使

$$\text{(s)} \lim_{n \to \infty} f_t^{(n)} = f_t, \ [\text{a. e.}] \text{ in } S \ (\mu^*),$$

$$\|f_t^{(n)}\| \leqslant 2\|f_t\|,$$

从而 $\|f_t^{(n)}\|$ Lebesgue 可积. 由

$$\|f_t^{(n)} - f_t\| \leqslant 3\|f_t\|$$

及 $\|f_t\|$ 在 S 上 Lebesgue 可积，用 Lebesgue 控制收敛定理可得

$$\lim_{n \to \infty} \int_S \|f_t^{(n)} - f_t\| \mathrm{d}t = \int_S \lim_{n \to \infty} \|f_t^{(n)} - f_t\| \mathrm{d}t = 0.$$

(2)$\Rightarrow$(3). 显然成立.

(3)$\Rightarrow$(1). 设(3)成立. 取 $\{f_t^{(n)}\}$ 满足(3)中条件. 由

$$\|f_t\| \leqslant \|f_t^{(n)}\| + \|f_t^{(n)} - f_t\|,$$

$\|f_t^{(n)}\|$ 在 S 上 Lebesgue 可积，以及

$$\lim_{n \to \infty} \int_S \|f_t^{(n)} - f_t\| \mathrm{d}t = 0,$$

可知 $\|f_t\|$ 在 S 上 Lebesgue 可积.

系 1 得证. □

命题 2.2　设 f_t, g_t 在 S 上 Bochner 可积，则

(1)　$\alpha f_t + \beta g_t$ 在 S 上 Bochner 可积 $(\alpha, \beta \in \mathbf{R}^1)$，且

$$(\mathrm{s})\int_S (\alpha f_t + \beta g_t)\mathrm{d}t = \alpha \cdot (\mathrm{s})\int_S f_t \mathrm{d}t + \beta \cdot (\mathrm{s})\int_S g_t \mathrm{d}t;$$

(2)　若 $A_n \in \mathscr{F}^1$，$A_n \subset S$，$A_n \bigcap A_m = \varnothing \ (m \neq n)$，则有

$$(\mathrm{s})\int_{\underset{n=1}{\overset{\infty}{\bigcup}} A_n} f_t \mathrm{d}t = \sum_{n=1}^{\infty} (\mathrm{s})\int_{A_n} f_t \mathrm{d}t; \tag{2.5}$$

(3)　　　　　$$\left\| (\mathrm{s})\int_S f_t \mathrm{d}t \right\| \leqslant \int_S \|f_t\| \mathrm{d}t. \tag{2.6}$$

定理 2.2（控制收敛定理）　设 $\{f_t^{(n)}, n \geqslant 1\}$ 是一串定义在 S 上的 Bochner 可积的抽象函数，而且 $\|f_t^{(n)}\| \leqslant \|g_t\|$，$\|g_t\|$ Lebesgue 可积，

$$f_t = (\mathrm{s}) \lim_{n \to \infty} f_t^{(n)}, \ [\mathrm{a.\,e.}] \text{ in } S \ (\mu^*), \tag{2.7}$$

则 f_t 在 S 上也 Bochner 可积，而且

$$(\mathrm{s})\int_S f_t \mathrm{d}t = (\mathrm{s}) \lim_{n \to \infty} (\mathrm{s})\int_S f_t^{(n)} \mathrm{d}t. \tag{2.8}$$

证　由 (2.7) 及范数的连续性有

$$\|f_t\| = \lim_{n \to \infty} \|f_t^{(n)}\|, \ [\mathrm{a.\,e.}] \text{ in } S \ (\mu^*), \tag{2.9}$$

由 (2.7) 知 f_t 是强可测的，从而 $\|f_t\|$ 是 Lebesgue 可测的．显然，由 (2.9) 及 $\|f_t^{(n)}\| \leqslant \|g_t\|$，$\|g_t\|$ 是 Lebesgue 可积的得知 $\|f_t\|$ 是 Lebesgue 可积的．因此，由定理 2.1 得知 f_t 是 Bochner 可积的．

又因为

$$\left\| (\mathrm{s})\int_S f_t^{(n)} \mathrm{d}t - (\mathrm{s})\int_S f_t \mathrm{d}t \right\| \leqslant \int_S \|f_t^{(n)} - f_t\| \mathrm{d}t,$$

$\|f_t^{(n)} - f_t\| \leqslant 2\|g_t\|$，$\|g_t\|$ 是 Lebesgue 可积的，

$$\lim_{n \to \infty} \|f_t^{(n)} - f_t\| = 0, \ [\mathrm{a.\,e.}] \text{ in } S \ (\mu^*),$$

所以

$$\limsup_{n \to \infty} \left\| (\mathrm{s})\int_S f_t^{(n)} \mathrm{d}t - (\mathrm{s})\int_S f_t \mathrm{d}t \right\|$$

$$\leqslant \lim_{n \to \infty} \int_S \|f_t^{(n)} - f_t\| \mathrm{d}t = \int_S \lim_{n \to \infty} \|f_t^{(n)} - f_t\| \mathrm{d}t = 0.$$

定理 2.2 得证. □

定理 2.3 若 f_t 在 (a,b) 上强连续，则 f_t 在 (a,b) 上是强可测的. 若还有

$$\int_{(a,b)} \| f_t \| \mathrm{d}t < \infty, \tag{2.10}$$

则 f_t 在 (a,b) 上是 Bochner 可积的. (a 可以是 $-\infty$, b 可以是 $+\infty$.)

证 取 $b_n > a_n$, $b_n \uparrow b$, $a_n \downarrow a$, 由 f_t 在 $[a_n, b_n]$ 上强连续得知 f_t 在 $[a_n, b_n]$ 上一致强连续，令

$$f_t^{(n)} = \sum_{i=1}^{k_n} c_i^{(n)} I_{A_i^{(n)}}(t), \quad t \in (a,b), \ n \geqslant 1,$$

$$A_i^{(n)} = \left[a_n + \frac{i-1}{k_n}(b_n - a_n), a_n + \frac{i}{k_n}(b_n - a_n) \right],$$

$$c_i^{(n)} = f_{a_n + \frac{i}{k_n}(b_n - a_n)}, \quad \lim_{n \to \infty} \frac{b_n - a_n}{k_n} = 0,$$

则 $\{f_t^{(n)}\}$ 就是一串强收敛到 f_t 的简单抽象函数，此即 f_t 是强可测的. 再注意 (2.10) 并利用定理 2.1 得知 f_t 在 (a,b) 上是 Bochner 可积的.

□

系 1 若 f_t 在 $[a,b]$ 上强连续，a,b 是实数，则 f_t 不仅在 $[a,b]$ 上强可测而且是 Bochner 可积的.

证 由 f_t 在 $[a,b]$ 上强连续，得 $\| f_t \|$ 在 $[a,b]$ 上是实变实值连续函数，由定理 2.3 即得系 1. □

定理 2.4 若 f_t 在 S 上是 Bochner 可积的，$\| f_t \|$ 在 S 上 Lebesgue 可积，F 是由 Banach 空间 **B** 到 **B** 的有界线性算子，则 $F(f_t)$ 在 S 上也是 Bochner 可积的，而且

$$(s)\int_S F(f_t)\mathrm{d}t = F\left((s)\int_S f_t \mathrm{d}t \right). \tag{2.11}$$

证 (1) 对简单抽象函数来说，(2.11) 显然成立.

(2) 对一般抽象函数 f_t 来说，由 f_t Bochner 可积更知 f_t 是强可测

的，从而存在简单抽象函数列 $\{f_t^{(n)}\}$，使

$$f_t = (s) \lim_{n \to \infty} f_t^{(n)}, \ [a.e.] \text{ in } S(\mu^*), \qquad (2.12)$$

$$\| f_t^{(n)} \| \leqslant 2 \| f_t \|,$$

$$(s) \int_S f_t \mathrm{d}t = (s) \lim_{n \to \infty} (s) \int_S f_t^{(n)} \mathrm{d}t.$$

利用(1)及 F 是有界线性算子可得

$$F\Big((s) \int_S f_t \mathrm{d}t\Big) = (s) \lim_{n \to \infty} F\Big((s) \int_S f_t^{(n)} \mathrm{d}t\Big)$$

$$= (s) \lim_{n \to \infty} (s) \int_S F(f_t^{(n)}) \mathrm{d}t. \qquad (2.13)$$

再一次利用 F 是有界线性算子及(2.12)可知存在常数 k，使

$$\| F(f_t^{(n)}) \| \leqslant k \| f_t^{(n)} \| \leqslant 2k \| f_t \|,$$

$$(s) \lim_{n \to \infty} F(f_t^{(n)}) = F(f_t), \ [a.e.] \text{ in } S(\mu^*).$$

又因为 $\| f_t \|$ 是 Lebesgue 可积的，所以由定理 2.2 知 $F(f_t)$ 在 S 上是 Bochner 可积的，而且

$$(s) \int_S F(f_t) \mathrm{d}t = (s) \lim_{n \to \infty} (s) \int_S F(f_t^{(n)}) \mathrm{d}t. \qquad (2.14)$$

由(2.13),(2.14)即得定理 2.4. □

定理 2.5 若 f_t 在 $[a, a+h]$ 上强连续，则

$$f_a = (s) \lim_{\tau \to 0^+} \frac{1}{\tau} (s) \int_{[a,a+\tau]} f_t \mathrm{d}t. \qquad (2.15)$$

证 因为

$$\Big\| \frac{1}{\tau} (s) \int_{[a,a+\tau]} f_t \mathrm{d}t - f_a \Big\| \leqslant \frac{1}{\tau} \int_{[a,a+\tau]} \| f_t - f_a \| \mathrm{d}t$$

$$\leqslant \sup_{t \in [a,a+\tau]} \| f_t - f_a \|,$$

所以，由 f_t 在 $[a, a+h]$ 上的强连续性即得定理 2.5. □

定理 2.6 若 f_t 在 $[a, b]$ 上是强可导的，而且其强导数 f_t' 在 $[a, b]$ 上强连续，则

$$(s) \int_{[a,b]} f_t' \mathrm{d}t = f_b - f_a. \qquad (2.16)$$

证　任取定义在 **B** 上的取值于实空间的有界线性泛函 F，由定理 2.4 有

$$F\Big((s)\int_{[a,b]}f'_t\,\mathrm{d}t\Big)=\int_{[a,b]}F(f'_t)\,\mathrm{d}t. \tag{2.17}$$

((2.17) 右端是实变实值函数的 Lebesgue 积分.) 而

$$F(f'_t)=F\Big((s)\lim_{h\to0}\frac{f_{t+h}-f_t}{h}\Big)=\lim_{h\to0}F\Big(\frac{f_{t+h}-f_t}{h}\Big)=\frac{\mathrm{d}}{\mathrm{d}t}(F(f_t))$$

在 $t\in[a,b]$ 上是实变实值连续函数，故

$$\int_{[a,b]}F(f'_t)\,\mathrm{d}t=\int_{[a,b]}\frac{\mathrm{d}}{\mathrm{d}t}(F(f_t))\,\mathrm{d}t=F(f_b)-F(f_a)$$
$$=F(f_b-f_a).$$

所以，由 Hahn-Banach 定理有 $(s)\displaystyle\int_{[a,b]}f'_t\,\mathrm{d}t=f_b-f_a.$ □

对于完备测度空间 $(\mathbf{R}^1,\mathscr{F}^1,\mu^*)$、任意 Banach 空间 **B** 及任意抽象函数 $f_t:S\to\mathbf{B}\,(S\in\mathscr{F}^1)$，我们研究过 f_t 的强可测性（关于 $\mathscr{F}^1$）以及 f_t 在 S 上的 Bochner 积分：

$$(s)\int_S f_t\,\mathrm{d}\mu^*=(s)\int_S f_t\,\mathrm{d}t.$$

其实，对任意完备测度空间 $(\Omega,\mathscr{F},\mu)$、任意 Banach 空间 **B** 及任意变换 $f:\Omega\to\mathbf{B}$，我们亦可仿定义 2.2 和定义 2.3，定义 f 关于 $\mathscr{F}$ 的强可测性，以及 f 在 Ω 上的 Bochner 积分

$$(s)\int_\Omega f\,\mathrm{d}\mu.$$

而且关于积分的主要结果在此一般情况下亦成立. 当然，若 Ω 中无拓扑，f 的强连续、强导数无法引进. 此乃是促使我们研究特殊的完备测度空间 $(\mathbf{R}^1,\mathscr{F}^1,\mu^*)$ 上的 Bochner 积分的主要原因.

1.3　无穷小算子

在这一节恒设 $\mathbf{T}=[0,\infty)$，$\{F_t:t\in\mathbf{T}\}$ 是 Banach 空间 **B** 上的压缩型半群. 而所考虑的极限、连续、导数都是强极限、强连续、强导数，所考虑的积分都是 Bochner 积分（除明显可辨者外），因此，在极

限号、积分号等前之(s)都略去不写了，强极限、强连续、强导数之
"强"字亦略去.

令 $\mathbf{B}_0 = \{f: f \in \mathbf{B}, \lim\limits_{t \to 0^+} F_t f = f\}$.

命题 3.1 (1) $\mathbf{B}_0$ 是 $\mathbf{B}$ 的闭线性子空间.

(2) $f \in \mathbf{B}_0 \Rightarrow F_t f$ 在 $\mathbf{T}$ 上连续.

证 (1) 显然 $\mathbf{B}_0$ 是 $\mathbf{B}$ 的线性子空间，下面证明 $\mathbf{B}_0$ 闭. 任取 $f_n \in \mathbf{B}_0$，设 $f = \lim\limits_{n \to \infty} f_n$. 由于

$$\|F_t f - f\| \leqslant \|F_t(f - f_n)\| + \|F_t f_n - f_n\| + \|f_n - f\|$$
$$\leqslant 2\|f - f_n\| + \|F_t f_n - f_n\|,$$

所以 $\lim\limits_{t \to 0^+} \|F_t f - f\| = 0$，即 $f \in \mathbf{B}_0$.

(2) 任取 $t_0 > 0$.

若 $t > t_0$，则

$$\|F_t f - F_{t_0} f\| = \|F_{t_0}(F_{t-t_0} f - f)\| \leqslant \|F_{t-t_0} f - f\|,$$

而 $f \in \mathbf{B}_0$，所以 $\lim\limits_{t \downarrow t_0} F_t f = F_{t_0} f$.

若 $t < t_0$，则

$$\|F_t f - F_{t_0} f\| \leqslant \|F_{t_0-t} f - f\|,$$

由 $f \in \mathbf{B}_0$ 亦有 $\lim\limits_{t \uparrow t_0} F_t f = F_{t_0} f$. $\qquad\qquad\square$

定义 3.1 令

$$\mathscr{D}_A = \left\{f: f \in \mathbf{B}_0, \text{且存在 } g \in \mathbf{B}_0, \text{使 } g = \lim\limits_{h \to 0^+} \frac{E_h f - f}{h}\right\},$$

在 $\mathscr{D}_A$ 上定义算子 $\mathbf{A}$ 如下：任取 $f \in \mathscr{D}_A$，定义

$$\mathbf{A}f = \lim\limits_{h \to 0^+} \frac{F_h f - f}{h},$$

称 $\mathbf{A}$ 为 $\{F_t : t \in \mathbf{T}\}$ 的**无穷小算子**.

命题 3.2 若 $f \in \mathscr{D}_A$，则

$$\frac{\mathrm{d}}{\mathrm{d}t}(F_t f) = \mathbf{A} \circ F_t f = F_t \circ \mathbf{A}f \quad (t \in \mathbf{T}),$$

$$F_t f - f = (s)\!\int_{[0,t]} F_s \circ \mathbf{A}f \, \mathrm{d}s \quad (t \in \mathbf{T}).$$

证 由 $f \in \mathscr{D}_A$ 得

$$\lim_{h \to 0^+} \frac{F_{t+h}f - F_t f}{h} = F_t \lim_{h \to 0^+} \frac{F_h f - f}{h} = F_t \circ \mathbf{A}f,$$

且 $F_t f \in \mathscr{D}_A$. 故

$$\lim_{h \to 0^+} \frac{F_{t+h}f - F_t f}{h} = \lim_{h \to 0^+} \frac{F_h \circ F_t f - F_t f}{h} = \mathbf{A} \circ F_t f.$$

综上所述得到

$$\frac{\mathrm{d}^+}{\mathrm{d}t}(F_t f) = \mathbf{A} \circ F_t f = F_t \circ \mathbf{A}f \quad (t \in \mathbf{T}).$$

若 $t \in \mathbf{T}$, $t > 0$, 由于

$$\left\| \frac{F_t f - F_{t-h}f}{h} - F_t \circ \mathbf{A}f \right\|$$

$$\leqslant \left\| F_{t-h}\left(\frac{F_h f - f}{h} \right) - F_{t-h} \circ \mathbf{A}f \right\|$$

$$+ \left\| F_{t-h} \circ \mathbf{A}f - F_t \circ \mathbf{A}f \right\|, \quad f \in \mathscr{D}_A, \mathbf{A}f \in \mathbf{B}_0,$$

所以

$$\lim_{h \to 0^+} \left\| \frac{F_t f - F_{t-h}f}{h} - F_t \circ \mathbf{A}f \right\| = 0.$$

综上两步得

$$\frac{\mathrm{d}}{\mathrm{d}t}(F_t f) = F_t \circ \mathbf{A}f = \mathbf{A} \circ F_t f \ (t \in \mathbf{T}).$$

再用定理 2.6 即得 $F_t f - f = (\mathrm{s})\displaystyle\int_{[0,t]} F_s \circ \mathbf{A}f \mathrm{d}s$. □

定理 3.1 $\mathscr{D}_A$ 在 $\mathbf{B}_0$ 中稠.

证 任取 $f \in \mathbf{B}_0$, 则由定理 2.5 及命题 3.1 有

$$f = \lim_{\tau \to 0^+} \frac{1}{\tau} \int_{[0,\tau]} F_t f \mathrm{d}t.$$

若能证: 对任何 $0 \leqslant a < b < \infty$, 有

$$g(a,b) \equiv \int_{[a,b]} F_t f \mathrm{d}t \in \mathscr{D}_A,$$

则定理 3.1 得证. 事实上, 由定理 2.4 及定理 2.5 得

$$\lim_{h \to 0^+} \frac{1}{h} (F_h g(a,b) - g(a,b))$$

$$= \lim_{h \to 0^+} \frac{1}{h} \Big(\int_{[a,b]} F_h \circ F_t f \, \mathrm{d}t - \int_{[a,b]} F_t f \, \mathrm{d}t \Big)$$

$$= \lim_{h \to 0^+} \frac{1}{h} \Big(\int_{(b,b+h]} F_t f \, \mathrm{d}t - \int_{[a,a+h)} F_t f \, \mathrm{d}t \Big)$$

$$= (F_b f - F_a f) \in \mathbf{B}_0.$$

此即 $g(a,b) \in \mathscr{D}_A$. $\qquad\square$

系 1 $\mathscr{D}_A^c = \mathbf{B}_0$ ($\mathscr{D}_A^c$ 表 $\mathscr{D}_A$ 之闭包).

证 因为 $\mathbf{B}_0$ 是 $\mathbf{B}$ 的闭线性子空间，而且 $\mathscr{D}_A \subset \mathbf{B}_0$，所以 $\mathscr{D}_A^c \subset \mathbf{B}_0$，而由定理 3.1 有 $\mathscr{D}_A^c \supset \mathbf{B}_0$，所以 $\mathscr{D}_A^c = \mathbf{B}_0$. $\qquad\square$

定义 3.2 固定任一 $\lambda > 0$，定义算子 $R_\lambda : \mathbf{B}_0 \to \mathbf{B}_0$ 如下：

$$R_\lambda f = \int_{[0,\infty)} \mathrm{e}^{-\lambda t} F_t f \, \mathrm{d}t \quad (f \in \mathbf{B}_0), \tag{3.1}$$

称 R_λ 是 $\{F_t : t \in \mathbf{T}\}$ 的**预解算子**，$\{R_\lambda : \lambda > 0\}$ 称为 $\{F_t : t \in \mathbf{T}\}$ 的**预解式**.

注意：(1) (3.1) 右端的积分是有意义的，因为 $f \in \mathbf{B}_0$，故 $F_t f$ 在 $\mathbf{T}$ 上连续，从而 $\mathrm{e}^{-\lambda t} F_t f$ 亦然. 又因为

$$\int_{[0,\infty)} \| \mathrm{e}^{-\lambda t} F_t f \| \, \mathrm{d}t < \infty,$$

所以，由定理 2.3 得知 $\mathrm{e}^{-\lambda t} F_t f$ 在 $[0,\infty)$ 上是 Bochner 可积的.

(2) $\{R_\lambda : \lambda > 0\}$ 是一族有界线性算子，而且

$$\| R_\lambda \| \leqslant \frac{1}{\lambda}, \quad R_\lambda f \in \mathbf{B}_0 \quad (\lambda > 0, f \in \mathbf{B}_0).$$

显然 R_λ 是线性的，而且 $R_\lambda f \in \mathbf{B}_0 (\lambda > 0, f \in \mathbf{B}_0)$. 又因为对任何 $f \in \mathbf{B}_0$，都有

$$\| R_\lambda f \| \leqslant \int_{[0,\infty)} \mathrm{e}^{-\lambda t} \| f \| \, \mathrm{d}t \leqslant \frac{1}{\lambda} \| f \| \quad (\lambda > 0, f \in \mathbf{B}_0),$$

所以 $\| R_\lambda \| \leqslant \frac{1}{\lambda}$.

定理 3.2　对任何 $\lambda > 0$，$\lambda I - A$ 有逆算子 $(\lambda I - A)^{-1}$，而且等于 R_λ（I 是恒等算子），即是说，任取 $f \in \mathbf{B}_0$，方程式

$$\begin{cases} (\lambda I - A)g = f, \\ g \in \mathcal{D}_A \end{cases} \tag{3.2}$$

有唯一一个解，它就是 $R_\lambda f$.

证　(1) $R_\lambda f$ 是 (3.2) 的一个解. 事实上，令 $h_\lambda = R_\lambda f$，则由定理 2.4 有

$$F_\tau h_\lambda = \int_{[0,\infty)} \mathrm{e}^{-\lambda t} F_{t+\tau} f \, \mathrm{d}t = \int_{[\tau,\infty)} \mathrm{e}^{-\lambda(t-\tau)} F_t f \, \mathrm{d}t$$

$$= \mathrm{e}^{\lambda \tau} \left(h_\lambda - \int_{[0,\tau)} \mathrm{e}^{-\lambda t} F_t f \, \mathrm{d}t \right).$$

因此，由定理 2.5 有

$$\lim_{\tau \to 0^+} \frac{F_\tau h_\lambda - h_\lambda}{\tau} = \lim_{\tau \to 0^+} \left(\frac{\mathrm{e}^{\lambda \tau} - 1}{\tau} h_\lambda - \frac{\mathrm{e}^{\lambda \tau}}{\tau} \int_{[0,\tau)} \mathrm{e}^{-\lambda t} F_t f \, \mathrm{d}t \right)$$

$$= \lambda h_\lambda - f$$

存在且属于 $\mathbf{B}_0$. 此即 $h_\lambda \in \mathcal{D}_A$ 且 $A h_\lambda = \lambda h_\lambda - f$.

(2) (3.2) 的解是唯一的. 设 (3.2) 有两个解 $h_\lambda^{(1)}, h_\lambda^{(2)}$. 即是 $h_\lambda^{(i)} \in \mathcal{D}_A$，$(\lambda I - A) h_\lambda^{(i)} = f$ $(i = 1,2)$. 令 $\bar{h}_\lambda = h_\lambda^{(1)} - h_\lambda^{(2)}$，则 $\bar{h}_\lambda \in \mathcal{D}_A$，且 $A\bar{h}_\lambda = \lambda \bar{h}_\lambda$. 故由命题 3.2 有

$$\frac{\mathrm{d}}{\mathrm{d}t} F_t \bar{h}_\lambda = F_t \circ A\bar{h}_\lambda = \lambda F_t \bar{h}_\lambda,$$

所以

$$\frac{\mathrm{d}}{\mathrm{d}t} (\mathrm{e}^{-\lambda t} F_t \bar{h}_\lambda) = -\lambda \mathrm{e}^{-\lambda t} F_t \bar{h}_\lambda + \mathrm{e}^{-\lambda t} \left(\frac{\mathrm{d}}{\mathrm{d}t} F_t \bar{h}_\lambda \right)$$

$$= -\lambda \mathrm{e}^{-\lambda t} F_t \bar{h}_\lambda + \lambda \mathrm{e}^{-\lambda t} F_t \bar{h}_\lambda = 0.$$

因此，由定理 2.6 得

$$\mathrm{e}^{-\lambda t} F_t \bar{h}_\lambda = h_\lambda^* \quad (\text{不依赖 } t \in \mathbf{T}). \tag{3.3}$$

但是 $\bar{h}_\lambda \in \mathcal{D}_A \subset \mathbf{B}_0$，所以，由命题 3.1 得

$$\lim_{t \to 0^+} \mathrm{e}^{-\lambda t} F_t \bar{h}_\lambda = \bar{h}_\lambda. \tag{3.4}$$

由 (3.3)，(3.4) 得 $\mathrm{e}^{-\lambda t} F_t \bar{h}_\lambda = \bar{h}_\lambda$ $(t \in \mathbf{T})$. 所以

17

$$\|\bar{h}_\lambda\| = e^{-\lambda t} \|F_t \bar{h}_\lambda\| \leqslant e^{-\lambda t} \|\bar{h}_\lambda\| \quad (\lambda > 0, \ t \in \mathbf{T}).$$

故 $\|\bar{h}_\lambda\| = 0$. 唯一性证毕. □

定理 3.3 设 A 和 A^* 分别为压缩型半群 $\{F_t : t \in \mathbf{T}\}$ 和 $\{F_t^* : t \in \mathbf{T}\}$ 的无穷小算子. 若 $A = A^*$, 则

$$F_t f = F_t^* f \quad (f \in \mathbf{B}_0),$$

其中 $\mathbf{B}_0 = \{f : f \in \mathbf{B}, \ f = \lim\limits_{t \to 0^+} F_t f\} = \{f : f \in \mathbf{B}, \ f = \lim\limits_{t \to 0^+} F_t^* f\}$.

证 首先注意: 由 $A = A^*$, 知 A 与 A^* 的值域一样, 从而 $(\lambda I - A)$ 与 $(\lambda I - A^*)$ 的值域同, 故由定理 3.2 有

$$\begin{aligned}
\mathbf{B}_0 &= \{f : f \in \mathbf{B}, \ f = \lim_{t \to 0^+} F_t f\} \\
&= \{f : f \in \mathbf{B}, \ f = \lim_{t \to 0^+} F_t^* f\},
\end{aligned}$$

而且

$$\int_{[0,\infty)} e^{-\lambda t} F_t f \, dt = \int_{[0,\infty)} e^{-\lambda t} F_t^* f \, dt \quad (f \in \mathbf{B}_0).$$

今任取 $\mathbf{B}$ 上的一个有界线性泛函 F, 由定理 2.4 有

$$\begin{aligned}
\int_{[0,\infty)} e^{-\lambda t} F(F_t f) \, dt &= F\left(\int_{[0,\infty)} e^{-\lambda t} F_t f \, dt\right) = F\left(\int_{[0,\infty)} e^{-\lambda t} F_t^* f \, dt\right) \\
&= \int_{[0,\infty)} e^{-\lambda t} F(F_t^* f) \, dt \quad (f \in \mathbf{B}_0),
\end{aligned}$$

而 $f \in \mathbf{B}_0$ 时, $F(F_t f)$ 与 $F(F_t^* f)$ 都是 t 的实变实值连续函数, 所以, 由拉氏变换之唯一性得知

$$F(F_t f) = F(F_t^* f) \quad (t \in \mathbf{T}, \ f \in \mathbf{B}_0).$$

因此, 仿定理 2.6, 用 Hahn-Banach 定理得知

$$F_t f = F_t^* f \quad (f \in \mathbf{B}_0). \qquad \square$$

上面我们从半群出发, 研究了其无穷小算子的性质. 下面我们考虑它的逆问题, 即什么样的算子 A 可以作为某一个半群的无穷小算子?

设 $\mathbf{B}_1, \mathbf{B}_2$ 是两个 Banach 空间, $\mathscr{L}^*(\mathbf{B}_1, \mathbf{B}_2)$ 是由 $\mathbf{B}_1$ 到 $\mathbf{B}_2$ 的全体有界线性算子构成的 Banach 空间 (其中范数按算子范数定义, 其线性运

算按普通的算子的线性运算定义). 若 $\mathbf{B}_1 = \mathbf{B}_2 = \mathbf{B}$, 则简记 $\mathscr{L}^*(\mathbf{B}_1, \mathbf{B}_2)$ 为 $\mathscr{L}^*$.

若 $\Psi \in \mathscr{L}^*$, 定义

$$\mathrm{e}^{\Psi} = \sum_{m=0}^{\infty} \frac{\Psi^m}{m!} = \lim_{N \to \infty} \sum_{m=0}^{N} \frac{\Psi^m}{m!} \tag{3.5}$$

(此处收敛性是指按 $\mathscr{L}^*$ 中的范数的收敛性), $\Psi^m = \underbrace{\Psi \circ \Psi \circ \cdots \circ \Psi}_{m \uparrow}$ 是 Ψ 的 m 重复合算子.

注意: (3.5) 右边的极限是存在的. 事实上,

$$\left\| \sum_{m=N_1+1}^{N_2} \frac{\Psi^m}{m!} \right\| \leqslant \sum_{m=N_1+1}^{N_2} \frac{\|\Psi^m\|}{m!} \leqslant \sum_{m=N_1+1}^{N_2} \frac{(\|\Psi\|)^m}{m!},$$

所以

$$\lim_{N_1 \to \infty,\, N_2 \to \infty} \left\| \sum_{m=N_1+1}^{N_2} \frac{\Psi^m}{m!} \right\| = 0.$$

由 $\mathscr{L}^*$ 的完备性得知存在 $\Psi_0 \in \mathscr{L}^*$, 使 $\lim\limits_{N \to \infty} \sum\limits_{m=0}^{N} \dfrac{\Psi^m}{m!} = \Psi_0$.

命题 3.3　(1)　$\Psi \in \mathscr{L}^* \Rightarrow \|\mathrm{e}^{\Psi}\| \leqslant \mathrm{e}^{\|\Psi\|}$.

(2)　$\Psi_{m,n} \in \mathscr{L}^*$, $\sum\limits_{m} \sum\limits_{n} \|\Psi_{m,n}\| < \infty$, $\sum\limits_{m} \sum\limits_{n} \Psi_{m,n} = \Psi \in \mathscr{L}^*$, $\sum\limits_{n} \sum\limits_{m} \Psi_{m,n} = \Phi \in \mathscr{L}^* \Rightarrow \Psi = \Phi$.

(3)　$\Psi, \Phi \in \mathscr{L}^*$, $\Psi \circ \Phi = \Phi \circ \Psi \Rightarrow \mathrm{e}^{\Psi+\Phi} = \mathrm{e}^{\Psi} \circ \mathrm{e}^{\Phi} = \mathrm{e}^{\Phi} \circ \mathrm{e}^{\Psi}$;

(4)　$\Psi \in \mathscr{L}^* \Rightarrow \dfrac{\mathrm{d}}{\mathrm{d}t} \mathrm{e}^{t\Psi} = \Psi \circ \mathrm{e}^{t\Psi} = \mathrm{e}^{t\Psi} \circ \Psi$.

证　(1)　$\|\mathrm{e}^{\Psi}\| = \lim\limits_{N \to \infty} \left\| \sum\limits_{m=0}^{N} \dfrac{\Psi^m}{m!} \right\| \leqslant \lim\limits_{N \to \infty} \sum\limits_{m=0}^{N} \dfrac{\|\Psi^m\|}{m!}$

$$\leqslant \lim_{N \to \infty} \sum_{m=0}^{N} \frac{\|\Psi\|^m}{m!} = \mathrm{e}^{\|\Psi\|}.$$

(2)　任取 $\mathscr{L}^*$ 上一个有界线性泛函 F, 有

$$F(\Psi) = \sum_{m} \sum_{n} F(\Psi_{m,n}), \quad F(\Phi) = \sum_{n} \sum_{m} F(\Psi_{m,n}).$$

但是 $|F(\Psi_{m,n})| \leqslant \|F\| \|\Psi_{m,n}\|$，所以

$$\sum_m \sum_n |F(\Psi_{m,n})| \leqslant \|F\| \sum_m \sum_n \|\Psi_{m,n}\| < \infty,$$

因此，

$$F(\Psi) = \sum_m \sum_n F(\Psi_{m,n}) = \sum_n \sum_m F(\Psi_{m,n}) = F(\Phi),$$

从而由 Hahn-Banach 定理得 $\Psi = \Phi$.

（3） 由 $\Psi, \Phi \in \mathscr{L}^*$，$\Psi \circ \Phi = \Phi \circ \Psi$ 可得

$$e^{\Psi + \Phi} = \sum_{m=0}^{\infty} \sum_{l=0}^{m} C_m^l \frac{\Psi^l \circ \Phi^{m-l}}{m!}$$

（C_m^l 是 m 个元素中取 l 个的组合数），

$$\sum_{l=0}^{\infty} \sum_{m=l}^{\infty} C_m^l \frac{\Psi^l \circ \Phi^{m-l}}{m!} = \sum_{l=0}^{\infty} \sum_{n=0}^{\infty} C_{n+l}^l \frac{\Psi^l \circ \Phi^n}{(n+l)!} = \sum_{l=0}^{\infty} \Psi^l \sum_{n=0}^{\infty} \frac{\Phi^n}{n! \, l!}$$

$$= e^{\Psi} \circ e^{\Phi}.$$

又因为

$$\sum_{m=0}^{\infty} \sum_{l=0}^{m} C_m^l \left\| \frac{\Psi^l \circ \Phi^{m-l}}{m!} \right\| \leqslant \sum_{m=0}^{\infty} \sum_{l=0}^{m} C_m^l \frac{\|\Psi\|^l \|\Phi\|^{m-l}}{m!}$$

$$= e^{\|\Psi\| + \|\Phi\|} < \infty,$$

所以，由(2)有 $e^{\Psi + \Phi} = e^{\Psi} \circ e^{\Phi}$. 由 Ψ, Φ 地位的对称性，故亦有

$$e^{\Psi + \Phi} = e^{\Phi} \circ e^{\Psi}.$$

（4） 由(1)及(3)有

$$\lim_{\Delta t \to 0} \frac{e^{(t+\Delta t)\Psi} - e^{t\Psi}}{\Delta t} = \lim_{\Delta t \to 0} e^{t\Psi} \circ \left(\frac{e^{\Delta t \Psi} - I}{\Delta t} \right)$$

$$= e^{t\Psi} \circ \left(\lim_{\Delta t \to 0} \frac{e^{\Delta t \Psi} - I}{\Delta t} \right).$$

又因为

$$\left\| \frac{e^{\Delta t \Psi} - I}{\Delta t} - \Psi \right\| \leqslant \sum_{m=2}^{\infty} \frac{\|(\Delta t \Psi)^m\|}{m! \, \Delta t} \leqslant \sum_{m=2}^{\infty} (\Delta t)^{m-1} \frac{\|\Psi\|^m}{m!},$$

故 $\lim\limits_{\Delta t \to 0} \dfrac{e^{\Delta t \Psi} - I}{\Delta t} = \Psi$.

至此，命题 3.3 得证.

$\square$

20

定理 3.4　设 $\mathbf{B}_0$ 是 Banach 空间 $\mathbf{B}$ 的一个闭线性子空间，A 是定义在 $\mathscr{D}_A \subset \mathbf{B}_0$ 上的取值于 $\mathbf{B}_0$ 的线性算子. 如果

（1）　$\mathscr{D}_A$ 在 $\mathbf{B}_0$ 中稠；

（2）　对任何 $f \in \mathbf{B}_0$，方程式

$$\begin{cases} (\lambda I - \mathbf{A})g = f, \\ g \in \mathscr{D}_A \end{cases}$$

恰有唯一一个解（从而可以令 $R_\lambda = (\lambda I - \mathbf{A})^{-1}$，$R_\lambda : \mathbf{B}_0 \to \mathscr{D}_A$）；

（3）　$\|R_\lambda\| \leqslant \dfrac{1}{\lambda}$（$\lambda > 0$），

则在 $\mathbf{B}_0$ 上存在唯一一个强连续的压缩型的半群 $\{F_t : t \in \mathbf{T}\}$ 使其无穷小算子就是 $\mathbf{A}$.

证　由于 $tn\mathbf{A} \circ R_n = tn^2 R_n - tnI$ 是有界线性算子，所以

$$e^{tn\mathbf{A} \circ R_n} = \sum_{m=0}^{\infty} \frac{(tn\mathbf{A} \circ R_n)^m}{m!}$$

有定义. 再定义一族算子 $F_t^{(n)} : \mathbf{B}_0 \to \mathbf{B}_0$ 如下：

$$F_t^{(n)} f = e^{tn\mathbf{A} \circ R_n} f \quad (f \in \mathbf{B}_0).$$

（ⅰ）　对任何 $n \geqslant 1$，可证 $\{F_t^{(n)} : t \in \mathbf{T}\}$ 是 $\mathbf{B}_0$ 上的强连续压缩型半群.

显然，$F_t^{(n)}$ 是有界线性算子. 由命题 3.3 及条件（3）有

$$\|e^{tn\mathbf{A} \circ R_n}\| = \|e^{tn^2 R_n - tnI}\| = \|e^{-tn} e^{tn^2 R_n}\| \leqslant e^{-tn} e^{\|tn^2 R_n\|}$$
$$\leqslant e^{-tn} \cdot e^{tn} = 1.$$

至于 $F_{s+t}^{(n)} = F_s^{(n)} \circ F_t^{(n)} = F_t^{(n)} \circ F_s^{(n)}$，$F_0^{(n)} = I$，由命题 3.3（3）立即可得. 此即 $\{F_t^{(n)} : t \in \mathbf{T}\}$ 是压缩型半群. 再任取 $f \in \mathbf{B}_0$，仿命题 3.3（4）的证明有（因为 $n\mathbf{A} \circ R_n$ 是有界线性算子）：$F_t^{(n)} f$ 对 t 来说有强导数（在 $t \in \mathbf{T}$），从而对 t 更是强连续的.

（ⅱ）　任取 $f \in \mathbf{B}_0$，$t \in \mathbf{T}$，往证：$\lim\limits_{n \to \infty} F_t^{(n)} f$ 存在且属于 $\mathbf{B}_0$，记此极限为 $F_t f$.

事实上，由于 $\|F_t^{(n)}\| \leqslant 1$（$n \geqslant 1$，$t \in \mathbf{T}$），$\mathscr{D}_A$ 在 $\mathbf{B}_0$ 中稠，所以，若能证：对任何 $\tilde{f} \in \mathscr{D}_A$，均有 $\tilde{g}_t \in \mathbf{B}_0$，使

$$\tilde{g}_t = \lim_{n \to \infty} F_t^{(n)} \tilde{f} \quad (t \in \mathbf{T}), \tag{3.6}$$

则对任何 $f \in \mathbf{B}_0$，可取 $\tilde{f}_K \in \mathscr{D}_A$，$f = \lim_{K \to \infty} \tilde{f}_K$。因此，由

$$\| F_t^{(n)} f - F_t^{(m)} f \| \leqslant \| F_t^{(n)} f - F_t^{(n)} \tilde{f}_K \| + \| F_t^{(n)} \tilde{f}_K - F_t^{(m)} \tilde{f}_K \|$$
$$+ \| F_t^{(m)} \tilde{f}_K - F_t^{(m)} f \|$$
$$\leqslant 2 \| \tilde{f}_K - f \| + \| F_t^{(n)} \tilde{f}_K - F_t^{(m)} \tilde{f}_K \|$$

及(3.6)可得

$$\lim_{m,n \to \infty} \| F_t^{(n)} f - F_t^{(m)} f \| = 0.$$

因此，由 $\mathbf{B}_0$ 的完备性知必有 $g_t \in \mathbf{B}_0$，使 $g_t = \lim_{n \to \infty} F_t^{(n)} f$.

下面我们补证(3.6).

今任取 $\tilde{f} \in \mathscr{D}_A$. 由命题 3.3 有

$$\frac{\mathrm{d}}{\mathrm{d}t} (F_t^{(n)} \tilde{f}) = \frac{\mathrm{d}}{\mathrm{d}t} (\mathrm{e}^{tn\mathbf{A} \circ R_n} \tilde{f}) = F_t^{(n)} (n\mathbf{A} \circ R_n \tilde{f})$$
$$= n\mathbf{A} \circ R_n \circ F_t^{(n)} \tilde{f}. \tag{3.7}$$

所以用(ⅰ)及(3.7)有

$$\frac{\mathrm{d}}{\mathrm{d}s} (F_{t-s}^{(n)} \circ F_s^{(m)} \tilde{f})$$

$$= \lim_{\Delta s \to 0} \frac{F_{t-s-\Delta s}^{(n)} \circ F_{s+\Delta s}^{(m)} \tilde{f} - F_{t-s}^{(n)} \circ F_s^{(m)} \tilde{f}}{\Delta s}$$

$$= \lim_{\Delta s \to 0} \left(\frac{F_{t-s-\Delta s}^{(n)} (F_{s+\Delta s}^{(m)} \tilde{f} - F_s^{(m)} \tilde{f})}{\Delta s} + \frac{(F_{t-s-\Delta s}^{(n)} - F_{t-s}^{(n)}) \circ F_s^{(m)} \tilde{f}}{\Delta s} \right)$$

$$= F_{t-s}^{(n)} \left(\frac{\mathrm{d}}{\mathrm{d}s} F_s^{(m)} \tilde{f} \right) - \frac{\mathrm{d}}{\mathrm{d}t} F_{t-s}^{(n)} (F_s^{(m)} \tilde{f})$$

$$= F_{t-s}^{(n)} (m\mathbf{A} \circ R_m \circ F_s^{(m)} \tilde{f}) - F_{t-s}^{(n)} (n\mathbf{A} \circ R_n \circ F_s^{(m)} \tilde{f})$$

$$= F_{t-s}^{(n)} \circ (m\mathbf{A} \circ R_m \circ F_s^{(m)} - n\mathbf{A} \circ R_n \circ F_s^{(m)}) \tilde{f}. \tag{3.8}$$

由(3.7)和(3.8)知 $\frac{\mathrm{d}}{\mathrm{d}t} (F_t^{(n)} \tilde{f})$ 对 $t \in \mathbf{T}$ 是强连续的，$\frac{\mathrm{d}}{\mathrm{d}s} (F_{t-s}^{(n)} \circ F_s^{(m)} \tilde{f})$ 对 $s \in [0,t]$ 是强连续的. 所以，由定理 2.6 有

$$F_t^{(m)} \tilde{f} - F_t^{(n)} \tilde{f} = \int_{[0,t]} \left[\frac{\mathrm{d}}{\mathrm{d}s} (F_{t-s}^{(n)} \circ F_s^{(m)} \tilde{f}) \right] \mathrm{d}s$$

$$= \int_{[0,t]} F_{t-s}^{(n)} \circ (mA \circ R_m \circ F_s^{(m)} - nA \circ R_n \circ F_s^{(m)}) \tilde{f} ds. \quad (3.9)$$

由 $(nI - A) \circ (mI - A) = (mI - A) \circ (nI - A)$ 得

$$R_n \circ R_m = R_m \circ R_n,$$

又因为 $A \circ R_m = mR_m - I$,

$$F_t^{(n)} = e^{ntA \circ R_n} = \sum_{k=1}^{\infty} \frac{1}{k!} (ntA \circ R_n)^k,$$

所以

$$A \circ R_m \circ F_t^{(n)} = F_t^{(n)} \circ A \circ R_m \quad (\text{不论 } m \text{ 是否等于 } n),$$

以此代入 (3.9) 得

$$F_t^{(m)} \tilde{f} - F_t^{(n)} \tilde{f} = \int_{[0,t]} F_{t-s}^{(n)} \circ F_s^{(m)} \circ (mA \circ R_m - nA \circ R_n) \tilde{f} ds. \quad (3.10)$$

又因为对任何 $g \in \mathscr{D}_A$, 有

$$R_n \circ (nI - A)g = g, \quad \lim_{n \to \infty} R_n \circ Ag = 0,$$

所以

$$\lim_{n \to \infty} nR_n g = g \quad (g \in \mathscr{D}_A). \quad (3.11)$$

而 $\|nR_n\| \leqslant 1$, $\mathscr{D}_A$ 在 $\mathbf{B}_0$ 中稠, 仿前可证:

$$\lim_{n \to \infty} nR_n g = g \quad (g \in \mathbf{B}_0). \quad (3.12)$$

但是 $\tilde{f} \in \mathscr{D}_A$, 故

$$R_n \circ A\tilde{f} = A \circ R_n \tilde{f}. \quad (3.13)$$

显然 $A\tilde{f} \in \mathbf{B}_0$, 所以由 $(3.12),(3.13)$ 得

$$\lim_{n \to \infty} nA \circ R_n \tilde{f} = \lim_{n \to \infty} nR_n \circ A\tilde{f} = A\tilde{f}. \quad (3.14)$$

由 $(3.10),(3.13),(3.14)$ 得

$$\lim_{m,n \to \infty} \sup_{0 \leqslant t \leqslant M} \|F_t^{(m)} \tilde{f} - F_t^{(n)} \tilde{f}\|$$

$$\leqslant \lim_{m,n \to \infty} \sup_{0 \leqslant t \leqslant M} \int_{[0,t]} \|F_{t-s}^{(n)} \circ F_s^{(m)} \circ (mA \circ R_m - nA \circ R_n) \tilde{f}\| ds$$

$$\leqslant \lim_{m,n \to \infty} M \|mA \circ R_m - nA \circ R_n\|$$

$$= \lim_{m,n\to\infty} \sup M\|(mR_m - nR_n)\circ A\tilde{f}\| = 0. \qquad (3.15)$$

但是 $\mathbf{B}_0$ 是闭的，所以对任何 $\tilde{f}\in\mathscr{D}_A$ 存在 $\tilde{g}_t\in\mathbf{B}_0$，使

$$\lim_{n\to\infty} F_t^{(n)}\tilde{f} = \tilde{g}_t \quad （在 t 属于任何有限区间上一致）. \qquad (3.16)$$

(3.6) 得证.

（ⅲ）往证 $\{F_t: t\in\mathbf{T}\}$ 是强连续的压缩型半群. 显然 F_t 是有界线性算子，而且 $\|F_t\|\leqslant 1$ $(t\in\mathbf{T})$. 因为 $\{F_t^{(n)}: t\in\mathbf{T}\}$ 是强连续的压缩型半群，所以，由 (3.16) 得知对任何 $\tilde{f}\in\mathscr{D}_A$，$F_t\tilde{f}$ 在 $t\in\mathbf{T}$ 是强连续的. 再利用 $\|F_t\|\leqslant 1$ $(t\in\mathbf{T})$ 及 $\mathscr{D}_A$ 在 $\mathbf{B}_0$ 中稠易证：对任何 $f\in\mathbf{B}_0$，F_tf 在 $t\in\mathbf{T}$ 上也强连续.

又因为对任何 $f\in\mathbf{B}_0$，有 $F_{s+t}f = \lim\limits_{n\to\infty} F_s^{(n)}\circ F_t^{(n)}f$,

$$\|F_s\circ F_tf - F_s^{(n)}\circ F_t^{(n)}f\|$$
$$\leqslant \|F_s\circ F_tf - F_s^{(n)}\circ F_tf\| + \|F_s^{(n)}\circ F_tf - F_s^{(n)}\circ F_t^{(n)}f\|$$
$$\leqslant \|F_s\circ F_tf - F_s^{(n)}\circ F_tf\| + \|F_tf - F_t^{(n)}f\|,$$

所以

$$F_{s+t}f = \lim_{n\to\infty} F_s^{(n)}\circ F_t^{(n)}f = F_s\circ F_tf.$$

而 $F_0 = I$ 显然，故 $\{F_t: t\in\mathbf{T}\}$ 是强连续压缩型半群.

（ⅳ）$\{F_t: t\in\mathbf{T}\}$ 的无穷小算子 $A^* = A$.

任取 $f\in\mathscr{D}_A$，由 $A\circ R_nf = R_n\circ Af$ 得

$$\left\|\int_{[0,t]} nF_s^{(n)}\circ A\circ R_nf\,\mathrm{d}s - \int_{[0,t]} F_s\circ Af\,\mathrm{d}s\right\|$$

$$\leqslant \int_{[0,t]} \|nF_s^{(n)}\circ R_n\circ Af - F_s\circ Af\|\,\mathrm{d}s$$

$$\leqslant \int_{[0,t]} \|nF_s^{(n)}\circ R_n\circ Af - F_s^{(n)}\circ Af\|\,\mathrm{d}s$$

$$+ \int_{[0,t]} \|F_s^{(n)}\circ Af - F_s\circ Af\|\,\mathrm{d}s$$

$$\leqslant t\|nR_n\circ Af - Af\|$$

$$+ \int_{[0,t]} \|F_s^{(n)}\circ Af - F_s\circ Af\|\,\mathrm{d}s. \qquad (3.17)$$

在(3.17)中令 $n \to \infty$ 并注意(3.12)及对任何 $g \in \mathbf{B}_0$ 有

$$\lim_{n \to \infty} F_t^{(n)} g = F_t g \quad (\text{在 } t \text{ 属于任何有限区间上一致}),$$

((3.16)中已证当 $g \in \mathscr{D}_A$ 时上式成立,而今 $\mathscr{D}_A$ 在 $\mathbf{B}_0$ 中稠,且 $F_t^{(n)}$,F_t 是有界线性算子,范数均 $\leqslant 1$,所以上式对一切 $g \in \mathbf{B}_0$ 亦成立.)则可得

$$\lim_{n \to \infty} \int_{[0,t]} n F_s^{(n)} \circ \mathbf{A} \circ R_n f \, ds = \int_{[0,t]} F_s \circ \mathbf{A} f \, ds. \quad (3.18)$$

但是,由(3.7)有

$$\int_{[0,t]} n F_s^{(n)} \circ \mathbf{A} \circ R_n f \, ds = \int_{[0,t]} \left(\frac{\mathrm{d}}{\mathrm{d}s} F_s^{(n)} f \right) ds$$

$$= F_t^{(n)} f - f. \quad (3.19)$$

由(3.18),(3.19)及定理2.5得

$$\lim_{t \to 0^+} \frac{F_t f - f}{t} = \lim_{t \to 0^+} \lim_{n \to \infty} \frac{1}{t} \int_{[0,t]} n F_s^{(n)} \circ \mathbf{A} \circ R_n f \, ds$$

$$= \lim_{t \to 0^+} \frac{1}{t} \int_{[0,t]} F_s \circ \mathbf{A} f \, ds = \mathbf{A} f. \quad (3.20)$$

这就证明了 $\mathbf{A}^* \supset \mathbf{A}$,即 $\mathbf{A}^*$ 是 $\mathbf{A}$ 之开拓. 下面我们再证明 $\mathbf{A}^* \subset \mathbf{A}$. 即任取 $g^* \in \mathscr{D}_{A^*}$($\mathscr{D}_{A^*}$ 是 $\mathbf{A}^*$ 之定义域),往证 $g^* \in \mathscr{D}_A$,且 $\mathbf{A}^* g^* = \mathbf{A} g^*$,为此,若注意 $\mathbf{A}^* \supset \mathbf{A}$,又只须证明 $g^* \in \mathscr{D}_A$. 事实上,必存在 $f^* \in \mathbf{B}_0$,使

$$(\lambda I - \mathbf{A}^*) g^* = f^*.$$

再用本定理假设(2)有唯一一个 $g \in \mathscr{D}_A$,使

$$(\lambda I - \mathbf{A}) g = f^*.$$

由 $\mathbf{A}^* \supset \mathbf{A}$ 得 $f^* = (\lambda I - \mathbf{A}^*) g$,$g \in \mathscr{D}_A \subset \mathscr{D}_{A^*}$,而由定理3.2得知

$$\begin{cases} (\lambda I - \mathbf{A}^*) h = f^*, \\ h \in \mathscr{D}_{A^*} \end{cases}$$

恰有唯一一个解,所以 $g^* = g \in \mathscr{D}_A$. 这就证明了 $\mathbf{A}^* = \mathbf{A}$.

(Ⅴ) 由定理3.3立即可得,恰有唯一一个强连续的压缩型的半群 $\{F_t : t \in \mathbf{T}\}$,使其无穷小算子就是 $\mathbf{A}$. □

定理 3.5 设 $\mathbf{B}_0$ 是 Banach 空间 $\mathbf{B}$ 的一个闭线性子空间，$\mathscr{D}_A \subset \mathbf{B}_0$，$A: \mathscr{D}_A \to \mathbf{B}_0$，$A$ 是线性算子，则 A 决定唯一一个 $\mathbf{B}_0$ 上的强连续的压缩型半群，使其无穷小算子就是 A 的充要条件是：

(1) $\mathscr{D}_A$ 在 $\mathbf{B}_0$ 中稠；

(2) 任取 $f \in \mathbf{B}_0$，方程式

$$\begin{cases} (\lambda I - A)g = f & (\lambda > 0), \\ g \in \mathscr{D}_A \end{cases}$$

恰有唯一一个解，记此解为 $(\lambda I - A)^{-1} f$ 或 $R_\lambda f$；

(3) R_λ 是有界线性算子，且 $\|R_\lambda\| \leqslant \dfrac{1}{\lambda}$ $(\lambda > 0)$.

证 这是前面 4 个定理的总结. $\qquad\square$

定理 3.6 设 A, R_λ 分别为 $\mathbf{B}$ 上的压缩型半群 $\{F_t: t \in \mathbf{T}\}$ 的无穷小算子与预解算子，$\mathbf{B}_0$ 如命题 3.1 前所定义，则对任何 $f \in \mathbf{B}_0$，恒有

$$F_t f = \lim_{n \to \infty} \mathrm{e}^{tnA \circ R_n} f = \lim_{n \to \infty} \mathrm{e}^{tn(nR_n - I)} f \quad (t \in \mathbf{T}).$$

证 定理 3.4 中已证明此事实. $\qquad\square$

1.4　准转移函数与半群的关系

本节恒设 $\mathbf{T} = [0, \infty)$ 或 $\{0, 1, 2, \cdots\}$，$(E, \mathscr{E})$ 是任一可测空间，$P(t, x, A)$ 是准转移函数（$P(0, x, A)$ 仍定义为 $I_A(x)$），$\mathscr{M}, \mathscr{L}$ 是 1.1 节中所定义的两个 Banach 空间. 在 1.1 节中，我们分别在 $\mathscr{M}$ 和 $\mathscr{L}$ 上引进了两个半群 $\{P_t: t \in \mathbf{T}\}, \{V_t: t \in \mathbf{T}\}$ 如下：

$$(P_t f)(x) = \int_E P(t, x, \mathrm{d}y) f(y) \quad (t \in \mathbf{T},\ x \in E,\ f \in \mathscr{M}), \quad (4.1)$$

$$(V_t \varphi)(A) = \int_E \varphi(\mathrm{d}x) P(t, x, A) \quad (t \in \mathbf{T},\ A \in \mathscr{E},\ \varphi \in \mathscr{L}). \quad (4.2)$$

关于半群 $\{P_t\}$ 与 $\{V_t\}$，在 1.1 节中我们曾经看到，它们是相互唯一决定的. 在这一节中，我们将要研究准转移函数 $P(t, x, A)$ 与半群

$\{P_t : t \in \mathbf{T}\}$（或$\{V_t : t \in \mathbf{T}\}$）的关系.

定义 4.1 称 Banach 空间 $\mathscr{M}$ 上的半群$\{F_t : t \in \mathbf{T}\}$ 是**正半群**，如果 $f \in \mathscr{M}, f \geqslant 0 \Rightarrow F_t f \geqslant 0 \ (t \in \mathbf{T})$.

定理 4.1 设$\{P_t : t \in \mathbf{T}\}$ 是 $\mathscr{M}$ 上的任一压缩型半群，则它决定唯一一个准转移函数 $P(t, x, A)$ 使 (4.1) 成立的充要条件是：

(1) $\{P_t : t \in \mathbf{T}\}$ 是正半群；

(2) 对任何 $f_n \in \mathscr{M}, \sup\limits_n \|f_n\| < \infty, \lim\limits_{n \to \infty} f_n(x) = 0$（对一切 $x \in E$），均有 $\lim\limits_{n \to \infty} (P_t f_n)(x) = 0 \ (x \in E, t \in \mathbf{T})$.

证 **必要性** 设$\{P_t : t \in \mathbf{T}\}$ 是 $\mathscr{M}$ 上一个压缩型半群，它决定一个准转移函数 $P(t, x, A)$ 满足 (4.1). 则 (1) 显然成立. 至于 (2)，也只须应用控制收敛定理立即可以得到.

充分性 设$\{P_t : t \in \mathbf{T}\}$ 是一个满足 (1) 和 (2) 的半群，令
$$P(t, x, A) = (P_t I_A)(x) \quad (t \in \mathbf{T}, x \in E, A \in \mathscr{E}),$$
往证 $P(t, x, A)$ 即为所求. 事实上，由于 $I_A \in \mathscr{M}, P_t : \mathscr{M} \to \mathscr{M}$, 所以任意固定 $t \in \mathbf{T}, A \in \mathscr{E}, P(t, \boldsymbol{\cdot}, A) \in \mathscr{M}$, 而由$\{P_t : t \in \mathbf{T}\}$ 是压缩型正半群可得 $0 \leqslant P(t, x, A) \leqslant 1 \ (t \in \mathbf{T}, x \in E, A \in \mathscr{E})$. 由 P_t 是线性算子，可知 $P(t, x, \boldsymbol{\cdot})$ 在 $\mathscr{E}$ 上具有有限可加性. 再设 $A_n \in \mathscr{E}, \{A_n\}$ 不交，
$$A = \bigcup_n A_n, \quad f_n = \sum_{i=1}^n I_{A_i}, \quad f = I_A,$$
则 $\|f_n\| \leqslant 1, \lim\limits_{n \to \infty} f_n(x) = f(x)$. 因此，由定理假设有
$$P(t, x, A) = (P_t f)(x) = \lim_{n \to \infty} (P_t f_n)(x)$$
$$= \lim_{n \to \infty} \sum_{i=1}^n (P_t I_{A_i})(x)$$
$$= \sum_{i=1}^{\infty} P(t, x, A_i).$$
这就证明了 $P(t, x, \boldsymbol{\cdot})$ 是 $\mathscr{E}$ 上的测度. 显然 $f = I_A \ (A \in \mathscr{E})$ 时 (4.1) 成立. 用单调类定理（参见 [20]，第 0 章 (2.3)）可证对一切 $f \in \mathrm{b}\mathscr{E} = \mathscr{M}$ 时 (4.1) 亦成立. 由$\{P_t : t \in \mathbf{T}\}$ 的半群性质及 (4.1) 立即可得

$$P(s+t,x,A) = (P_{s+t}I_A)(x) = (P_s \circ P_t I_A)(x)$$
$$= \int_E P(s,x,\mathrm{d}y)P(t,y,A)$$
$$(s,t \in \mathbf{T}, \ x \in E, \ A \in \mathscr{E}). \qquad \square$$

定义 4.2 设 $\mathbf{T} = [0,\infty)$，称准转移函数 $P(t,x,A)$ 是**可测的**，如果固定任意 $A \in \mathscr{E}$，$(t,x) \to P(t,x,A)$ 是 $\mathscr{B}_\infty^0 \times \mathscr{E}$ 可测的（$\mathscr{B}_\infty^0$ 是 $[0,\infty)$ 的 Borel 集合体）.

对可测准转移函数 $P(t,x,A)$，定义其**拉氏变换**：

$$\Psi(\lambda,x,A) = \int_{[0,\infty)} \mathrm{e}^{-\lambda t} P(t,x,A)\mathrm{d}t$$
$$(\lambda > 0, \ x \in E, \ A \in \mathscr{E}). \qquad (4.3)$$

再定义两族由 $\mathscr{M}$ 到 $\mathscr{M}$ 和由 $\mathscr{L}$ 到 $\mathscr{L}$ 的算子：

$$(\Psi_\lambda f)(x) = \int_E \Psi(\lambda,x,\mathrm{d}y)f(y) \quad (\lambda > 0, \ x \in E, \ f \in \mathscr{M});$$

$$(\Psi_\lambda^* \varphi)(A) = \int_E \varphi(\mathrm{d}x)\Psi(\lambda,x,A) \quad (\lambda > 0, \ A \in \mathscr{E}, \ \varphi \in \mathscr{L}).$$

称 $\{\Psi_\lambda : \lambda > 0\}(\{\Psi_\lambda^* : \lambda > 0\})$ 为 $\{P_t : t \in \mathbf{T}\}(\{V_t : t \in \mathbf{T}\})$ 的**位势算子**，而 $\{\Psi_\lambda : \lambda > 0\}$ 与 $\{\Psi_\lambda^* : \lambda > 0\}$ 都称为 $P(t,x,A)$ 的**位势算子**.

命题 4.1 设 $P(t,x,A)$ 是可测的准转移函数，$\Psi(\lambda,x,A)$ 是其拉氏变换，$\{\Psi_\lambda : \lambda > 0\}, \{R_\lambda : \lambda > 0\}$ 是 $\{P_t : t \in \mathbf{T}\}$ 的位势算子与预解式，$\{\Psi_\lambda^* : \lambda > 0\}, \{R_\lambda^* : \lambda > 0\}$ 是 $\{V_t : t \in \mathbf{T}\}$ 的位势算子与预解式，则

(1) $\Psi(\lambda,x,A)$ 具有下列诸性质：固定 $\lambda > 0$，$A \in \mathscr{E}$，$\Psi(\lambda,\cdot,A) \in b\mathscr{E}$；固定 $\lambda > 0$，$x \in E$，$\Psi(\lambda,x,\cdot)$ 是 $\mathscr{E}$ 上的测度；$0 \leqslant \lambda\Psi(\lambda,x,A) \leqslant 1 (\lambda > 0, \ x \in E, \ A \in \mathscr{E})$，且满足**预解方程式**：

$$\Psi(\lambda,x,A) - \Psi(\mu,x,A) + (\lambda-\mu)\int_E \Psi(\lambda,x,\mathrm{d}y)\Psi(\mu,y,A) = 0$$
$$(\lambda > 0, \ \mu > 0, \ x \in E, \ A \in \mathscr{E}). \qquad (4.4)$$

(2) $\{\Psi_\lambda : \lambda > 0\}, \{\Psi_\lambda^* : \lambda > 0\}, \{R_\lambda : \lambda > 0\}, \{R_\lambda^* : \lambda > 0\}$ 亦满足预解方程式：

$$\Psi_\lambda f - \Psi_\mu f + (\lambda-\mu)\Psi_\lambda \circ \Psi_\mu f = 0 \quad (\lambda,\mu > 0, \ f \in \mathscr{M}),$$

$$\Psi_\lambda^* \varphi - \Psi_\mu^* \varphi + (\lambda - \mu) \Psi_\lambda^* \circ \Psi_\mu^* \varphi = 0 \quad (\lambda, \mu > 0, \; \varphi \in \mathscr{L}),$$

$$R_\lambda f - R_\mu f + (\lambda - \mu) R_\lambda \circ R_\mu f = 0 \quad (\lambda, \mu > 0, \; f \in \mathscr{M}_0),$$

$$R_\lambda^* \varphi - R_\mu^* \varphi + (\lambda - \mu) R_\lambda^* \circ R_\mu^* \varphi = 0 \quad (\lambda, \mu > 0, \; \varphi \in \mathscr{L}_0),$$

其中 $\mathscr{M}_0 = \{f: f \in \mathscr{M}, \; (\mathrm{s}) \lim\limits_{t \to 0^+} P_t f = f\}$,

$$\mathscr{L}_0 = \{\varphi: \varphi \in \mathscr{L}, \; (\mathrm{s}) \lim\limits_{t \to 0^+} V_t \varphi = \varphi\}.$$

(3) $\{\Psi_\lambda: \lambda > 0\}, \{\Psi_\lambda^*: \lambda > 0\}$ 皆为有界线性算子族, $\|\Psi_\lambda\| \leqslant \dfrac{1}{\lambda}$, $\|\Psi_\lambda^*\| \leqslant \dfrac{1}{\lambda}$, $\Psi_\lambda \supset R_\lambda$, 即 Ψ_λ 是 R_λ 之开拓, $\Psi_\lambda^* \supset R_\lambda^*$.

证　只验证预解方程式(4.4)及 $\Psi_\lambda \supset R_\lambda$, 其他均为显然. 不妨令 $\lambda \neq \mu$.

$$\int_E \Psi(\lambda, x, \mathrm{d}y) \Psi(\mu, y, A)$$

$$= \int_E \Psi(\lambda, x, \mathrm{d}y) \left(\int_{[0,\infty)} \mathrm{e}^{-\mu t} P(t, y, A) \mathrm{d}t \right)$$

$$= \int_{[0,\infty)} \mathrm{d}s \int_{[0,\infty)} \mathrm{d}t \int_E \mathrm{e}^{-\lambda s - \mu t} P(s, x, \mathrm{d}y) P(t, y, A)$$

$$= \int_{[0,\infty)} \mathrm{d}s \int_{[s,\infty)} \mathrm{d}t (\mathrm{e}^{-\lambda s} \mathrm{e}^{-\mu(t-s)} P(t, x, A))$$

$$= \int_{[0,\infty)} \mathrm{d}t \int_{[0,t]} \mathrm{d}s (\mathrm{e}^{-(\lambda-\mu)s} \mathrm{e}^{-\mu t} P(t, x, A))$$

$$= \frac{1}{\mu - \lambda} \int_{[0,\infty)} (\mathrm{e}^{-(\lambda-\mu)t} - 1) \mathrm{e}^{-\mu t} P(t, x, A) \mathrm{d}t$$

$$= \frac{1}{\mu - \lambda} (\Psi(\lambda, x, A) - \Psi(\mu, x, A)).$$

再证 $R_\lambda \subset \Psi_\lambda$.

任取 $f \in \mathscr{M}_0$, 由 $\mathrm{e}^{-\lambda t} P_t f$ 在 $t \in \mathbf{T}$ 强连续(从而必强可则)得知存在一串简单抽象函数 $\{u_t^{(n)}: n \geqslant 1\}$ 使

$$\mathrm{e}^{-\lambda t} P_t f = (\mathrm{s}) \lim_{n \to \infty} u_t^{(n)}, \; [\text{a. e.}] \text{ in } \mathbf{T} \; (\mu^*),$$

$$u_t^{(n)} = \sum_{i=1}^{K_n} C_i^{(n)} I_{A_{n,i}}(t), \; C_i^{(n)} \in \mathscr{M}, \; \{A_{n,i}: i = 1, 2, \cdots, K_n\} \text{ 不交},$$

$$\bigcup_{i=1}^{K_n} A_{n,i} = [0,\infty), \quad \|u_t^{(n)}\| \leqslant 2\|e^{-\lambda t}P_t f\|.$$ 所以

$$R_\lambda f = (s)\int_{[0,\infty)} e^{-\lambda t}P_t f\,dt = (s)\lim_{n\to\infty}\sum_{i=1}^{K_n} C_i^{(n)}\mu^*(A_{n,i})$$

（μ^* 是直线上的 Lebesgue 测度）. 更有

$$(R_\lambda f)(x) = \lim_{n\to\infty}\sum_{i=1}^{K_n} C_i^{(n)}(x)\mu^*(A_{n,i}) = \lim_{n\to\infty}\int_{[0,\infty)} u_t^{(n)}(x)\,dt$$

$$= \int_{[0,\infty)} (e^{-\lambda t}P_t f)(x)\,dt = (\Psi_\lambda f)(x).$$

命题证毕. $\qquad\qquad\qquad\qquad\qquad\qquad\qquad\qquad\qquad\qquad\square$

1.5　准转移函数的连续性

本节设 $\mathbf{T} = [0,\infty)$, $(E,\mathscr{E})$ 是任一可测空间, 对角线集 $D = \{(x,x)\colon x\in E\} \in \mathscr{E}\times\mathscr{E}$, 从而 $\mathscr{E}$ 包含了 E 中全体单点集, $P(t,x,A)$ 是准转移函数.

定义 5.1　称准转移函数 $P(t,x,A)$ 是**标准的**, 如果

$$\lim_{t\to 0^+} P(t,x,A) = P(0,x,A) = I_A(x) \quad (x\in E,\ A\in\mathscr{E}). \quad (5.1)$$

定理 5.1　若 $P(t,x,A)$ 是标准的, 则

(1)　$P(t,x,\{x\}) > 0\ (t\in\mathbf{T},\ x\in E)$;

(2)　$|P(t,x,A) - P(u,x,A)| \leqslant 1 - P(|t-u|,x,\{x\})\ (t,u\in \mathbf{T},\ x\in E,\ A\in\mathscr{E})$, 从而对每一个固定的 $x\in E$, $A\in\mathscr{E}$, $P(\cdot,x,A)$ 作为 t 的函数来说, 在 $\mathbf{T}$ 上一致连续, 而且对 $A\in\mathscr{E}$ 而言是等度的;

(3)　对每个固定的 $t\in\mathbf{T}$, $h(x) = P(t,x,B_x)$ 是 x 的 $\mathscr{E}$ 可测函数, 其中 $B\in\mathscr{E}\times\mathscr{E}$, $B_x = \{y\colon (x,y)\in B\}$. 特别地, $P(t,x,\{x\})$ 是 x 的 $\mathscr{E}$ 可测函数.

证　(1)　因为对任何 $u,v\in\mathbf{T}$, 有

$$P(u+v,x,A) = \int P(u,x,dy)P(v,y,A) \geqslant P(u,x,\{x\})P(v,x,A),$$

更有

$$P(t,x,\{x\}) \geqslant \left[P\left(\frac{t}{2^n},x,\{x\}\right) \right]^{2^n}.$$

故由 $\lim\limits_{t \to 0^+} P(t,x,\{x\}) = 1$ 即得(1).

(2) 不失普遍性，可令 $t \geqslant u$. 令 $t = u + v$，则

$$P(t,x,A) - P(u,x,A)$$
$$= \int_E P(v,x,\mathrm{d}y)P(u,y,A) - P(u,x,A)$$
$$= \int_{E-\{x\}} P(v,x,\mathrm{d}y)P(u,y,A)$$
$$- P(u,x,A)(1 - P(v,x,\{x\})).$$

所以

$$P(t,x,A) - P(u,x,A) \geqslant -(1 - P(v,x,\{x\})). \qquad (5.2)$$

又因为

$$P(t,x,A) - P(u,x,A)$$
$$\leqslant \int_{E-\{x\}} P(v,x,\mathrm{d}y)P(u,y,A) \leqslant P(v,x,E-\{x\})$$
$$\leqslant 1 - P(v,x,\{x\}), \qquad (5.3)$$

因此，由(5.2),(5.3)即得(2).

(3) 若 $B = A_1 \times A_2$, $A_i \in \mathscr{E}$, 则 $P(t,x,B_x) = I_{A_1}(x)P(t,x,A_2)$ 是 x 的 $\mathscr{E}$ 可测函数. 令

$$\mathscr{G} = \{B: B = A_1 \times A_2, A_i \in \mathscr{E}\},$$

$$\mathscr{H} = \{B: B \in \mathscr{E} \times \mathscr{E}, P(t,x,B_x) \text{ 是 } x \text{ 的 } \mathscr{E} \text{ 可测函数}\},$$

则 $\mathscr{G}$ 是 π 系统, $\mathscr{G} \subset \mathscr{H}$, $\mathscr{H}$ 是 d 系统(关于 π 系统与 d 系统的定义参见 [20] (2.1)), 由[20] (2.2)知 $\mathscr{H} \supset \sigma(\mathscr{G}) = \mathscr{E} \times \mathscr{E}$. (3)得证. □

1.6 半群的强连续性

本节均设 $\mathbf{T} = [0,\infty)$, $(E,\mathscr{E})$ 是可测空间, $\mathscr{E}$ 包含 E 的一切单点集, $\mathscr{M},\mathscr{L}$ 是 1.1 节定义的两个 Banach 空间, $P(t,x,A)$ 是标准的准转移函数, $\Psi(\lambda,x,A)$ 是其拉氏变换, $\{\Psi_\lambda: \lambda > 0\}$ 是其位势算子,

$\{P_t: t \in \mathbf{T}\}, \{V_t: t \in \mathbf{T}\}$ 是 $(4.1), (4.2)$ 所定义的半群. $\{F_t: t \in \mathbf{T}\}$ 是任一 Banach 空间 $\mathbf{B}$ 上的半群. 在这一节中,我们将要研究 $\{F_t\}$, $\{P_t\}$ 和 $\{V_t\}$ 的强连续性.

定义 6.1 设 A 为直线上一 Lebesgue 可测集,$u(t)$ 是定义在 A 上取值于 $\mathbf{B}$ 中的抽象函数. 称 $u(t)$ 是**弱可测的**,如果对 $\mathbf{B}$ 上的任何一个有界线性泛函 l,$l(u(t))$ 都是一个定义在 A 上的实变实值 Lebesgue 可测函数.

显然,若 $u(t)$ 强可测,则 $u(t)$ 必弱可测.

$u(t)$ 有时代表抽象函数,有时代表它在 t 这一点所对应的像(在 $\mathbf{B}$ 中).

令 $S(A, \mathbf{B}) = \{u(t): $ 函数 $u(t): A \to \mathbf{B}$,$u(t)$ 弱可测,且 $\sup\limits_{t \in A} \|u(t)\| < \infty\}$.

引理 6.1 设 $\mathbf{B}$ 是可分的(即有可数稠子集) Banach 空间,$u(t)$: $A \to \mathbf{B}$,$u(t)$ 弱可测,则 $\|u(t)\|$ 是定义在 A 上的实变实值 Lebesgue 可测函数.

证 设 $\{f_n\}$ 是 $\mathbf{B}$ 中一个可数稠子集. 由 Hahn-Banach 定理,可以在 $\mathbf{B}$ 上作一串有界线性泛函 $\{l_n\}$,使

$$l_n(f_n) = \|f_n\|, \quad |l_n(f)| \leqslant \|f\| \quad (f \in \mathbf{B}, n \geqslant 1).$$

再令 $\alpha(f) = \sup\limits_{n \geqslant 1} l_n(f) \ (f \in \mathbf{B})$,则

$$\alpha(f) \leqslant \|f\| \quad (f \in \mathbf{B}), \tag{6.1}$$

$$\alpha(f_n) = \sup\limits_{k \geqslant 1} l_k(f_n) \geqslant l_n(f_n) = \|f_n\|. \tag{6.2}$$

因此,由 $(6.1), (6.2)$ 得 $\alpha(f_n) = \|f_n\|$. 所以

$$\alpha(f) \geqslant l_n(f) = l_n(f_n) + l_n(f - f_n)$$

$$\geqslant \|f_n\| - \|f - f_n\| \geqslant \|f\| - 2\|f - f_n\|. \tag{6.3}$$

又因为 $\{f_n\}$ 在 $\mathbf{B}$ 中稠,$f \in \mathbf{B}$,所以

$$\lim\limits_{n \to \infty} \inf \|f - f_n\| = 0.$$

因此,在 (6.3) 中令 $n \to \infty$ 取下极限可得

$$\alpha(f) \geqslant \|f\| \quad (f \in \mathbf{B}). \tag{6.4}$$

由 (6.1) 及 (6.4) 得

$$\alpha(f) = \|f\| \quad (f \in \mathbf{B}). \tag{6.5}$$

特别地，对每一个 $t \in A$，有

$$\|u(t)\| = \alpha(u(t)) = \sup_{n \geqslant 1} l_n(u(t)).$$

而由假设 $u(t)$ 是弱可测的，所以 $l_n(u(t))$ 是 t 的实变实值 Lebesgue 可测函数，故 $\|u(t)\|$ 亦然。 $\qquad\square$

引理 6.2　设 $\mathbf{B}$ 是可分 Banach 空间，$S(A, \mathbf{B})$ 定义如前，$\mu^*(A) < \infty$（μ^* 是 Lebesgue 测度）. 若 $S_0 \subset S(A, \mathbf{B})$ 且满足下列条件：

(a)　$u(t): A \to \mathbf{B}$，$u(t)$ 强连续 $\Rightarrow u(t) \in S_0$；

(b)　$u_1(t), u_2(t) \in S_0 \Rightarrow u_1(t) + u_2(t) \in S_0$；

(c)　$u_n(t) \in S_0 (n \geqslant 1)$，$u(t) \in S(A, \mathbf{B})$，且

$$\lim_{n \to \infty} \int_A \|u_n(t) - u(t)\| \, \mathrm{d}t = 0, \tag{6.6}$$

$\Rightarrow u(t) \in S_0$，

则 $S_0 = S(A, \mathbf{B})$.

证　(1)　首先证明：对任何 $f \in \mathbf{B}$ 及 A 的 Lebesgue 可测子集 Λ，均有 $I_\Lambda(t)f \in S_0$.

今任取 A 中两串闭集 $\{B_n'\}, \{B_n''\}$，使 $B_n' \subset A - \Lambda$，$B_n'' \subset \Lambda$ $(n \geqslant 1)$，

$$\lim_{n \to \infty} \mu^*(A - (B_n' \cup B_n'')) = 0.$$

令

$$\psi_n(t) = \frac{\rho(t, B_n')}{\rho(t, B_n') + \rho(t, B_n'')} \quad (t \in A, \, n \geqslant 1),$$

其中 $\rho(t, B) = \inf_{s \in B} |s - t|$ 是 t 到 B 的距离. 显然，$0 \leqslant \psi_n(t) \leqslant 1$，$\psi_n(t)$ 连续，而且

$$\psi_n(t) = I_\Lambda(t) \quad (t \in B_n' \cup B_n'', \, n \geqslant 1).$$

所以

$$\int_A |I_\Lambda(t) - \psi_n(t)| \, \mathrm{d}t \leqslant \mu^*(A - (B_n' \cup B_n'')),$$

从而

$$\lim_{n\to\infty}\int_A |I_\Lambda(t) - \psi_n(t)|\,\mathrm{d}t = 0.$$

任取 $f \in \mathbf{B}$，则由 $\psi_n(t)$ 的连续性可得出 $\psi_n(t)f$ 是强连续的，因此由（a）得知 $\psi_n(t)f \in S_0$。显然 $I_\Lambda(t)f \in S(A,\mathbf{B})$，而且

$$\lim_{n\to\infty}\int_\Lambda \|I_\Lambda(t)f - \psi_n(t)f\|\,\mathrm{d}t$$

$$= \|f\|\lim_{n\to\infty}\int_A |I_\Lambda(t) - \psi_n(t)|\,\mathrm{d}t = 0.$$

所以，由（c）得 $I_\Lambda(t)f \in S_0$。

（2）任取 $u(t) \in S(A,\mathbf{B})$，往证 $u(t) \in S_0$。

事实上，由 $u(t) \in S(A,\mathbf{B})$ 得知存在 k 使 $\sup\limits_{t\in A}\|u(t)\| \leqslant k$。令 $\{f_n\}$ 是 $\mathbf{B}$ 的可数稠子集，

$$A_{m,n} = \Big\{t\colon t\in A,\ \|u(t)-f_1\| \geqslant \frac{1}{m},\ \cdots,\ \|u(t)-f_{n-1}\| \geqslant \frac{1}{m},$$

$$\|u(t)-f_n\| < \frac{1}{m}\Big\},$$

则由 $\sup\limits_{t\in A}\|u(t)\| \leqslant k$ 得

$$\|f_n\| \geqslant k + \frac{1}{m} \Rightarrow A_{m,n} = \varnothing.$$

因为 $u(t)-f_n$ 是 t 的弱可测抽象函数，故由引理 6.1 得知：$A_{m,n}$ 是 Lebesgue 可测集。由 $\{f_n\}$ 在 $\mathbf{B}$ 中稠可得 $\bigcup\limits_{n=1}^{\infty} A_{m,n} = A\,(m \geqslant 1)$。显然 $\{A_{m,n}\colon n \geqslant 1\}$ 不交。所以可以取 r_m 使

$$\lim_{m\to\infty}\mu^*\Big(A - \bigcup_{n=1}^{r_m} A_{m,n}\Big) = 0.$$

再令

$$u_m(t) = \sum_{n=1}^{r_m} I_{A_{m,n}}(t)f_n \quad (m \geqslant 1,\ t \in A),$$

则由（1）已证 $u_m(t) \in S_0\,(m \geqslant 1)$。显然

$$\|u(t)-u_m(t)\| \leqslant \begin{cases} \dfrac{1}{m}, & \text{当 } t \in \bigcup\limits_{n=1}^{r_m} A_{m,n}, \\[2mm] k, & \text{反之,} \end{cases}$$

因此

$$\limsup_{m \to \infty} \int_A \| u(t) - u_m(t) \| \mathrm{d}t$$

$$\leqslant \limsup_{m \to \infty} k\mu^* \Big(A - \bigcup_{n=1}^{r_m} A_{m,n} \Big) + \limsup_{m \to \infty} \frac{\mu^*(A)}{m} = 0.$$

所以，由(c)知 $u(t) \in S_0$. 引理证毕. □

引理 6.3　设 $0 < a < b < t_0$，$u(t) \in S((0,t_0), \mathbf{B})$，则

$$\lim_{h \to 0} \int_{[a,b]} \| u(s+h) - u(s) \| \mathrm{d}s = 0. \tag{6.7}$$

证　令

$$S_0 = \{ u(t) : u(t) \in S((0,t_0), \mathbf{B}), u(t) \text{ 满足}(6.7) \},$$

则 S_0 满足引理 6.2 中条件(a)和(b). 因此，为证引理 6.3，用引理 6.2，只须证明 S_0 满足引理 6.2 中条件(c). 事实上，任取 $u_n(t) \in S_0$ $(n \geqslant 1)$，$u(t) \in S((0,t_0), \mathbf{B})$，且(6.6)成立. 则由 $u_n(t) \in S_0$ 有

$$\limsup_{h \to 0} \int_{[a,b]} \| u(s+h) - u(s) \| \mathrm{d}s$$

$$\leqslant \limsup_{h \to 0} \int_{[a,b]} \| u(s+h) - u_n(s+h) \| \mathrm{d}s$$

$$+ \limsup_{h \to 0} \int_{[a,b]} \| u_n(s+h) - u_n(s) \| \mathrm{d}s$$

$$+ \limsup_{h \to 0} \int_{[a,b]} \| u_n(s) - u(s) \| \mathrm{d}s$$

$$\leqslant 2 \limsup_{h \to 0} \int_{(0,t_0)} \| u_n(s) - u(s) \| \mathrm{d}s$$

$$+ \limsup_{h \to 0} \int_{[a,b]} \| u_n(s+h) - u_n(s) \| \mathrm{d}s$$

$$= 2 \int_{(0,t_0)} \| u_n(s) - u(s) \| \mathrm{d}s.$$

再用 $u_n(t) \in S_0$，$u(t) \in S((0,t_0), \mathbf{B})$ 及(6.6)成立，在上式中令 $n \to \infty$ 得

$$\limsup_{h \to 0} \int_{[a,b]} \| u(s+h) - u(s) \| \mathrm{d}s = 0.$$

故 $u(t) \in S_0$. 于是引理 6.2 的条件(c)得证. □

定理 6.1 设 $\{F_t : t \in \mathbf{T}\}$ 是可分 Banach 空间 $\mathbf{B}$ 上的压缩型半群，如果 $F_t f$ 是弱可测的，则 $F_t f$ 在 $t \in (0, \infty)$ 上强连续.

证 任取 $t_0 > 0$. 设 $0 < a < b < t_0$, $s < t_0$, $s < t_0 + h$, 则由半群性质得

$$\|F_{t_0+h}f - F_{t_0}f\| \leqslant \|F_{t_0+h-s}f - F_{t_0-s}f\|. \qquad (6.8)$$

又因为 $F_t f$ 是弱可测的，所以由引理 6.1 得知(6.8)右边是 s 的 Lebesgue 可测函数. 把(6.8)对 s 从 $t_0 - b$ 到 $t_0 - a$ 积分得

$$(b-a)\|F_{t_0+h}f - F_{t_0}f\| \leqslant \int_{[a,b]} \|F_{s+h}f - F_s f\| \mathrm{d}s. \qquad (6.9)$$

但是 $\sup\limits_{s \geqslant 0} \|F_s f\| \leqslant \|f\|$, $F_s f$ 弱可测，所以 $F_s f \in S((0, t_0), \mathbf{B})$, 因此，由(6.9)及引理 6.3 有

$$\lim_{h \to 0} \|F_{t_0+h}f - F_{t_0}f\| = 0.$$

此即 $F_t f$ 在 t_0 强连续. □

定理 6.2 若 $P(t, x, A)$ 是标准准转移函数，则 $\{V_t : t \in \mathbf{T}\}$ 是 $\mathscr{L}$ 上的强连续半群，即是任取 $\varphi \in \mathscr{L}$, $V_t \varphi$ 在 $t \in \mathbf{T}$ 上强连续.

证 任取 $\varphi \in \mathscr{L}$, 令 A_t, B_t 是 $V_t \varphi - \varphi$ 的一组 Hahn 分解，即是说 A_t, B_t 分别为 $V_t \varphi - \varphi$ 的正、负集, $A_t \bigcap B_t = \varnothing$, $A_t \bigcup B_t = E$. 则

$$\|V_t \varphi - \varphi\| = \int_E \varphi(\mathrm{d}x)(P(t, x, A_t) - I_{A_t}(x))$$

$$- \int_E \varphi(\mathrm{d}x)(P(t, x, B_t) - I_{B_t}(x))$$

$$\leqslant \int_E |\varphi|(\mathrm{d}x)|P(t, x, A_t) - I_{A_t}(x)|$$

$$+ \int_E |\varphi|(\mathrm{d}x)|P(t, x, B_t) - I_{B_t}(x)|.$$

但是 $|\varphi|(E) < \infty$, $|P(t, x, A_t) - I_{A_t}(x)| \leqslant 2$, 而且由定理 5.1 有

$$\lim_{t \to 0^+} \sup |P(t, x, A_t) - I_{A_t}(x)|$$

$$\leqslant \lim_{t \to 0^+} \sup |1 - P(t, x, \{x\})| = 0,$$

所以由控制收敛定理有

$$\lim_{t \to 0^+} \int_E |\varphi|\,(\mathrm{d}x)\,|P(t,x,A_t) - I_{A_t}(x)| = 0.$$

仿之有

$$\lim_{t \to 0^+} \int_E |\varphi|\,(\mathrm{d}x)\,|P(t,x,B_t) - I_{B_t}(x)| = 0.$$

总之，对任何 $\varphi \in \mathscr{L}$, 有

$$\lim_{t \to 0^+} \|V_t\varphi - \varphi\| = 0.$$

再利用 $\{V_t : t \in \mathbf{T}\}$ 是压缩型半群及命题 3.1 得知 $\{V_t : t \in T\}$ 是强连续的. $\qquad\Box$

定理 6.3　设 $P(t,x,A)$ 是标准的准转移函数, $\{P_t : t \in \mathbf{T}\}$, $\{\Psi_\lambda : \lambda > 0\}$ 分别为其在 $\mathcal{M}$ 上产生之半群与位势算子. 令 $\mathcal{M}'$ 是 $\mathcal{M}$ 的闭线性子空间, 记

$$\Psi_\lambda(\mathcal{M}') = \{f : f = \Psi_\lambda g,\ g \in \mathcal{M}'\},$$

若 $\Psi_\lambda(\mathcal{M}') \subset \mathcal{M}'\ (\lambda > 0)$, 则下列诸陈述等价:

(1) $\{P_t : t \in \mathbf{T}\}$ 在 $\mathcal{M}'$ 上强连续;

(2) $\lim\limits_{\lambda \to \infty} \|\lambda\Psi_\lambda f - f\| = 0\ (f \in \mathcal{M}')$;

(3) $\Psi_\lambda(\mathcal{M}')$ 在 $\mathcal{M}'$ 中稠 $(\lambda > 0)$.

证　(1)$\Rightarrow$(2). 设 $\{P_t\}$ 在 $\mathcal{M}'$ 上强连续. 任取 $f \in \mathcal{M}'$, 由于

$$\|\lambda\Psi_\lambda f - f\| = \left\| \int_{[0,\infty)} \lambda\mathrm{e}^{-\lambda t}(P_t f - f)\,\mathrm{d}t \right\|$$

$$\leqslant \int_{[0,\infty)} \lambda\mathrm{e}^{-\lambda t}\|P_t f - f\|\,\mathrm{d}t,$$

所以, 利用 $P_t f$ 在 $t \in [0,\infty)$ 上强连续, 并应用控制收敛定理在上式中令 $\lambda \to \infty$ 即得(2).

(2)$\Rightarrow$(3). 设 $\lim\limits_{\lambda \to \infty} \|\lambda\Psi_\lambda f - f\| = 0\ (f \in \mathcal{M}')$. 则由 $\{\Psi_\lambda : \lambda > 0\}$ 满足预解方程

$$(\Psi_\lambda - \Psi_\mu) + (\lambda - \mu)\Psi_\lambda \circ \Psi_\mu = 0 \quad (\lambda > 0,\ \mu > 0)$$

及 $\Psi_\lambda(\mathcal{M}') \subset \mathcal{M}'$ 可知:

$$\Psi_\lambda(\mathcal{M}') = \Psi_{\lambda_0}(\mathcal{M}') \quad (\text{不依赖 } \lambda > 0).$$

所以，任取 $\lambda > 0$，$f \in \mathcal{M}'$，必有 $g \in \mathcal{M}'$，使

$$\Psi_\lambda f = \Psi_{\lambda_0} g \quad (g \text{ 可依赖 } \lambda \text{ 及 } f),$$

因此

$$\lim_{\lambda \to \infty} \|\lambda \Psi_{\lambda_0} g - f\| = \lim_{\lambda \to \infty} \|\lambda \Psi_\lambda f - f\| = 0.$$

此即 $\Psi_{\lambda_0}(\mathcal{M}')$ 在 $\mathcal{M}'$ 中稠.

(3)$\Rightarrow$(1). 设 $\Psi_\lambda(\mathcal{M}')$ 在 $\mathcal{M}'$ 中稠（$\lambda > 0$）. 由于 $\Psi_\lambda(\mathcal{M}') = \Psi_{\lambda_0}(\mathcal{M}')$ 不依赖 $\lambda > 0$，所以任取 $f \in \Psi_{\lambda_0}(\mathcal{M}')$，必存在 $g \in \mathcal{M}'$，使 $f = \Psi_\mu g$. 因此，由 $\{\Psi_\lambda : \lambda > 0\}$ 满足预解方程式可得

$$\|\lambda \Psi_\lambda f - f\| = \|\lambda \Psi_\lambda \circ \Psi_\mu g - \Psi_\mu g\|$$

$$= \left\| \frac{\lambda}{\mu - \lambda} (\Psi_\lambda - \Psi_\mu) g - \Psi_\mu g \right\|$$

$$\leqslant \left\| \frac{\lambda}{\mu - \lambda} \Psi_\lambda g \right\| + \left\| \left(\frac{\lambda}{\mu - \lambda} + 1 \right) \Psi_\mu g \right\|$$

$$\leqslant \frac{2}{|\mu - \lambda|} \|g\|.$$

因此，

$$\lim_{\lambda \to \infty} \|\lambda \Psi_\lambda f - f\| = 0 \quad (f \in \Psi_{\lambda_0}(\mathcal{M}')).$$

但是，$\Psi_{\lambda_0}(\mathcal{M}')$ 在 $\mathcal{M}'$ 中稠，所以，任取 $f \in \mathcal{M}'$，均有 $f_n \in \Psi_{\lambda_0}(\mathcal{M}')$，使 $\lim_{n \to \infty} \|f_n - f\| = 0$. 因此，由 $\|\lambda \Psi_\lambda\| \leqslant 1$ 得

$$\limsup_{\lambda \to \infty} \|\lambda \Psi_\lambda f - f\|$$

$$\leqslant \limsup_{\lambda \to \infty} (\|\lambda \Psi_\lambda f - \lambda \Psi_\lambda f_n\| + \|\lambda \Psi_\lambda f_n - f_n\| + \|f_n - f\|)$$

$$\leqslant \limsup_{\lambda \to \infty} (2\|f_n - f\| + \|\lambda \Psi_\lambda f_n - f_n\|)$$

$$= 2\|f_n - f\|.$$

再在上式中令 $n \to \infty$ 即得

$$\lim_{\lambda \to \infty} \|\lambda \Psi_\lambda f - f\| = 0 \quad (f \in \mathcal{M}'). \tag{6.10}$$

任取一个固定的 $\lambda > 0$. 由于 $\{\Psi_\mu : \mu > 0\}$ 满足预解方程式，且 $\Psi_\mu(\mathcal{M}') \subset \mathcal{M}'$（$\mu > 0$），所以对任何 $f \in \mathcal{M}'$，均有

"$\Psi_{\mu_0} f = 0$（对某一个 $\mu_0 > 0$）$\Rightarrow \Psi_\mu f \equiv 0$（对一切 $\mu > 0$）".

若 $\Psi_\lambda f = 0$，则由（6.10）得

$$f = \lim_{\mu \to \infty} \mu \Psi_\mu f = 0.$$

此即，把 Ψ_λ 的定义域由 $\mathcal{M}$ 局限到 $\mathcal{M}'$ 去时，Ψ_λ 是由 $\mathcal{M}'$ 到 $\Psi_\lambda(\mathcal{M}')$ 的一对一的算子. 又因为 $\Psi_\lambda(\mathcal{M}')$ 在 $\mathcal{M}'$ 中稠，而且 Ψ_λ 是有界线性算子，$\|\lambda \Psi_\lambda\| \leqslant 1$，所以由定理 3.4 得知：在 $\mathcal{M}'$ 上存在唯一一个强连续的压缩型的半群 $\{\tilde{p}_t : t \in \mathbf{T}\}$，使其预解式就是 $\{\Psi_\lambda : \lambda > 0\}$，更有

$$(\Psi_\lambda f)(x) = \int_{[0,\infty)} e^{-\lambda t} (\tilde{p}_t f)(x) dt \quad (f \in \mathcal{M}', \lambda > 0). \quad (6.11)$$

当然还有"$f \in \mathcal{M}' \Rightarrow \tilde{p}_t f \in \mathcal{M}'$（$t \in \mathbf{T}$）"，但是

$$(\Psi_\lambda f)(x) = \int_{[0,\infty)} e^{-\lambda t} (P_t f)(x) dt \quad (f \in \mathcal{M}, \lambda > 0). \quad (6.12)$$

所以，若能证对任何 $f \in \mathcal{M}'$，$(P_t f)(x)$，$(\tilde{p}_t f)(x)$ 是 $t \in \mathbf{T}$ 的连续函数，则由（6.11），（6.12）及拉氏变换的唯一性定理可得

$$\tilde{p}_t f = P_t f \quad (f \in \mathcal{M}', t \in \mathbf{T}),$$

从而 $\{P_t : t \in \mathbf{T}\}$ 在 $\mathcal{M}'$ 上强连续，且 $P_t(\mathcal{M}') \subset \mathcal{M}'$（$t \in \mathbf{T}$）. $\qquad \square$

　　事实上，任取 $f \in \mathcal{M}'$，由 $\tilde{p}_t f$ 在 $t \in \mathbf{T}$ 上强连续，更有 $(\tilde{p}_t f)(x)$ 在 $t \in \mathbf{T}$ 上连续. 又因为对任何 $x \in E$，$A \in \mathcal{E}$，由定理 5.1 知 $P(t, x, A)$ 是 $t \in \mathbf{T}$ 的连续函数，所以对 $(E, \mathcal{E})$ 上的任何简单函数，即

$$f(x) = \sum_{i=1}^n c_i I_{A_i}(x)$$

（c_i 是实数，$A_i \in \mathcal{E}$，$\{A_i\}$ 两两不交，且 $\bigcup_{i=1}^n A_i = E$）来说，$(P_t f)(x)$ 是 $t \in \mathbf{T}$ 的连续函数. 今任取 $f \in \mathcal{M}$，必有简单函数列 $\{f_n\}$ 使

$$\lim_{n \to \infty} \|f - f_n\| = 0. \quad (6.13)$$

所以

$$\lim_{t \to t_0} \sup |(P_t f)(x) - (P_{t_0} f)(x)|$$

$$\leqslant \lim_{t \to t_0} \sup(|(P_t f)(x) - (P_t f_n)(x)|$$

$$+ |(P_t f_n)(x) - (P_{t_0} f_n)(x)|$$

$$+ |(P_{t_0} f_n)(x) - (P_{t_0} f)(x)|)$$

$$\leqslant \lim_{t \to t_0} \sup \Big(\Big| \int_E P(t,x,\mathrm{d}y)(f(y)-f_n(y)) \Big|$$
$$+ \Big| \int_E P(t_0,x,\mathrm{d}y)(f_n(y)-f(y)) \Big| \Big)$$
$$\leqslant 2\|f-f_n\|. \tag{6.14}$$

在(6.14)中令 $n \to \infty$ 并注意(6.13)即得
$$\lim_{t \to t_0} |(P_t f)(x)-(P_{t_0}f)(x)| = 0.$$

定理 6.3 得证. □

系 1　若 $\Psi_\lambda(\mathcal{M}') \subset \mathcal{M}'$ ($\lambda > 0$), 定理 6.3 中的(1)(或者(2)或者(3))成立, 则 $P_t(\mathcal{M}') \subset \mathcal{M}'$ ($t \in \mathbf{T}$).

此事实在定理 6.3 的(3)⇒(1)的证明中已证.

1.7　准转移函数的可微性与 Kolmogorov 方程

本节恒设 $\mathbf{T} = [0,\infty)$, $(E,\mathcal{E})$ 是可测空间, 对角线集 $D \in \mathcal{E} \times \mathcal{E}$, 从而 $\mathcal{E}$ 含 E 之全体单点集, $P(t,x,A)$ 是标准准转移函数, 我们将要研究 $P(t,x,A)$ 作为 t 的函数的可微性.

定理 7.1　设 $P(t,x,A)$ 是标准准转移函数, 则对任何 $x \in E$, $\lim_{t \to 0^+} \frac{1}{t}(1-P(t,x,\{x\}))$ 存在且等于 $q(x) = \sup_{t>0} \frac{1}{t} f(t,x)$, 其中
$$f(t,x) = -\log P(t,x,\{x\})$$
($q(x)$ 可为 $+\infty$). 此外, $q(x)$ 是广义实值的 $\mathcal{E}$ 可测函数, 而且

(1)　$1-P(t,x,\{x\}) \leqslant 1-\mathrm{e}^{-q(x)t}$; \hfill (7.1)

(2)　$|(u,x,A)-P(v,x,A)| \leqslant 1-\mathrm{e}^{-q(x)|u-v|}$. \hfill (7.2)

(若 $q(x) = +\infty$, $t>0$, $\mathrm{e}^{-q(x)t}$ 理解为 0.)

先证明一个引理.

引理 7.1　设 $f: [0,\infty) \to [0,\infty]$, 且满足:

(A)　**半可加性**: $f(u+v) \leqslant f(u)+f(v)$ ($u,v \geqslant 0$);

(B) $\lim\limits_{t\to 0^+} f(t) = 0$,

则 $\lim\limits_{t\to 0^+} \dfrac{1}{t} f(t) = \sup\limits_{t>0} \dfrac{f(t)}{t}$.

证 令 $\eta(u) = \sup\limits_{0\leqslant t\leqslant u} f(t)$. 任取 $t>0$, 则对任何 $u\in(0,t)$ 来说, 均存在正整数 $n=n(u)$, 使

$$nu < t \leqslant (n+1)u. \tag{7.3}$$

反复地利用(A)及(7.3)得

$$f(t) \leqslant f(t-nu) + f(nu) \leqslant \eta(u) + nf(u),$$

所以

$$\frac{1}{t}f(t) \leqslant \frac{1}{t}\eta(u) + \frac{n}{t}f(u). \tag{7.4}$$

在(7.4)中令 $u\to 0^+$ 得

$$\frac{1}{t}f(t) \leqslant \liminf_{u\to 0^+} \frac{f(u)}{u} \quad (t>0). \tag{7.5}$$

故 $\sup\limits_{t>0} \dfrac{1}{t}f(t) \leqslant \liminf\limits_{u\to 0^+} \dfrac{f(u)}{u}$. 引理得证. $\qquad\square$

现在用引理 7.1 来证明定理 7.1.

定理 7.1 的证明 任取 $x\in E$ 固定, 令 $f(t) = f(t,x) = -\log P(t,x,\{x\})$, 则 $f(t)$ 满足引理 7.1 的全部条件, 所以

$$\lim_{t\to 0^+} \frac{f(t)}{t} = \sup_{t>0} \frac{f(t)}{t} = q(x). \tag{7.6}$$

（i）若 $q(x)=0$, 则 $f(t)\equiv 0$ $(t>0)$. 所以 $P(t,x,\{x\})\equiv 1$ $(t\geqslant 0)$, 从而

$$\lim_{t\to 0^+} \frac{1}{t}(1-P(t,x,\{x\})) = q(x).$$

（ii）若 $q(x)>0$, 则当 t 充分接近 0 时 $f(t)>0$, 所以

$$\frac{1}{t}(1-P(t,x,\{x\})) = \frac{1-\mathrm{e}^{-f(t)}}{f(t)} \frac{f(t)}{t}. \tag{7.7}$$

在(7.7)中令 $t\to 0^+$ 并注意 $\lim\limits_{t\to 0^+} f(t)=0$, 则得

$$\lim_{t\to 0^+} \frac{1}{t}(1-P(t,x,\{x\})) = q(x).$$

由(7.6)立即得

$$1 - P(t, x, \{x\}) \leqslant 1 - e^{-q(x)t}.$$

由此不等式及定理 5.1 (2) 得

$$|P(u, x, A) - P(v, x, A)| \leqslant 1 - e^{-q(x)|u-v|}.$$

至于 $q(x)$ 是 $\mathscr{E}$ 可测的,由定理 5.1 (3) 即得. □

定义 7.1 若 $q(x) = 0$,则称 x 是 $P(t, x, A)$ 的**吸收状态**;若 $q(x) = +\infty$,则称 x 是**瞬变状态**;若 $0 \leqslant q(x) < \infty$,则称 x 是**稳定状态**.

记 $\mathscr{E}(u) = \{A: A \in \mathscr{E}, \lim\limits_{t \to 0^+} \sup\limits_{x \in A} (1 - P(t, x, \{x\})) = 0\}$. 易证 $\mathscr{E}(u)$ 是一个环而且 "$A \in \mathscr{E}(u)$, $B \subset A$, $B \in \mathscr{E} \Rightarrow B \in \mathscr{E}(u)$".

定理 7.2 若 $A \in \mathscr{E}(u)$, $x \overline{\in} A$,则

$$\lim_{t \to 0^+} \frac{1}{t} P(t, x, A) = q(x, A)$$

存在,且 $0 \leqslant q(x, A) < \infty$.

先证明一个引理.

引理 7.2 任给 $B \in \mathscr{E}(u)$, $\varepsilon < \dfrac{1}{4}$,如果对一切 $y \in B$, $0 \leqslant t \leqslant \tau$,都有

$$1 - P(t, y, \{y\}) < \varepsilon, \tag{7.8}$$

则对一切 $v \in (0, \tau]$, $\dfrac{u}{v} \in (0, \varepsilon]$, $A \in \mathscr{E}$, $A \subset B$, $x \in B - A$,均有

$$(1 - 4\varepsilon) \frac{P(u, x, A)}{u} \leqslant \frac{P(v, x, A)}{v}. \tag{7.9}$$

证 令 $F_1(y, D) = P(u, y, D)$ $(y \in E, D \in \mathscr{E})$,

$$F_{m+1}(y, D) = \int_{E-A} F_m(y, \mathrm{d}z) P(u, z, D)$$
$$(m \geqslant 1, y \in E, D \in \mathscr{E}),$$

则对任何固定的 $y \in E$, $F_m(y, \cdot)$ 是 $\mathscr{E}$ 上的有限测度,对任何固定的 $D \in \mathscr{E}$, $F_m(\cdot, D)$ 是 $\mathscr{E}$ 可测的.

对 m 作归纳法可证

$$P(t,x,D) = \sum_{j=1}^{m} \int_A F_j(x,\mathrm{d}y) P(t-ju,y,D)$$

$$+ \int_{E-A} F_m(x,\mathrm{d}y) P(t-mu,y,D)$$

$$(D \in \mathscr{E},\ m \geqslant 1,\ t \geqslant mu). \qquad (7.10)$$

事实上,当 $m=1$ 时,用 K-C 方程知(7.10)成立. 若(7.10)对 m 成立,则

$$P(t,x,D) = \sum_{j=1}^{m+1} \int_A F_j(x,\mathrm{d}y) P(t-ju,y,D)$$

$$+ \int_{E-A} F_{m+1}(x,\mathrm{d}y) P(t-(m+1)u,y,D)$$

$$+ \int_{E-A} F_m(x,\mathrm{d}y) P(t-mu,y,D)$$

$$- \int_E F_{m+1}(x,\mathrm{d}y) P(t-(m+1)u,y,D).$$

但是

$$\int_E F_{m+1}(x,\mathrm{d}y) P(t-(m+1)u,y,D)$$

$$= \int_E \int_{E-A} F_m(x,\mathrm{d}z) P(u,z,\mathrm{d}y) P(t-(m+1)u,y,D)$$

$$= \int_{E-A} F_m(x,\mathrm{d}y) P(t-mu,y,D),$$

以此代入上式发现对 $m+1$,(7.10)亦然成立. 归纳法完成. 今反复用 (7.10)来证引理. 记 $n = \left[\dfrac{v}{u}\right]$ 为 $\leqslant \dfrac{v}{u}$ 之最大整数.

(ⅰ) 取 $D=A$, $m=n$, $t=v$,则由(7.8),(7.10)得

$$P(v,x,A) \geqslant \sum_{j=1}^{n} \int_A F_j(x,\mathrm{d}y) P(v-ju,y,A)$$

$$\geqslant \sum_{j=1}^{n} \int_A P_j(x,\mathrm{d}y) P(v-ju,y,\{y\})$$

$$\geqslant (1-\varepsilon) \sum_{j=1}^{n} F_j(x,A). \qquad (7.11)$$

所以，由 $x \in A$ 及(7.8),(7.11) 得

$$\sum_{j=1}^{n} F_j(x, A) \leqslant \frac{P(v, x, A)}{1-\varepsilon} < \frac{\varepsilon}{1-\varepsilon}. \qquad (7.12)$$

（ii） 取 $D = \{x\}$, $t = mu$ $(1 \leqslant m \leqslant n)$, 则由(7.10)得

$$P(mu, x, \{x\}) \leqslant \sum_{j=1}^{m-1} F_j(x, A) + F_m(x, \{x\}),$$

所以由(7.12) 及 $P(mu, x, \{x\}) > 1-\varepsilon$ 得

$$F_m(x, \{x\}) \geqslant P(mu, x, \{x\}) - \sum_{j=1}^{m-1} F_j(x, A)$$

$$> (1-\varepsilon) - \frac{\varepsilon}{1-\varepsilon} > \frac{1-3\varepsilon}{1-\varepsilon} \quad (m \geqslant 1). \quad (7.13)$$

（iii） 令 $D = A$, $m = n$, $t = v$, 则由(7.8),(7.10),(7.13) 及 $x \in A$ 与

$$F_{m+1}(x, M) = \int_{E-A} F_m(x, dy) P(u, y, M)$$

$$\geqslant F_m(x, \{x\}) P(u, x, M).$$

可得

$$P(v, x, A) \geqslant \sum_{j=1}^{n} \int_A F_j(x, dy) P(v-ju, y, A)$$

$$\geqslant \int_A P(u, x, dy) P(v-u, y, A)$$

$$\quad + \sum_{j=2}^{n} \int_A F_j(x, dy) P(v-ju, y, A)$$

$$\geqslant (1-\varepsilon) P(u, x, A)$$

$$\quad + \sum_{j=2}^{n} \int_A \int_{E-A} F_{j-1}(x, dy) P(u, y, dz) P(v-ju, z, A)$$

$$\geqslant (1-\varepsilon) P(u, x, A)$$

$$\quad + \sum_{j=2}^{n} \int_A P(u, x, dy) P(v-ju, y, A) F_{j-1}(x, \{x\})$$

$$\geqslant (1-\varepsilon) P(u, x, A) + \sum_{j=2}^{n} \frac{1-3\varepsilon}{1-\varepsilon} P(u, x, A)(1-\varepsilon)$$

$$= \big[(1-\varepsilon)+(n-1)(1-3\varepsilon)\big]P(u,x,A),$$

所以

$$\frac{P(v,x,A)}{v} \geqslant (1-3\varepsilon)\frac{nu}{v}\frac{P(u,x,A)}{u}.$$

但是，$\dfrac{nu}{v}=\Big[\dfrac{v}{u}\Big]\dfrac{u}{v}\geqslant 1-\dfrac{u}{v}\geqslant 1-\varepsilon$，所以

$$(1-4\varepsilon)\frac{P(u,x,A)}{u} \leqslant \frac{P(v,x,A)}{v}. \qquad \square$$

现在我们用引理 7.2 来证明定理 7.2.

定理 7.2 的证明　令 $B=A\bigcup\{x\}$，用引理，有

$$(1-4\varepsilon)\frac{P(u,x,A)}{u} \leqslant \frac{P(v,x,A)}{v} \qquad (7.14)$$

$\Big($只要 $\varepsilon<\dfrac{1}{4}$, $0<\dfrac{u}{v}\leqslant\varepsilon\Big)$. 在 (7.14) 中先令 $u\to 0^+$ 取上极限，次令 $v\to 0^+$ 取下极限，并注意 ε 可任意小及 $P(t,x,A)\geqslant 0$，可得

$$\lim_{t\to 0^+}\frac{1}{t}P(t,x,A)=q(x,A)$$

存在，$0\leqslant q(x,A)<\infty$. $\qquad\square$

定理 7.2 中所确定的 $q(x,A)$ 只对 $x\in E$, $A\in\mathscr{E}(u)$, $x\bar\in A$ 才有定义，为方便起见，把 $q(\cdot,\cdot)$ 扩大到一切 $x\in E$, $A\in\mathscr{E}(u)$，办法如下：

$$q(x,A)=q(x,A-\{x\}) \quad (x\in E, A\in\mathscr{E}(u)).$$

定理 7.3　$q(x,A)$ $(x\in E, A\in\mathscr{E}(u))$ 有性质：

(1)　$q(x,\{x\})=0$, $q(x,A)\leqslant q(x)$ $(x\in E, A\in\mathscr{E}(u))$;

(2)　固定任意 $x\in E$, $q(x,\cdot)$ 是 $\mathscr{E}(u)$ 上有限测度；

(3)　固定任意 $A\in\mathscr{E}(u)$, $q(\cdot,A)$ 是 x 的 $\mathscr{E}$ 可测函数.

证　(1)　显然成立.

(2)　显然 $q(x,\cdot)$ 是 $\mathscr{E}(u)$ 上满足有限可加性的集函数，且 $q(x,\varnothing)=0$, $0\leqslant q(x,A)<\infty$，所以为证 (2)，只须证明：

“$A_n\in\mathscr{E}(u)$, $A_n\subset A_{n-1}$, $\bigcap\limits_n A_n=\varnothing\Rightarrow\lim\limits_{n\to\infty}q(x,A_n)=0$”.

事实上，由引理 7.2 $\left(\text{在引理 7.2 中取 } B = A_n \bigcup \{x\}, v = \tau, \varepsilon = \dfrac{1}{8}\right)$，有

$$\frac{1}{u} P(u, x, A_n - \{x\}) \leqslant \frac{2}{\tau} P(\tau, x, A_n - \{x\}) \quad \left(0 < \frac{u}{\tau} \leqslant \varepsilon\right).$$

$$(7.15)$$

在 (7.15) 中令 $u \to 0^+$ 得

$$q(x, A_n) \leqslant \frac{2}{\tau} P(\tau, x, A_n - \{x\}).$$

而 $P(\tau, x, \cdot)$ 是有限测度，故在上式中令 $n \to \infty$ 得 $\lim\limits_{n \to \infty} q(x, A_n) = 0$.

(3) 由定理 5.1 (3) 及

$$q(x, A) = \lim_{t \to 0^+} \frac{1}{t} (P(t, x, A) - I_A(x) P(t, x, \{x\})) \quad (A \in \mathscr{E}(u))$$

可知 $q(\cdot A)$ 是 x 的 $\mathscr{E}$ 可测函数.　　　□

定理 7.4　设 $E = \bigcup\limits_{n=1}^{\infty} E_n, E_n \in \mathscr{E}(u)$，则 $\mathscr{E}$ 是由 $\mathscr{E}(u)$ 所产生的 σ 代数（注意 $\mathscr{E}(u)$ 是环），从而 $q(x, \cdot)$ 可以唯一地扩张到 $\mathscr{E}$ 上去，扩张后所得之测度仍以 $q(x, \cdot)$ 记之. 这时仍有：

(1)　$q(x, A) \leqslant q(x)$ $(x \in E, A \in \mathscr{E})$；

(2)　$q(\cdot A)$ 是 x 的 σ 可测函数 $(A \in \mathscr{E})$；

(3)　$q(x, \cdot)$ 是 $\mathscr{E}$ 上的有限测度 $(x \in E)$.

证　只须注意：对任何 $x \in E, A \in \mathscr{E}$，有

$$A = \lim_{n \to \infty} \bigcup_{k=1}^{n} (E_k \bigcap A)$$

及 $q(x, A) = \lim\limits_{n \to \infty} q\left(x, \bigcup\limits_{k=1}^{n} (E_k \bigcap A)\right)$ 即可.　　　□

定理 7.5　设 $E = \bigcup\limits_{n=1}^{\infty} E_n, E_n \subset E_{n+1}, E_n \in \mathscr{E}(u)$，若 $q(x_0) = q(x_0, E) < \infty$，则

$$\left(\frac{\mathrm{d}}{\mathrm{d}t} P(t, x_0, A)\right)_{t=0} = q(x_0, A) - q(x_0) I_A(x_0) \quad (A \in \mathscr{E}).$$

$$(7.16)$$

证 (a) 设 $x_0 \overline{\in} A$，则

$$\left| \frac{1}{t} P(t,x_0,A) - q(x_0,A) \right|$$

$$\leqslant \left| \frac{1}{t} P(t,x_0,E_n \cap A) - q(x_0,E_n \cap A) \right|$$

$$+ \frac{1}{t} P(t,x_0,A-E_n) + q(x_0,A-E_n). \qquad (7.17)$$

但是，由定理 7.2 有

$$\lim_{t \to 0^+} \left| \frac{1}{t} P(t,x_0,E_n \cap A) - q(x_0,E_n \cap A) \right| = 0. \qquad (7.18)$$

又因为由定理 7.1 和定理 7.2 还有

$$\lim_{t \to 0^+} \sup \frac{1}{t} P(t,x_0 A - E_n)$$

$$\leqslant \lim_{t \to 0^+} \sup \left(\frac{1 - P(t,x_0,\{x_0\})}{t} - \frac{P(t,x_0,E_n-\{x_0\})}{t} \right)$$

$$= q(x_0) - q(x_0,E_n),$$

所以，若注意 $E = \lim_{n \to \infty} E_n$，$E_n \subset E_{n+1}$ 及定理假设，则在 (7.17) 中先令 $t \to 0^+$，次令 $n \to \infty$，即得

$$\lim_{t \to 0^+} \left| \frac{1}{t} P(t,x_0,A) - q(x_0,A) \right| = 0.$$

(b) 设 $x_0 \in A$，则

$$\left| \frac{P(t,x_0,A) - I_A(x_0)}{t} - q(x_0,A) + q(x_0) \right|$$

$$\leqslant \left| \frac{P(t,x_0,A-\{x_0\})}{t} - q(x_0,A-\{x_0\}) \right|$$

$$+ \left| \frac{P(t,x_0,\{x_0\}) - 1}{t} + q(x_0) \right|,$$

利用 (a) 及定理 7.1，在上式中令 $t \to 0^+$ 即发现 (7.16) 成立. $\qquad \square$

定理 7.6 若 $q(x) < \infty$（对一切 $x \in E$），则 $E = \bigcup_n E_n$，$E_n \subset E_{n+1}$，$E_n \in \mathscr{E}(u)$，从而 $q(x,\cdot)$ 可由 $\mathscr{E}(u)$ 唯一地扩张到 $\mathscr{E}$ 上去，若还有 $q(x) = q(x,E)$（对一切 $x \in E$），则

47

$$\left(\frac{\mathrm{d}}{\mathrm{d}t} P(t,x,A) \right)_{t=0} = q(x,A) - q(x) I_A(x)$$

$$(x \in E, A \in \mathscr{E}). \qquad (7.19)$$

证 令 $E_n = \{x: x \in E, q(x) < n\}$，则 $E = \bigcup\limits_{n=1}^{\infty} E_n$，$E_n \subset E_{n+1}$.

又因为由定理 7.1 有

$$1 - P(t,x,\{x\}) \leqslant 1 - \mathrm{e}^{-q(x)t} \leqslant 1 - \mathrm{e}^{-nt} \quad (x \in E_n),$$

所以

$$\lim_{t \to 0^+} \sup_{x \in E_n} (1 - P(t,x,\{x\})) = 0 \quad (n \geqslant 1).$$

此即 $E_n \in \mathscr{E}(u)$. 因此，用定理 7.4、定理 7.5 即得定理 7.6. $\qquad\square$

引理 7.3 设 $\{\mu_n\}$ 是任意可测空间 $(\widetilde{E}, \widetilde{\mathscr{E}})$ 上一串有限测度，且对任何 $A \in \widetilde{\mathscr{E}}$，$\lim\limits_{n \to \infty} \mu_n(A)$ 存在且为有限数，记此极限为 $\mu(A)$. 则

(1) μ 是 $(\widetilde{E}, \widetilde{\mathscr{E}})$ 上的有限测度；

(2) $f \in \mathrm{b}\widetilde{\mathscr{E}} \Rightarrow \lim\limits_{n \to \infty} \int_E f \mathrm{d}\mu_n = \int_{\widetilde{E}} f \mathrm{d}\mu$；

(3) $f_n, f \in \mathrm{b}\widetilde{\mathscr{E}}$，且 $|f_n| \leqslant M$，$|f| \leqslant M$ $(n \geqslant 1)$，$f_n \to f \Rightarrow$ $\lim\limits_{n \to \infty} \int_E f_n \mathrm{d}\mu_n = \int_{\widetilde{E}} f \mathrm{d}\mu$.

证 (1) 参看[21] p. 101 (19).

(2) 由 $f \in \mathrm{b}\widetilde{\mathscr{E}}$ 知，存在简单函数列 $\{g_m\}$，使 $\lim\limits_{m \to \infty} \| g_m - f \| = 0$，从而 $\| g_m \| \leqslant G$ $(m \geqslant 1)$. 而

$$\left| \int_{\widetilde{E}} f \mathrm{d}\mu_n - \int_{\widetilde{E}} f \mathrm{d}\mu \right|$$

$$\leqslant \left| \int_E f \mathrm{d}\mu_n - \int_{\widetilde{E}} g_m \mathrm{d}\mu_n \right| + \left| \int_{\widetilde{E}} g_m \mathrm{d}\mu_n - \int_{\widetilde{E}} g_m \mathrm{d}\mu \right|$$

$$+ \left| \int_{\widetilde{E}} g_m \mathrm{d}\mu - \int_{\widetilde{E}} f \mathrm{d}\mu \right|. \qquad (7.20)$$

由 g_m 是简单函数及 $\lim\limits_{n \to \infty} \mu_n - \mu$ 得知 (7.20) 右端第二项当 $n \to \infty$ 时趋于 0；由 $\| g_m \| \leqslant G$，$g_m \to f$，μ 是有限测度，再用控制收敛定理可知：

(7.20)右端第三项当 $m \to \infty$ 时趋于 0；若注意 $\{\mu_n(\widetilde{E})\}$ 是收敛到有限数 $\mu(\widetilde{E})$ 的实数序列及 $\lim\limits_{m \to \infty} \|g_m - f\| = 0$，且(7.20)右端第一项小于或等于

$$\|f - g_m\| \sup_{n \geqslant 1} \mu_n(\widetilde{E}),$$

则可知：(7.20)右端第一项当 $m \to \infty$ 时趋于 0（对 n 一致的）. 总之，在(7.20)中先令 $n \to \infty$ 次令 $m \to \infty$ 即得(2).

（3） 由于

$$\left| \int_{\widetilde{E}} f_n \, \mathrm{d}\mu_n - \int_{\widetilde{E}} f \, \mathrm{d}\mu \right|$$

$$\leqslant \left| \int_{\widetilde{E}} f_n \, \mathrm{d}\mu_n - \int_{\widetilde{E}} f \, \mathrm{d}\mu_n \right| + \left| \int_{\widetilde{E}} f \, \mathrm{d}\mu_n - \int_{\widetilde{E}} f \, \mathrm{d}\mu \right|, \quad (7.21)$$

任给 $\varepsilon > 0$，由 $f_n \to f$，$\mu(\widetilde{E}) < \infty$ 及 Eropob 定理知，存在 $A_0 \in \widetilde{\mathscr{E}}$，$\mu(A_0) < \varepsilon$，使

$$\lim_{n \to \infty} \sup_{x \in A_0} |f_n(x) - f(x)| = 0.$$

又因为 $\lim\limits_{n \to \infty} \mu_n(A_0) = \mu(A_0) < \varepsilon$，所以存在 N_0，使

$$\sup_{x \in A_0} |f_n(x) - f(x)| < \varepsilon, \quad \mu_n(A_0) < 2\varepsilon \quad (n \geqslant N_0).$$

因为，由 $|f_n| \leqslant M$，$|f| \leqslant M$ 得

$$\left| \int_{\widetilde{E}} f_n \, \mathrm{d}\mu_n - \int_{\widetilde{E}} f \, \mathrm{d}\mu_n \right|$$

$$\leqslant \int_{\widetilde{E}} |f_n - f| \, \mathrm{d}\mu_n$$

$$\leqslant 2M\mu_n(A_0) + \sup_{x \in A_0} |f_n(x) - f(x)| \mu_n(\widetilde{E} - A_0)$$

$$\leqslant 4\varepsilon M + \varepsilon \mu_n(\widetilde{E} - A_0) \quad (n \geqslant N_0).$$

若注意 M 是有限数，ε 可任意小，$\{\mu_n(B)\}$ 是有界实数列（$B \in \widetilde{\mathscr{E}}$），则由上式可知当 $n \to \infty$ 时(7.21)右端第一项趋于 0，而第二项由(2)知当 $n \to \infty$ 时也趋于 0，(3)得证. □

定理 7.7 在定理 7.6 的条件下，恒有

$$\frac{\mathrm{d}}{\mathrm{d}t}P(t,x,A) = -q(x)P(t,x,A) + \int_E q(x,\mathrm{d}y)P(t,y,A)$$

$$(t \in \mathbf{T},\ x \in E,\ A \in \mathscr{E}). \quad (7.22)$$

证　(a)　先取 $t > 0$. 考虑 $\Delta t > 0$. 由 K-C 方程有

$$\frac{1}{\Delta t}(P(t,x,A) - P(t-\Delta t,x,A))$$

$$= \frac{1}{\Delta t}(P(\Delta t,x,\{x\}) - 1)P(t-\Delta t,x,A)$$

$$+ \frac{1}{\Delta t}\int_{E-\{x\}} P(\Delta t,x,\mathrm{d}y)P(t-\Delta t,y,A). \quad (7.23)$$

由定理 7.1 及定理 5.1 得知 (7.23) 右端第一项当 $\Delta t \to 0^+$ 时趋于 $-q(x)P(t,x,A)$. 由引理 7.3 (3)、定理 7.6 及定理 5.1 有（注意 $q(x,\{x\}) = 0$）

$$\lim_{\Delta t \to 0^+} \frac{1}{\Delta t}\int_{E-\{x\}} P(\Delta t,x,\mathrm{d}y)P(t-\Delta t,y,A)$$

$$= \int_{E-\{x\}} q(x,\mathrm{d}y)P(t,y,A)$$

$$= \int_E q(x,\mathrm{d}y)P(t,y,A).$$

总之，有

$$\lim_{\Delta t \to 0^+} \frac{1}{\Delta t}(P(t,x,A) - P(t-\Delta t,x,A))$$

$$= -q(x)P(t,x,A) + \int_E q(x,\mathrm{d}y)P(t,y,A)$$

$$(t > 0). \quad (7.24)$$

(b)　再取 $t \geqslant 0$, $\Delta t > 0$, 由 K-C 方程有

$$\frac{1}{\Delta t}(P(t+\Delta t,x,A) - P(t,x,A))$$

$$= \frac{1}{\Delta t}(P(\Delta t,x,\{x\}) - 1)P(t,x,A)$$

$$+ \frac{1}{\Delta t}\int_{E-\{x\}} P(\Delta t,x,\mathrm{d}y)P(t,y,A).$$

仿 (a) 有

$$\lim_{\Delta t \to 0^+} \frac{1}{\Delta t}(P(t+\Delta t,x,A) - P(t,x,A))$$

$$= -q(x)P(t,x,A) + \int_E q(x,\mathrm{d}y)P(t,y,A)$$

$$(t \geqslant 0). \qquad (7.25)$$

由(7.25),(7.24)即得定理 7.7. □

定理 7.8 若 $\sup\limits_{x \in E} q(x) = Q < \infty$, $q(x) = q(x,E)$ $(x \in E)$, 则

$$\frac{\mathrm{d}}{\mathrm{d}t}P(t,x,A) = \int_E P(t,x,\mathrm{d}y)(-q(y)I_A(y) + q(y,A))$$

$$(t \in \mathbf{T}, \ x \in E, \ A \in \mathscr{E}). \qquad (7.26)$$

证 由定理 7.1 及 $\sup\limits_{x \in E} q(x) = Q < \infty$, 有

$$\sup_{\Delta t > 0} \sup_{y \in E} \left| \frac{P(\Delta t,y,A) - P(0,y,A)}{\Delta t} \right| \leqslant \sup_{\Delta t > 0} \frac{1 - e^{-Q\Delta t}}{\Delta t} \leqslant Q,$$

$$(7.27)$$

$$\sup_{y \in E} \left| -q(y)I_A(y) + q(y,A) \right| \leqslant 2Q. \qquad (7.28)$$

而当 $t \geqslant 0$, $\Delta t > 0$ 时, 有

$$\frac{P(t+\Delta t,x,A) - P(t,x,A)}{\Delta t}$$

$$= \int_E P(t,x,\mathrm{d}y)\left(\frac{P(\Delta t,y,A) - P(0,y,A)}{\Delta t} \right). \qquad (7.29)$$

用定理 7.6 并注意(7.27),(7.28)再用控制收敛定理, 在(7.29)中令 $\Delta t \to 0^+$ 得

$$\lim_{\Delta t \to 0^+} \frac{P(t+\Delta t,x,A) - P(t,x,A)}{\Delta t}$$

$$= \int_E P(t,x,\mathrm{d}y)(-q(y)I_A(y) + q(y,A)) \quad (t \geqslant 0). \quad (7.30)$$

若 $t > 0$, $\Delta t > 0$, 则有

$$\frac{P(t,x,A) - P(t-\Delta t,x,A)}{\Delta t}$$

$$= \int_E P(t-\Delta t,x,\mathrm{d}y)\left(\frac{P(\Delta t,y,A) - P(0,y,A)}{\Delta t} \right). \qquad (7.31)$$

用定理 7.6 并注意 $(7.27),(7.28)$ 再用引理 7.3 (3)，在 (7.31) 中令 $\Delta t \to 0^+$ 得

$$\lim_{\Delta t \to 0^+} \frac{P(t,x,A) - P(t-\Delta t,x,A)}{\Delta t}$$

$$= \int_E P(t,x,\mathrm{d}y)(-q(y)I_A(y) + q(y,A)) \quad (t > 0). \quad (7.32)$$

由 (7.30) 及 (7.32) 即得定理 7.8. □

1.8　半群的可微性

本节设 $\mathbf{T} = [0,\infty)$，$\mathbf{B}$ 是 Banach 空间，$\{F_t : t \in \mathbf{T}\}$ 是 $\mathbf{B}$ 上的压缩型半群，$\mathbf{A}$ 和 $\{R_\lambda : \lambda > 0\}$ 分别为其无穷小算子与预解式. $\mathscr{D}_A$ 是 $\mathbf{A}$ 的定义域，$\mathbf{B}_0 = \{f : f \in \mathbf{B}, \ f = (\mathrm{s}) \lim_{t \to 0^+} F_t f\}$.

定理 8.1　设 $f \in \mathscr{D}_A$，令 $u(t) = F_t f \ (t \in \mathbf{T})$，则 $u(t)$ 是微分方程式

$$\begin{cases} \dfrac{\mathrm{d}}{\mathrm{d}t}u(t) = \mathbf{A}u(t), \\[2mm] u(t) \ \text{满足} \begin{cases} \text{(a)} \quad u(t) \ \text{有强连续的导数} \ u'(t) \ (t \in \mathbf{T}); \\ \text{(b)} \quad \sup_{t \in \mathbf{T}} \|u(t)\| < c, c \ \text{是实数}; \\ \text{(c)} \quad \lim_{t \to 0^+} u(t) = f \end{cases} \end{cases}$$

的唯一解.

注意：本定理中所步及的极限、连续、导数、积分均系强极限、强连续、强导数与 Bochner 积分.

证　(1)　先证 $u(t)$ 是上述微分方程式的一个解. 事实上，由命题 3.2 得知

$$\frac{\mathrm{d}}{\mathrm{d}t}u(t) - \frac{\mathrm{d}}{\mathrm{d}t}F_t f = \mathbf{A} \circ F_t f = \mathbf{A}u(t) \quad (t \in \mathbf{T}),$$

由 $\mathbf{A}u(t) \in \mathbf{B}_0 (t \in \mathbf{T})$ 得知 $\mathbf{A}u(t)$ 对 $t \in \mathbf{T}$ 强连续. 显然 $\|u(t)\| =$

$\|F_t f\| \leqslant \|f\|$，而且 $\lim\limits_{t \to 0^+} u(t) = \lim\limits_{t \to 0^+} F_t f = f$. 这就证明了 $u(t)$ 是解.

（2） 再证上述微分方程式的解唯一. 为此，只须证

"$\dfrac{\mathrm{d}}{\mathrm{d}t} u(t) = \boldsymbol{A} u(t)$, $u(t)$ 满足 (a),(b) 及 $\lim\limits_{t \to 0^+} u(t) = 0 \Rightarrow u(t) \equiv 0$".

事实上，令 $v(t) = \mathrm{e}^{-\lambda t} u(t)$ $(\lambda > 0)$，则

$$\frac{\mathrm{d}}{\mathrm{d}t} v(t) = -\lambda \mathrm{e}^{-\lambda t} u(t) + \mathrm{e}^{-\lambda t} \frac{\mathrm{d}}{\mathrm{d}t} u(t) = -(\lambda I - \boldsymbol{A}) v(t),$$

亦即 $v(t) = -R_\lambda\left(\dfrac{\mathrm{d}}{\mathrm{d}t} v(t)\right)$.

但是 R_λ 是有界线性算子，$\dfrac{\mathrm{d}}{\mathrm{d}t} v(t)$ 是 t 的强连续函数，所以由定理 2.4 及定理 2.6 得

$$\int_{[0,t]} v(r)\mathrm{d}r = -R_\lambda\left(\int_{[0,t]} \frac{\mathrm{d}}{\mathrm{d}r} v(r)\mathrm{d}r\right) = -R_\lambda(v(t) - v(0))$$
$$= -R_\lambda v(t).$$

（注意 $u(t)$ 强连续，故 $v(0) = u(0) = \lim\limits_{t \to 0^+} u(t) = 0$.）但是，$\|u(t)\| < c$ $(t \in \mathbf{T})$，$u(t)$ 在 $\mathbf{T}$ 强连续，故 $\|v(t)\| < \mathrm{e}^{-\lambda t} c$ 且 $v(t)$ 在 $\mathbf{T}$ 强连续，所以，由定理 2.2 及定理 2.3 得

$$\int_{[0,\infty)} v(r)\mathrm{d}r = \lim_{t \to \infty}\int_{[0,t]} v(r)\mathrm{d}r = \lim_{t \to \infty}(-R_\lambda v(t)).$$

但是

$$\lim_{t \to \infty} \sup \|R_\lambda v(t)\| \leqslant \frac{1}{\lambda} \lim_{t \to \infty} \sup \|v(t)\| \leqslant \frac{1}{\lambda} \lim_{t \to \infty} \sup c\,\mathrm{e}^{-\lambda t} = 0,$$

所以 $\displaystyle\int_{[0,\infty)} v(r)\mathrm{d}r = 0$，从而，对 $\mathbf{B}$ 上任何一个有界线性泛函 l 有

$$\int_{[0,\infty)} \mathrm{e}^{-\lambda t} l(u(t))\mathrm{d}t = 0.$$

由于 $l(u(t))$ 是 t 的实变实值的连续函数，所以由拉氏变换之唯一性得知 $l(u(t)) \equiv 0$ $(t \in \mathbf{T})$. 所以由 Hahn-Banach 定理得知 $u(t) \equiv 0$ $(t \in \mathbf{T})$. 定理证毕. $\qquad\square$

53

第二章　q 过程的构造理论

2.1　q 过程的存在性

在这一章中，恒设 $\mathbf{T}=[0,\infty)$，$(E,\mathscr{E})$ 是可测空间(以后还要规定拓扑)，对角线集 $D\in\mathscr{E}\times\mathscr{E}$，从而 $\mathscr{E}$ 包含 E 的一切单点集. 本章所言(准)转移函数，均为时齐的.

在第一章中，我们研究过标准准转移函数 $P(t,x,A)$ $(t\in\mathbf{T}$，$x\in E$，$A\in\mathscr{E})$ 对 $t\in\mathbf{T}$ 的可微性及其导数 $\dfrac{\mathrm{d}}{\mathrm{d}t}P(t,x,A)$ 的性质，特别地，

$$\left(\frac{\mathrm{d}}{\mathrm{d}t}P(t,x,A)\right)_{t=0}=-q(x)I_A(x)+q(x,A)$$

的性质. 而本章，将要研究：给定满足某些条件的 q 函数对 $q(x)$-$q(x,A)$ 是否恒存在标准的准转移函数 $P(t,x,A)$，使

$$\left(\frac{\mathrm{d}}{\mathrm{d}t}P(t,x,A)\right)_{t=0}=-q(x)I_A(x)+q(x,A)?$$

如存在，再问是否唯一？如果未必唯一，那么唯一的充要条件是什么？当不唯一时，这些准转移函数如何构造？它们有什么性质？

定义 1.1　称 $q(x)$-$q(x,A)$ 是**一对 q 函数**$(x\in E$，$A\in\mathscr{E})$，如果

(1)　$0\leqslant q(x)<\infty$，$0\leqslant q(x,A)<\infty$ $(x\in E$，$A\in\mathscr{E})$；

(2)　$q(\cdot)\in\mathscr{E}$，$q(\cdot,A)\in\mathscr{E}$ $(A\in\mathscr{E})$；

(3)　$q(x,\cdot)$ 是 $\mathscr{E}$ 上的测度且 $q(x,\{x\})=0$ $(x\in E)$；

(4)　$q(x,E)\leqslant q(x)$ $(x\in E)$.

特别地，满足 $q(x,E)=q(x)$ $(x\in E)$ 的 q 函数对称为**保守的**. 记

$$\tilde{q}(x,A)=q(x,A)-I_A(x)q(x),$$

有时亦称 $\tilde{q}$ 为 q 函数.

定义 1.2 设 $q(x)$-$q(x,A)$ 是一对 q 函数, 若标准准转移函数 $P(t,x,A)$ 满足

$$\left(\frac{\mathrm{d}}{\mathrm{d}t}P(t,x,A)\right)_{t=0} = -q(x)I_A(x) + q(x,A)$$

$$(x \in E, A \in \mathscr{E}), \qquad (1.1)$$

则称 $P(t,x,A)$ 是一个 **q 过程**, 若 $P(t,x,E) \equiv 1$, 则称之为**不断的**.

为简单计, 在不混淆的情况下, 记 $\dfrac{\mathrm{d}}{\mathrm{d}t}P(t,x,A)$ 为 $P'(t,x,A)$.

设 $q(x)$-$q(x,A)$ 是一对 q 函数, $\mathscr{L}$ 是第一章 1.1 节中所定义的 Banach 空间. 今定义两个算子 Q^* 和 $^*Q$ 如下. 记

$$\mathscr{D}^* = \left\{\varphi: \varphi \in \mathscr{L}, \varphi = \sum_{i=1}^{n} c_i \varepsilon_{x_i}(\bullet), c_i \text{ 为实数}, x_i \in E, n \geqslant 1\right\},$$

$$^*\mathscr{D} = \left\{\varphi: \varphi \in \mathscr{L}, \int|\varphi|(\mathrm{d}x)q(x) < \infty\right\},$$

其中 $\varepsilon_x(\bullet)$ 表测度值集中在 $\{x\}$ 的概率测度.

在 $\mathscr{D}^*$ 和 $^*\mathscr{D}$ 上分别定义算子 Q^* 和 $^*Q$ 如下:

任取 $\varphi \in \mathscr{D}^*$,

$$Q^*\varphi(A) = \int_E \varphi(\mathrm{d}x)(q(x,A) - q(x)I_A(x)) \quad (A \in \mathscr{E});$$

任取 $\varphi \in {}^*\mathscr{D}$,

$$^*Q\varphi(A) = \int_E \varphi(\mathrm{d}x)(q(x,A) - q(x)I_A(x)) \quad (A \in \mathscr{E}).$$

显然 $Q^* \subset {}^*Q$.

命题 1.1 设 $P(t,x,A)$ 是任一标准准转移函数, $\Psi(\lambda,x,A)$ 是其拉氏变换, $q(x)$-$q(x,A)$ 是一对 q 函数, 则下列陈述等价:

(1) $P'(t,x,A) = -q(x)P(t,x,A) + \displaystyle\int_E q(x,\mathrm{d}y)P(t,y,A)$

$$(t \in \mathbf{T}, x \in E, A \in \mathscr{E}); \qquad (B)$$

(2) $P(t,x,A) = \mathrm{e}^{-q(x)t}I_A(x)$

$$+ \int_0^t \mathrm{e}^{-q(x)(t-s)}\left(\int_E q(x,\mathrm{d}y)P(s,y,A)\right)\mathrm{d}s$$

$$(t \in \mathbf{T}, x \in E, A \in \mathscr{E}); \qquad (B)'$$

(3) $(\lambda + q(x), \Psi(\lambda, x, A) - \int_E q(x, dy) \Psi(\lambda, y, A) = I_A(x)$

$$(\lambda > 0, \ x \in E, \ A \in \mathscr{E}); \qquad (B_\lambda)$$

(4) $Q^* \subset A$ (A 是半群 $\{V_t : t \in \mathbf{T}\}$ 之无穷小算子，V_t 的定义见第一章(4.2)；

(5) $\lim\limits_{t \to 0^+} \dfrac{P(t, x, A) - I_A(x)}{t} = -q(x) I_A(x) + q(x, A)$

$$(x \in E, \ A \in \mathscr{E});$$

(6) $\lim\limits_{\lambda \to \infty} \lambda(\lambda \Psi(\lambda, x, A) - I_A(x)) = -q(x) I_A(x) + q(x, A)$

$$(x \in E, \ A \in \mathscr{E}).$$

证 (1)$\Rightarrow$(2). 设(1)成立. 用分部积分可得

$$\int_0^t e^{-q(x)(t-s)} P'(s, x, A) ds$$

$$= P(t, x, A) - e^{-q(x)t} I_A(x)$$

$$- \int_0^t q(x) e^{-q(x)(t-s)} P(s, x, A) ds,$$

以 (B) 代入上式即得 $(B)'$.

(2)$\Rightarrow$(3). 设(2)成立. 把 $(B)'$ 对 t 取拉氏变换即得

$$\Psi(\lambda, x, A)$$

$$= \frac{I_A(x)}{\lambda + q(x)} + \int_0^\infty dt \Big[e^{-\lambda t} \int_0^t e^{-q(x)(t-s)} \Big(\int_E q(x, dy) P(s, y, A) \Big) ds \Big]$$

$$= \frac{I_A(x)}{\lambda + q(x)} + \int_E q(x, dy) \int_0^\infty ds \Big(\frac{e^{-\lambda s}}{\lambda + q(x)} P(s, y, A) \Big)$$

$$= \frac{1}{\lambda + q(x)} \Big(I_A(x) + \int_E q(x, dy) \Psi(\lambda, y, A) \Big).$$

此即(3)成立.

(3)$\Rightarrow$(4). 设(3)成立，由于 A 是线性算子，所以为证 $Q^* \subset A$，只须证明对任何 $x \in E$，有

$$\varepsilon_x(\cdot) \in \mathscr{D}_A, \quad Q^* \varepsilon_x = A \varepsilon_x$$

(其中 $\mathscr{D}_A$ 表 A 之定义域).

事实上，若令 $\psi_x = Q^* \varepsilon_x$，由(3)可得

$$(\Psi_\lambda^* (\lambda\varepsilon_x - \psi_x))(A)$$

$$= \int_0^\infty dt \int_E (\lambda\varepsilon_x(dy) - \psi_x(dy))P(t,y,A)e^{-\lambda t}$$

$$= \int_0^\infty dt\Big(e^{-\lambda t}\Big[\lambda P(t,x,A) - \int_E (q(x,dy)$$

$$- q(x)\varepsilon_x(dy))P(t,y,A)\Big]\Big)$$

$$= \int_0^\infty dt\Big(\Big[(\lambda+q(x))P(t,x,A)\int_E q(x,dy)P(t,y,A)\Big]e^{-\lambda t}\Big)$$

$$= (\lambda+q(x))\Psi(\lambda,x,A) - \int_E q(x,dy)\Psi(\lambda,y,A)$$

$$= I_A(x) = \varepsilon_x(A)$$

(其中 Ψ_λ^* 是半群$\{V_t\colon t\in\mathbf{T}\}$ 的位势算子).

但是由第一章定理6.2，$\{V_t\colon t\in\mathbf{T}\}$ 是$\mathscr{L}$上的强连续半群，故其预解算子之定义域是$\mathscr{L}$，再用第一章命题4.1知 Ψ_λ^* 就是其预解算子. 所以 Ψ_λ^* 是一对一的且$(\Psi_\lambda^*)^{-1} = \lambda I - \mathbf{A}$，因此

$$\varepsilon_x \in \mathscr{D}_A, \ 且\ \lambda\varepsilon_x - \psi_x = (\Psi_\lambda^*)^{-1}\varepsilon_x = (\lambda I - \mathbf{A})\varepsilon_x,$$

此即

$$\varepsilon_x \in \mathscr{D}_A, \ 且\ \mathbf{A}\varepsilon_x = \psi_x = Q^*\varepsilon_x.$$

故(4)成立.

(4)$\Rightarrow$(5). 设(4)成立，则

$$\lim_{t\to 0^+}\Big\|\frac{V_t\varepsilon_x - \varepsilon_x}{t} - Q^*\varepsilon_x\Big\| = \lim_{t\to 0^+}\Big\|\frac{V_t\varepsilon_x - \varepsilon_x}{t} - \mathbf{A}\varepsilon_x\Big\| = 0,$$

更有

$$\lim_{t\to 0^+}\Big|\frac{P(t,x,A) - I_A(x)}{t} - (q(x,A) - q(x)I_A(x))\Big|$$

$$= \lim_{t\to 0^+}\Big|\Big(\frac{V_t\varepsilon_x - \varepsilon_x}{t} - Q^*\varepsilon_x\Big)(A)\Big|$$

$$= 0.$$

此即(5)成立.

(5)$\Rightarrow$(6). 设(5)成立，则任给 $\varepsilon>0$，存在 $\delta>0$，使得

$$| P(t,x,A) - I_A(x) - t(q(x,A) - q(x)I_A(x)) | < \varepsilon t$$
$$(0 < t \leqslant \delta),$$

所以，若注意

$$\int_0^\infty \lambda e^{-\lambda t} \, dt = \int_0^\infty \lambda^2 t e^{-\lambda t} \, dt = 1,$$

则可得

$$| (\lambda \Psi(\lambda,x,A) - I_A(x)) - (q(x,A) - q(x)I_A(x)) |$$

$$= \left| \int_0^\infty \lambda^2 e^{-\lambda t} (P(t,x,A) - I_A(x) - t(q(x,A) - I_A(x)q(x))) dt \right|$$

$$\leqslant \int_0^\delta \lambda^2 e^{-\lambda t} \varepsilon t \, dt + \int_\delta^\infty \lambda^2 e^{-\lambda t} (2 + 2tq(x)) dt$$

$$\leqslant \varepsilon + \lambda^2 \int_\delta^\infty e^{-\lambda t} (2 + 2q(x)t) dt,$$

在上式中先令 $\lambda \to \infty$，次令 $\varepsilon \to 0$，即得(6).

(5)$\Rightarrow$(1). 设(5)成立.

(a) 当 $t \geqslant 0$，$\Delta t > 0$ 时有

$$\frac{P(t+\Delta t,x,A) - P(t,x,A)}{\Delta t}$$

$$= \int_E \left(\frac{P(\Delta t,x,dy) - P(0,x,dy)}{\Delta t} \right) P(t,y,A),$$

由(5)并用第一章引理 7.3 即得

$$\lim_{\Delta t \to 0^+} \frac{P(t+\Delta t,x,A) - P(t,x,A)}{\Delta t}$$

$$= -q(x)P(t,x,A) + \int_E q(x,dy)P(t,y,A).$$

(b) 当 $t > 0$，$\Delta t > 0$，$t - \Delta t > 0$ 时，仿(a)，仍用(5)及第一章引理 7.3 可得

$$\lim_{\Delta t \to 0^+} \frac{P(t,x,A) - P(t-\Delta t,x,A)}{\Delta t}$$

$$= -q(x)P(t,x,A) + \int_E q(x,dy)P(t,y,A).$$

(6)$\Rightarrow$(3). 设(6)成立. 由 $\Psi(\lambda,x,A)$ 满足预解方程式得

$$\int \lambda \Psi(\lambda, x, \mathrm{d}y)(I_A(y) - \mu \Psi(\mu, y, A))$$

$$= \int \lambda (\varepsilon_x(\mathrm{d}y) - \lambda \Psi(\lambda, x, \mathrm{d}y)) \Psi(\mu, y, A). \qquad (1.2)$$

但是 $\lim\limits_{\lambda \to \infty} \lambda \Psi(\lambda, x, A) = \varepsilon_x(A)$ $(x \in E, A \in \mathscr{E})$,

$$\lim\limits_{\lambda \to \infty} \lambda (\varepsilon_x(A) - \lambda \Psi(\lambda, x, A)) = -q(x, A) + q(x) \varepsilon_x(A)$$

$$(x \in E, A \in \mathscr{E}),$$

又因为 $|\varepsilon_y(A) - \mu \Psi(\mu, y, A)| \leqslant 2$ $(y \in E, A \in \mathscr{E}, \mu > 0)$,

$$|\Psi(\mu, y, A)| \leqslant \frac{1}{\mu} \quad (\mu > 0, y \in E, A \in \mathscr{E}),$$

所以用第一章引理 7.3 在(1.2)中令 $\lambda \to \infty$ 即得(3). $\qquad \square$

系 1　若 $P(t, x, A)$ 是 q 过程, 则 $\{V_t : t \in \mathbf{T}\}$ 的位势算子族与预解式一样.

命题 1.2　设 $P(t, x, A)$ 是任一 q 过程, $\Psi(\lambda, x, A)$ 是其拉氏变换. 若对任何 $\mu \in \mathscr{D}_A$, 有 $\int_E |\mu|(\mathrm{d}x) q(x) < \infty$, 则下列结论成立:

(1)　$\dfrac{\mathrm{d}}{\mathrm{d}t} P(t, x, A) = \displaystyle\int_E P(t, x, \mathrm{d}y)(q(y, A) - I_A(y) q(y))$

$$(t \geqslant 0, x \in E, A \in \mathscr{E}); \qquad (F)$$

(2)　$P(t, x, A) = I_A(x) \mathrm{e}^{-q(x)t}$

$$+ \int_0^t \mathrm{d}s \int_E P(s, x, \mathrm{d}y)(q(y, A) - I_A(y) q(y)) \mathrm{e}^{-q(x)(t-s)}$$

$$+ \int_0^t \mathrm{d}s (\mathrm{e}^{-q(x)(t-s)} q(x) P(s, x, A))$$

$$(t \geqslant 0, x \in E, A \in \mathscr{E}); \qquad (F)'$$

(3)　$\displaystyle\int_E \Psi(\lambda, x, \mathrm{d}y)[\lambda I_A(y) - (q(y, A) - I_A(y) q(y))] = I_A(x)$

$$(\lambda > 0, x \in E, A \in \mathscr{E}); \qquad (F_\lambda)$$

(4)　$A \subset {}^* Q$.

证　(1)　固定 $t \geqslant 0, \Delta t > 0$, 有

$$\frac{1}{\Delta t}(P(t+\Delta t,x,A)-P(t,x,A))$$

$$=\int_E P(t,x,\mathrm{d}y)\,\frac{P(\Delta t,y,A)-I_A(y)}{\Delta t},$$

由第一章定理 7.1 有

$$1-P(t,x,\{x\})\leqslant 1-\mathrm{e}^{-q(x)t},$$

所以

$$\left|\frac{P(\Delta t,y,A)-I_A(y)}{\Delta t}\right|\leqslant q(y),$$

再用命题 1.1 及第一章命题 3.2, 对任何 $t\geqslant 0$, $x\in E$, 有 $P(t,x,\cdot)$ $=V_t\varepsilon_x\in\mathscr{D}_A$, 因此由命题假设知

$$\int_E P(t,x,\mathrm{d}y)q(y)<\infty.$$

所以由控制收敛定理可得

$$\lim_{\Delta t\to 0^+}\frac{1}{\Delta t}(P(t+\Delta t,x,A)-P(t,x,A))$$

$$=\int_E P(t,x,\mathrm{d}y)(q(y,A)-I_A(y)q(y)).$$

再用命题 1.1 知 $\dfrac{\mathrm{d}}{\mathrm{d}t}P(t,x,A)$ 是存在的, 所以

$$\frac{\mathrm{d}}{\mathrm{d}t}P(t,x,A)=\int_E P(t,x,\mathrm{d}y)(q(y,A)-I_A(y)q(y)).$$

(1)$\Rightarrow$(2). 设(1) 成立. 应用分部积分可得

$$\int_0^t \mathrm{d}s\left(\mathrm{e}^{-q(x)(t-s)}\,\frac{\mathrm{d}}{\mathrm{d}s}P(s,x,A)\right)$$

$$=P(t,x,A)-I_A(x)\mathrm{e}^{-q(x)t}$$

$$-\int_0^t q(x)\mathrm{e}^{-q(x)(t-s)}P(s,x,A)\mathrm{d}s.$$

但是, 由(1) 还有

$$\int_0^t \mathrm{d}s\left[\mathrm{e}^{-q(x)(t-s)}\,\frac{\mathrm{d}}{\mathrm{d}s}P(s,x,A)\right]$$

$$=\int_0^t \mathrm{d}s\int_E P(s,x,\mathrm{d}y)(q(y,A)-I_A(y)q(y))\mathrm{e}^{-q(x)(t-s)}.$$

比较上述两式即得(2).

(2)⇒(3). 设$(F)'$成立. $(F)'$左端之拉氏变换为 $\Psi(\lambda,x,A)$，右端之拉氏变换为

$$\frac{I_A(x)}{\lambda+q(x)}+\int_0^\infty \mathrm{d}t\int_0^t \mathrm{d}s\int_E P(s,x,\mathrm{d}y)\big[\mathrm{e}^{-q(x)(t-s)-\lambda t}\,(q(y,A)$$

$$-I_A(y)q(y))\big]+\int_0^\infty \mathrm{d}t\int_0^t \mathrm{d}s\,(\mathrm{e}^{-q(x)(t-s)-\lambda t}q(x)P(s,x,A))$$

$$=\frac{I_A(x)}{\lambda+q(x)}+\int_0^\infty \mathrm{d}s\int_s^\infty \mathrm{d}t\int_E P(s,x,\mathrm{d}y)\big[\mathrm{e}^{-q(x)(t-s)-\lambda t}\,(q(y,A)$$

$$-I_A(y)q(y))\big]+\int_0^\infty \mathrm{d}s\int_s^\infty \mathrm{d}t\,(\mathrm{e}^{-q(x)(t-s)-\lambda t}q(x)P(s,x,A))$$

$$=\frac{I_A(x)}{\lambda+q(x)}+\int_0^\infty \mathrm{d}s\int_E P(s,x,\mathrm{d}y)\mathrm{e}^{-\lambda s}\frac{q(y,A)-I_A(y)q(y)}{\lambda+q(x)}$$

$$+\int_0^\infty \mathrm{d}s\Big(q(x)P(s,x,A)\mathrm{e}^{-\lambda s}\frac{1}{\lambda+q(x)}\Big)$$

$$=\frac{I_A(x)}{\lambda+q(x)}+\int_E \Psi(\lambda,x,\mathrm{d}y)\frac{q(y,A)-I_A(y)q(y)}{\lambda+q(x)}$$

$$+\frac{q(x)\Psi(\lambda,x,A)}{\lambda+q(x)}.$$

所以，由$(F)'$即得(F_λ).

(3)⇒(4). 任取 $\varphi\in\mathscr{D}_A$，由命题假设知 $\varphi\in{}^*\mathscr{D}$，往证：$A\varphi={}^*Q\varphi$. 因为$(\lambda I-A)^{-1}=\Psi_\lambda^*$，所以，必存在 $\eta\in\mathscr{L}$，使 $\varphi=\Psi_\lambda^*\eta$. 令 $\eta=\eta_1-\eta_2$，η_i 都是 $\mathscr{E}$ 上的有限测度，再令 $\varphi_i=\Psi_\lambda^*\eta_i(i=1,2)$，则 φ_i 亦是 $\mathscr{E}$ 上的有限测度，且 $\varphi=\varphi_1-\varphi_2$. 由(3)有

$$\int_E \varphi_i(\mathrm{d}x)q(x,A)$$

$$=\int_E \eta_i(\mathrm{d}x)\int_E \Psi(\lambda,x,\mathrm{d}y)q(y,A)$$

$$=\int_E \eta_i(\mathrm{d}x)\Big[\int_E \Psi(\lambda,x,\mathrm{d}y)((\lambda+q(y))I_A(y))-I_A(x)\Big]$$

$$=-\eta_i(A)+\int_E \varphi_i(\mathrm{d}x)(\lambda+q(x))I_A(x)$$

$$=(A\varphi_i)(A)+\int_E \varphi_i(\mathrm{d}x)q(x)I_A(x).$$

由 $\varphi \in {}^* \mathscr{D}$ 知 $\int_E |\varphi|(\mathrm{d}x)q(x) < \infty$，更有

$$\int_E \varphi_i(\mathrm{d}x)q(x) < \infty,$$

所以在前式两边可以减去 $\int_E \varphi_i(\mathrm{d}x)q(x)I_A(x)$. 减去后即得

$$(\boldsymbol{A}\varphi_i)(A) = \int_E \varphi_i(\mathrm{d}x)(q(x,A) - I_A(x)q(x))$$
$$= ({}^* Q\varphi_i)(A) \quad (i = 1,2).$$

故 $(\boldsymbol{A}\varphi)(A) = ({}^* Q\varphi)(A)$. (4) 得证. $\qquad\square$

定理 1.1 任给一对 q 函数 $q(x)$-$q(x,A)$，恒存在一个最小的 q 过程 $\overline{P}(t,x,A)$（所谓 $\overline{P}(t,x,A)$ 是**最小的 q 过程**，意即它是 q 过程，且对任何 q 过程 $P(t,x,A)$ 来说，有 $P(t,x,A) \geqslant \overline{P}(t,x,A)$，对一切 t，x,A).

证 令 $P^{(0)}(t,x,A) = \mathrm{e}^{-q(x)t}I_A(x)$，

$$P^{(n+1)}(t,x,A) = \int_0^t \mathrm{e}^{-q(x)(t-s)}\int_E q(x,\mathrm{d}y)P^{(n)}(s,y,A)\mathrm{d}s \quad (n \geqslant 0),$$

$$\overline{P}(t,x,A) = \sum_{n=0}^{\infty} P^{(n)}(t,x,A),$$

可证 $\overline{P}(t,x,A)$ 即为所求.

(1) 显然 $P^{(0)}(t,x,A)$ 是 t 的连续函数（固定 x 和 A），是 x 的 $\mathscr{E}$ 可测函数（固定 t,A），是 $\mathscr{E}$ 上的有限测度（固定 t,x). 对 n 作归纳法可以证明对任何 $n \geqslant 0$，$P^{(n)}(t,x,A)$ 均具有上述性质.

(2) 显然对一切 $t \in \mathbf{T}$，$x \in E$，$A \in \mathscr{E}$，有 $0 \leqslant P^{(0)}(t,x,A) \leqslant 1$，对 n 作归纳法可以证明：对一切 $n \geqslant 0$，恒有

$$0 \leqslant \sum_{k=0}^n P^{(k)}(t,x,E) \leqslant 1,$$

从而 $0 \leqslant \overline{P}(t,x,E) \leqslant 1$. 由 (1) 得知 $\overline{P}(t,x,A)$ 是 x 的 $\mathscr{E}$ 可测函数. 又因为 $P^{(n)}(t,x,\cdot)$ 是 $\mathscr{E}$ 上的有限测度，所以，$\overline{P}(t,x,\cdot)$ 是 $\mathscr{E}$ 上的具有有限可加性的集合函数，用控制收敛定理可以证明：

$$\text{``}A_n \supset A_{n+1}, \bigcap_n A_n = \varnothing \Rightarrow \lim_{n\to\infty} \overline{P}(t,x,A_n) = 0\text{''}.$$

所以 $\overline{P}(t,x,\cdot)$ 是 $\mathscr{E}$ 上的有限测度.

(3) $\overline{P}(t,x,A)$ 满足 K-C 方程式. 首先注意, 对 n 作归纳法可以证明:

$$P^{(n)}(s+t,x,A) = \sum_{\nu=0}^{n} \int_E P^{(\nu)}(s,x,\mathrm{d}y) P^{(n-\nu)}(t,x,A). \quad (1.3)$$

由 (1.3) 及第一章引理 7.3 得

$$\begin{aligned}
\overline{P}(s+t,x,A) &= \sum_{n=0}^{\infty} \sum_{\nu=0}^{n} \int_E P^{(\nu)}(s,x,\mathrm{d}y) P^{(n-\nu)}(t,y,A) \\
&= \sum_{\nu=0}^{\infty} \int_E P^{(\nu)}(s,x,\mathrm{d}y) \overline{P}(t,y,A) \\
&= \int_E \overline{P}(s,x,\mathrm{d}y) \overline{P}(t,y,A).
\end{aligned}$$

(4) 显然,

$$\begin{aligned}
\overline{P}(t,x,A) &= \sum_{n=0}^{\infty} P^{(n)}(t,x,A) \\
&= P^{(0)}(t,x,A) \\
&\quad + \int_0^t \mathrm{e}^{-q(x)(t-s)} \left(\int q(x,\mathrm{d}y) \overline{P}(s,y,A) \right) \mathrm{d}s, \quad (1.4)
\end{aligned}$$

所以 $\lim_{t\to 0^+} \overline{P}(t,x,A) = \lim_{t\to 0^+} P^{(0)}(t,x,A) = I_A(x)$.

综上四步, 可知 $\overline{P}(t,x,A)$ 是标准准转移函数. 所以由第一章定理 5.1 知 $\overline{P}(\cdot,x,A)$ 是连续函数, 用 (1.4) 并使用中值公式与控制收敛定理可以证明 $\overline{P}(t,x,A)$ 是 q 过程.

(5) 设 $P(t,x,A)$ 是任一 q 过程, 由命题 1.1 有

$$\begin{aligned}
P(t,x,A) &= P^{(0)}(t,x,A) \\
&\quad + \int_0^t \mathrm{e}^{-q(x)(t-s)} \left(\int_E q(x,\mathrm{d}y) P(s,y,A) \right) \mathrm{d}s,
\end{aligned}$$

若注意 $P^{(n+1)}(t,x,A)$ 之定义, 用上式, 并对 n 作归纳法可证:

$$P(t,x,A) \geqslant \sum_{\nu=0}^{n} P^{(\nu)}(t,x,A) \quad (n \geqslant 0),$$

从而 $P(t,x,A) \geqslant \overline{P}(t,x,A)$. $\qquad\qquad \square$

2.2 拉 氏 变 换

命题 2.1 设 $P(t,x,A)$ 是一个 q 过程，$\Psi(\lambda,x,A)$ 是其拉氏变换，则

(1) $P'(t,x,A)$ 的拉氏变换为

$$\int_0^\infty e^{-\lambda t} P'(t,x,A) dt = \lambda \Psi(\lambda,x,A) - I_A(x).$$

(2) $P'(t,x,A) + q(x)P(t,x,A) - \int_E q(x,dy)P(t,y,A)$ 的拉氏变换为

$$(\lambda + q(x))\Psi(\lambda,x,A) - \int_E q(x,dy)\Psi(\lambda,y,A) - I_A(x).$$

(3) 设 $P^{(n)}(t,x,A)$ 如定理 1.1 所定义，$\Psi^{(n)}(\lambda,x,A)$ 是其拉氏变换，再令

$$\pi^{(0)}(\lambda,x,A) = I_A(x), \quad \pi(\lambda,x,A) = \frac{q(x,A)}{\lambda + q(x)},$$

$$\pi^{(n)}(\lambda,x,A) = \int_E \pi^{(n-1)}(\lambda,x,dy)\pi(\lambda,y,A) \quad (n \geqslant 1),$$

恒有 $\Psi^{(0)}(\lambda,x,A) = \dfrac{I_A(x)}{\lambda + q(x)}$,

$$\Psi^{(n+1)}(\lambda,x,A) = \frac{1}{\lambda + q(x)}\int_E q(x,dy)\Psi^{(n)}(\lambda,y,A)$$

$$= \int_E \pi(\lambda,x,dy)\Psi^{(n)}(\lambda,y,A)$$

$$= \int_E \pi^{(n+1)}(\lambda,x,dy)\Psi^{(0)}(\lambda,y,A).$$

证 直接计算可得 (1),(2),(3). □

命题 2.2 设 $\Psi(\lambda,x,A)$ 是标准准转移函数 $P(t,x,A)$ 的拉氏变换，则

(1) $P(t,x,A)$ 是不断的（即 $P(t,x,E) \equiv 1$) 充要条件是
$$\lambda\Psi(\lambda,x,E) \equiv 1 \quad (\lambda > 0, \, x \in E).$$

(2) $\lim\limits_{t\to 0^+} \dfrac{1}{t}(P(t,x,A) - I_A(x))$ 存在（不一定有限）$\Rightarrow$

$$\lim\limits_{\lambda\to\infty}\lambda(\lambda\Psi(\lambda,x,A) - I_A(x)) = \lim\limits_{t\to 0^+}\dfrac{1}{t}(P(t,x,A) - I_A(x)).$$

证 (1) 由于 $P(t,x,A)$ 是标准的，所以对 $t\in\mathbf{T}$ 连续，再用拉氏变换之唯一性可得(1).

(2) 先设 $\lim\limits_{t\to 0^+}\dfrac{1}{t}(1 - P(t,x,\{x\})) = q(x) < \infty$，往证

$$\lim\limits_{\lambda\to\infty}\lambda(\lambda\Psi(\lambda,x,\{x\}) - 1) = -q(x).$$

事实上，由假设得知，对任何 $\varepsilon > 0$，存在一个 $\delta > 0$，使

$$\left|1 - P(t,x,\{x\}) - q(x)t\right| < \varepsilon t \quad (0\leqslant t\leqslant\delta),$$

所以

$$\left|\lambda^2\Psi(\lambda,x,\{x\}) - \lambda + q(x)\right|$$

$$= \left|\lambda^2\int_0^\infty e^{-\lambda t}(P(t,x,\{x\}) - 1 + q(x)t)\mathrm{d}t\right|$$

$$\leqslant \varepsilon\int_0^\delta\lambda^2 e^{-\lambda t}t\,\mathrm{d}t + \lambda^2\int_\delta^\infty e^{-\lambda t}(1 + q(x)t)\mathrm{d}t$$

$$\leqslant \varepsilon + \lambda^2\int_\delta^\infty e^{-\lambda t}(1 + q(x)t)\mathrm{d}t.$$

在上式中先令 $\lambda\to\infty$，次令 $\varepsilon\to 0$，即得

$$\lim\limits_{\lambda\to\infty}\lambda(\lambda\Psi(\lambda,x,\{x\}) - 1) = -q(x).$$

再设 $\lim\limits_{t\to 0^+}\dfrac{1 - P(t,x,\{x\})}{t} = \infty$，可证

$$\lim\limits_{\lambda\to\infty}\lambda(1 - \lambda\Psi(\lambda,x,\{x\})) = \infty.$$

事实上，由假设得知：对任意大的 M，恒存在一个 $\delta > 0$，使

$$1 - P(t,x,\{x\}) \geqslant Mt \quad (0\leqslant t\leqslant\delta),$$

所以

$$\lambda - \lambda^2\Psi(\lambda,x,\{x\}) = \lambda^2\int_0^\infty e^{-\lambda t}(1 - P(t,x,\{x\}))\mathrm{d}t$$

$$\geqslant \lambda^2\int_0^\delta e^{-\lambda t}Mt\,\mathrm{d}t = M\int_0^{\lambda\delta} s e^{-s}\mathrm{d}s,$$

因此

$$\lim_{\lambda \to \infty}(\lambda - \lambda^2 \Psi(\lambda, x, \{x\})) = \infty.$$

仿前两步，可证

$$\lim_{t \to 0^+}\frac{P(t, x, A)}{t} = q(x, A) \ (x \overline{\in} A) \ \text{存在}$$

$$\Rightarrow \lim_{\lambda \to \infty}\lambda^2 \Psi(\lambda, x, A) = q(x, A).$$

命题证毕. □

定理 2.1　任意给定 $\Psi(\lambda, x, A)$ $(\lambda > 0, x \in E, A \in \mathcal{E})$，它是某一个标准准转移函数 $P(t, x, A)$ 的拉氏变换的充要条件是：

（ⅰ）固定 λ, x，$\Psi(\lambda, x, \bullet)$ 是 $\mathcal{E}$ 上一个有限测度，固定 λ, A，$\Psi(\lambda, \bullet, A) \in \text{b}\mathcal{E}$；

（ⅱ）$0 \leqslant \lambda\Psi(\lambda, x, A) \leqslant 1$ $(\lambda > 0, x \in E, A \in \mathcal{E})$；

（ⅲ）满足预解方程式：

$$\Psi(\lambda, x, A) - \Psi(\mu, x, A) + (\lambda - \mu)\int_E \Psi(\lambda, x, \mathrm{d}y)\Psi(\mu, y, A) = 0$$
$$(\lambda > 0, \mu > 0, x \in E, A \in \mathcal{E});$$

（ⅳ）连续性条件：$\lim_{\lambda \to \infty}\lambda\Psi(\lambda, x, A) = I_A(x)$ $(x \in E, A \in \mathcal{E})$.

证　必要性　若 $P(t, x, A)$ 是标准准转移函数，则 $P(t, x, A)$ 对 $t \in \mathbf{T}$ 连续，从而 $P(t, x, A)$ 是可测的. 因此由第一章命题 4.1 知（ⅰ）～（ⅲ）成立. 再用 $P(t, x, A)$ 的标准性及控制收敛定理即得（ⅳ）.

充分性　设 $\mathcal{L}$ 是第一章 1.1 节中所定义的 Banach 空间. 在 $\mathcal{L}$ 上定义一族算子 $\{\Psi_\lambda^* : \lambda > 0\}$ 如下：

任取 $\varphi \in \mathcal{L}$，定义

$$(\Psi_\lambda^* \varphi)(B) = \int_E \varphi(\mathrm{d}x)\psi(\lambda, x, B) \quad (\lambda > 0, B \in \mathcal{E}),$$

显然 $\overline{\Psi_\lambda^*} : \mathcal{L} \to \mathcal{L}$，且 ψ_λ^* 是有界线性算子，$\|\Psi_\lambda^*\| \leqslant \dfrac{1}{\lambda}$ $(\lambda > 0)$.

如果还能证：

（a）Ψ_λ^* 是一对一的，则可以定义算子 $\mathbf{A}_\lambda$ 如下：

$$\lambda I - \boldsymbol{A}_\lambda = (\boldsymbol{\Psi}_\lambda^*)^{-1};$$

（b）$\boldsymbol{A}_\lambda = \boldsymbol{A}$ 与 $\lambda > 0$ 无关，且其定义域 $\mathscr{D}_A$ 在 $\mathscr{L}$ 中稠，则由第一章定理 3.5 得知，存在唯一一个 $\mathscr{L}$ 上的强连续的压缩型半群 $\{V_t : t \in \mathbf{T}\}$，其预解算子为 $\boldsymbol{\Psi}_\lambda^*$，即是

$$\boldsymbol{\Psi}_\lambda^* \varphi = (\mathrm{s}) \int_0^\infty \mathrm{e}^{-\lambda t} V_t \varphi \mathrm{d}t \quad (\varphi \in \mathscr{L}).$$

更有

$$(\boldsymbol{\Psi}_\lambda^* \varphi)(B) = \int_0^\infty \mathrm{e}^{-\lambda t} (V_t \varphi)(B) \mathrm{d}t \quad (B \in \mathscr{E}).$$

取 $\varphi_x(B) = I_B(x) \ (B \in \mathscr{E})$，则 $\varphi_x \in \mathscr{L}$，且 $\varphi_x(B)$ 是 x 的 $\mathscr{E}$ 可测函数. 令 $P(t, x, B) = (V_t \varphi_x)(B)$，往证 $P(t, x, B)$ 即为所求. 事实上，由第一章定理 3.6 有

$$
\begin{aligned}
(V_t \varphi_x)(B) &= \lim_{n \to \infty} \sum_{m=0}^\infty \frac{1}{m!} ((tn\boldsymbol{A} \circ \boldsymbol{\Psi}_n^*)^m \varphi_x)(B) \\
&= \lim_{n \to \infty} \sum_{m=0}^\infty \frac{1}{m!} ((tn^2 \boldsymbol{\Psi}_n^* - tnI)^m \varphi_x)(B) \\
&= \lim_{n \to \infty} (\exp(tn^2 \boldsymbol{\Psi}_n^* - tnI) \varphi_x)(B).
\end{aligned}
$$

由 $\varphi_x(B)$ 及 $(\boldsymbol{\Psi}_\lambda^* \varphi_x)(B) = \Psi(\lambda, x, B)$ 均为 x 的 $\mathscr{E}$ 可测函数得知

$$(tn\boldsymbol{A} \circ \boldsymbol{\Psi}_n^* \varphi_x)(B) = ((tn^2 \boldsymbol{\Psi}_n^* - tnI) \varphi_x)(B)$$

是 x 的 $\mathscr{E}$ 可测函数. 对 m 作归纳法可证：$((tn\boldsymbol{A} \circ \boldsymbol{\Psi}_n^*)^m \varphi_x)(B)$ 也是 x 的 $\mathscr{E}$ 可测函数 $(m \geqslant 1)$，从而 $P(t, x, B) = (V_t \varphi_x)(B)$ 是 x 的 $\mathscr{E}$ 可测函数. 又因为有界线性算子 e^{-tnI} 和 $\mathrm{e}^{tn^2 \boldsymbol{\Psi}_n^*}$ 都把 $\mathscr{L}$ 中的测度映射为测度，而 φ_x 是测度，所以 $V_t \varphi_x$ 是测度，亦即 $P(t, x, \cdot)$ 是 $\mathscr{E}$ 上的测度. 而 $\{V_t : t \in \mathbf{T}\}$ 是压缩型半群，所以 $P(t, x, E) = (V_t \varphi_x)(E) \leqslant 1$. 又因为 $\{V_t : t \in \mathbf{T}\}$ 是强连续的，所以更有 $P(t, x, B) = (V_t \varphi_x)(B)$ 是 $t \in \mathbf{T}$ 的连续函数，而且

$$
\begin{aligned}
\int_0^\infty \mathrm{e}^{-\lambda t} P(t, x, B) \mathrm{d}t &= \int_0^\infty \mathrm{e}^{-\lambda t} (V_t \varphi_x)(B) \mathrm{d}t = (\boldsymbol{\Psi}_\lambda^* \varphi_x)(B) \\
&= \Psi(\lambda, x, B) \quad (\lambda > 0, \ x \in E, \ B \in \mathscr{E}).
\end{aligned}
$$

所以，如果我们能证明 $P(t, x, B)$ 满足 K-C 方程式，则 $P(t, x, A)$ 就是

一个以 $\Psi(\lambda,x,A)$ 为拉氏变换的标准准转移函数了.

事实上, 由 $P(t,x,B)$ 是 $t \in \mathbf{T}$ 的连续函数, 再用控制收敛定理及第一章引理 7.3 可知, $P(s+t,x,B)$, $\int_E P(s,x,\mathrm{d}y)P(t,y,B)$ 均为 s (固定 t) 和 t (固定 s) 的连续函数, 因此,

$$\int_0^\infty \mathrm{e}^{-\mu t} p(s+t,x,B)\mathrm{d}t, \quad \int_0^\infty \mathrm{e}^{-\mu t}\left(\int_E P(s,x,\mathrm{d}y)P(t,y,B)\right)\mathrm{d}t$$

都是 s 的连续函数. 但是

$$\int_0^\infty \mathrm{d}s \int_0^\infty \mathrm{d}t \int_E P(s,x,\mathrm{d}y)P(t,y,B)\mathrm{e}^{-\lambda s-\mu t}$$

$$= \int_E \Psi(\lambda,x,\mathrm{d}y)\Psi(\mu,y,B)$$

$$= \frac{1}{\mu-\lambda}(\Psi(\lambda,x,B)-\Psi(\mu,x,B))$$

$$= \int_0^\infty \mathrm{d}s \int_0^\infty \mathrm{d}t P(s+t,x,B)\mathrm{e}^{-\lambda s-\mu t},$$

所以两次利用拉氏变换之唯一性有

$$P(s+t,x,B) = \int_E P(s,x,\mathrm{d}y)P(t,y,B)$$

$$(s,t \in \mathbf{T}, \; x \in E, \; B \in \mathscr{E}).$$

总之, 我们证明了 $P(t,x,B)$ 是一个以 $\Psi(\lambda,x,B)$ 为拉氏变换的标准准转移函数.

下面我们来补证 (a) 和 (b). □

(a) Ψ_λ^* 是一对一的算子.

任取 $\varphi \in \mathscr{L}$, 令 $B_1 = B_1(\lambda)$, $B_2 = B_2(\lambda)$ 为 $\varphi - \lambda\Psi_\lambda^*\varphi$ 的一组 Hahn 分解 (即是 B_1, B_2 分别为 $\varphi - \lambda\Psi_\lambda^*\varphi$ 的正、负集, $B_1 \bigcap B_2 = \varnothing$, $B_1 \bigcup B_2 = E$. 所谓 B 是 φ 之正 (负) 集, 意即 $B \in \mathscr{E}$, 且 $B' \subset B$, $B' \in \mathscr{E} \Rightarrow \varphi(B') \geqslant 0 \; (\varphi(B') \leqslant 0))$, 则有

$$\|\varphi - \lambda\Psi_\lambda^*\varphi\| = (\varphi - \lambda\Psi_\lambda^*\varphi)(B_1) - (\varphi - \lambda\Psi_\lambda^*\varphi)(B_2)$$

$$= \int_E \varphi(\mathrm{d}x)(I_{B_1}(x) - \lambda\Psi(\lambda,x,B_1))$$

$$- \int_E \varphi(\mathrm{d}x)(I_{B_2}(x) - \lambda\Psi(\lambda,x,B_2))$$

$$\leqslant \int_E |\varphi|(\mathrm{d}x) |I_{B_1}(x) - \lambda\Psi(\lambda, x, B_1)|$$

$$+ \int_E |\varphi|(\mathrm{d}x) |I_{B_2}(x) - \lambda\Psi(\lambda, x, B_2)|$$

（其中 $|\varphi| = \varphi^+ + \varphi^-$, $\varphi^+(B) = \varphi(BA_1)$, $\varphi^-(B) = -\varphi(BA_2)$, A_1 和 A_2 为 φ 的一组正、负集）. 上式中令 $\lambda \to \infty$ 并注意由（i）～（iv）可推出 $\lim\limits_{\lambda \to \infty} \lambda\Psi(\lambda, x, A) = I_A(x)$ 对 $A \in \mathcal{E}$ 等度成立及控制收敛定理可得

$$\lim_{\lambda \to \infty} \|\varphi - \lambda\Psi_\lambda^* \varphi\| = 0.$$

但是，由（iii）得知

$$\Psi_{\lambda_0}^* \varphi = 0 \Rightarrow \Psi_\lambda^* \varphi = 0 \quad （对一切 \lambda > 0）.$$

所以

$$\Psi_{\lambda_0}^* \varphi = 0 \Rightarrow \varphi = (\mathrm{s}) \lim_{\lambda \to \infty} \lambda\Psi_\lambda^* \varphi = 0.$$

此即 $\Psi_{\lambda_0}^*$ 是一对一的（$\mathcal{L}$ 中之 0 元素亦用 0 表之）. $\lambda_0 > 0$ 可任意，故（a）得证.

（b） $\boldsymbol{A}_\lambda = \boldsymbol{A}$ 与 $\lambda > 0$ 无关，$\mathcal{D}_A$ 在 $\mathcal{L}$ 中稠.

首先证明 $\boldsymbol{A}_\lambda$ 之定义域与 λ 无关. 任取 $\varphi \in \mathcal{L}$, 由（iii）有

$$\Psi_\mu^* \varphi = \Psi_\lambda^*(\varphi + (\lambda - \mu)\Psi_\mu^* \varphi),$$

$$\Psi_\lambda^* \varphi = \Psi_\mu^*(\varphi + (\mu - \lambda)\Psi_\mu^* \varphi),$$

此即 Ψ_λ^* 与 Ψ_μ^* 之值域一样，从而 $\boldsymbol{A}_\lambda$ 与 $\boldsymbol{A}_\mu$ 之定义域一样.

其次证明：任取 $\varphi \in \mathcal{D}_{A_\lambda} = \mathcal{D}_{A_\mu}$, 有 $\boldsymbol{A}_\lambda\varphi = \boldsymbol{A}_\mu\varphi$. 事实上这时 φ 必属于 Ψ_λ^* 与 Ψ_μ^* 的值域，所以存在 $\varphi_1, \varphi_2 \in \mathcal{L}$, 使 $\varphi = \Psi_\lambda^* \varphi_1 = \Psi_\mu^* \varphi_2$. 再用（iii）得

$$\Psi_\lambda^* \varphi_1 - \Psi_\mu^* \varphi_1 + (\lambda - \mu)\Psi_\mu^* \circ \Psi_\lambda^* \varphi_1 = 0,$$

亦即

$$\Psi_\mu^* \varphi_2 - \Psi_\mu^* \varphi_1 + (\lambda - \mu)\Psi_\mu^* \circ \Psi_\lambda^* \varphi_1 = 0.$$

而 Ψ_μ^* 是一对一的算子，所以

$$\varphi_2 - \varphi_1 + (\lambda - \mu)\Psi_\lambda^* \varphi_1 = 0,$$

此即 $(\Psi_\mu^*)^{-1}\varphi - (\Psi_\lambda^*)^{-1}\varphi + (\lambda - \mu)\varphi = 0$. 亦即

$$\boldsymbol{A}_\lambda\varphi = \boldsymbol{A}_\mu\varphi.$$

最后证明 $\mathscr{D}_A$ 在 $\mathscr{L}$ 中稠. 事实上, 在(a)的证明中已有: 任取 $\varphi \in \mathscr{L}$, 必有 $\varphi = (\text{s}) \lim_{\lambda \to \infty} \lambda \Psi_\lambda^* \varphi$, 而 $\lambda \Psi_A^* \varphi \in \mathscr{D}_A$. 这就说明了 $\mathscr{D}_A$ 在 $\mathscr{L}$ 中稠.

定理 2.2 设 $q(x)$-$q(x,A)$ 是任意一对 q 函数, 则 $\Psi(\lambda,x,A)$ 是某个 q 过程的拉氏变换的充要条件是: 定理 2.1 的 (ⅰ)~(ⅲ) 成立及

$$(\text{ⅳ})^* \quad \lim_{\lambda \to \infty} \lambda(\lambda\Psi(\lambda,x,A) - I_A(x)) = q(x,A) - q(x)I_A(x)$$

$$(\lambda > 0, \ x \in E, \ A \in \mathscr{E}).$$

证 **必要性** 由定理 2.1 及命题 1.1 即得.

充分性 首先注意 (ⅳ)* 必蕴涵了定理 2.1 中的条件 (ⅳ), 所以由定理 2.1 得知存在唯一一个标准准转移函数 $P(t,x,A)$, 其拉氏变换为 $\Psi(\lambda,x,A)$. 由 (ⅳ)*, 再用命题 1.1 得知 $P(t,x,A)$ 必为 q 过程. $\quad\square$

定理 2.3 设 $q(x)$-$q(x,A)$ 是任意一对 q 函数, 则 $\Psi(\lambda,x,A)$ 是某个 q 过程的拉氏变换的充要条件是: 定理 2.1 的 (ⅰ)~(ⅲ) 成立及

$$(\lambda + q(x))\Psi(\lambda,x,A) - \int_E q(x,dy)\Psi(\lambda,y,A) = I_A(x)$$

$$(\lambda > 0, \ x \in E, \ A \in \mathscr{E}). \qquad (B_\lambda)$$

证 若 $\Psi(\lambda,x,A)$ 是某个标准准转移函数的拉氏变换, 则由命题 1.1 得知 (ⅳ)$^* \Leftrightarrow (B_\lambda)$. 故仿定理 2.2 可证定理 2.3. $\quad\square$

以后 q 过程的拉氏变换也称为 q **过程**.

2.3 空间 $U_\lambda(s)$ 和 $V_\lambda(s)$

本节恒设 $q(x)$-$q(x,A)$ 是任意一对 q 函数, $P^{(n)}(t,x,A), \overline{P}(t,x,A)$ 如定理 1.1 所定义, $\Psi^{(n)}(\lambda,x,A), \overline{\Psi}(\lambda,x,A)$ 分别为 $P^{(n)}(t,x,A), \overline{P}(t,x,A)$ 的拉氏变换,

$$\overline{\xi}(\lambda,x) = 1 - \lambda\overline{\Psi}(\lambda,x,E), \quad S^{(n)}(\lambda,x,A) = \sum_{k=0}^n \Psi^{(k)}(\lambda,x,A),$$

$\pi(\lambda,x,A),\pi^{(n)}(\lambda,x,A)$ $(n\geqslant 0)$ 如命题 2.1 所定义.

命题 3.1 若 $\xi,\eta\in b\mathscr{E}$, $\xi,\eta\geqslant 0$, 且

$$(\mu+q(x))\xi(x)-\int_E q(x,\mathrm{d}y)\xi(y)\geqslant\eta(x)\geqslant 0,$$

则有 $\xi(x)\geqslant\displaystyle\int_E\overline{\boldsymbol{\Psi}}(\mu,x,\mathrm{d}y)\eta(y).$

证 由假设有

$$\xi(x)\geqslant\int_E\pi(\mu,x,\mathrm{d}y)\xi(y)+\int_E\boldsymbol{\Psi}^{(0)}(\mu,x,\mathrm{d}y)\eta(y),$$

更有

$$\xi(x)\geqslant\int_E\boldsymbol{\Psi}^{(0)}(\mu,x,\mathrm{d}y)\eta(y).$$

反复地利用上述两不等式得

$$\xi(x)\geqslant\int_E\pi(\mu,x,\mathrm{d}y)\int_E\boldsymbol{\Psi}^{(0)}(\mu,y,\mathrm{d}z)\eta(z)$$
$$+\int_E\boldsymbol{\Psi}^{(0)}(\mu,x,\mathrm{d}y)\eta(y),$$
$$\cdots,$$
$$\xi(x)\geqslant\int_E\Big(\sum_{k=0}^n\pi^{(k)}(\mu,x,\mathrm{d}y)\Big)\int_E\boldsymbol{\Psi}^{(0)}(\mu,y,\mathrm{d}z)\eta(z)$$
$$=\int_E S^{(n)}(\mu,x,\mathrm{d}y)\eta(y).$$

令 $n\to\infty$ 即得命题 3.1. $\qquad\qquad\square$

命题 3.2 令 $M(\lambda,\mu,x,A)=I_A(x)+(\lambda-\mu)\overline{\boldsymbol{\Psi}}(\mu,x,A)$, 再令

$$U_\lambda(s)=\Big\{\xi(\lambda,x)\colon\int_E q(x,\mathrm{d}y)\xi(\lambda,y)=(\lambda+q(x)\xi(\lambda,x),$$
$$\xi(\lambda,\cdot)\in b\mathscr{E},\ \xi\geqslant 0\Big\},$$

则"$\xi(\lambda,x)\in U_\lambda(s)\Rightarrow\xi(\mu,x)\equiv\displaystyle\int_E M(\lambda,\mu,x,\mathrm{d}y)\xi(\lambda,y)\in U_\mu(s)$".

证 设 $\xi(\lambda,x)\in U_\lambda(s)$.

先证 $\xi(\mu,x) \geqslant 0$ $(\mu > 0, x \in E)$. 当 $\lambda \geqslant \mu$ 时, 此事显然成立. 若 $\lambda < \mu$, 则由 $\xi(\lambda,x) \in U_\lambda(s)$ 得

$$(\mu + q(x))\xi(\lambda,x) - \int_E q(x,\mathrm{d}y)\xi(\lambda,y) = (\mu - \lambda)\xi(\lambda,x) \geqslant 0.$$

所以, 由命题 3.1 得

$$\xi(\lambda,x) \geqslant (\mu - \lambda)\int_E \overline{\Psi}(\mu,x,\mathrm{d}y)\xi(\lambda,y).$$

因此,

$$\xi(\mu,x) = \int_E M(\lambda,\mu,x,\mathrm{d}y)\xi(\lambda,y)$$

$$= \xi(\lambda,x) + (\lambda - \mu)\int_E \overline{\Psi}(\mu,x,\mathrm{d}y)\xi(\lambda,y) \geqslant 0.$$

次证 $\xi(\mu,\boldsymbol{\cdot}) \in \mathrm{b}\mathscr{E}$. 事实上, $\xi(\lambda,\boldsymbol{\cdot}) \in \mathrm{b}\mathscr{E}$, $M(\lambda,\mu,\boldsymbol{\cdot},A) \in \mathrm{b}\mathscr{E}$, 故 $\xi(\mu,\boldsymbol{\cdot}) \in \mathrm{b}\mathscr{E}$.

最后, 由于 $\overline{\Psi}(\lambda,x,A)$ 满足 (B_λ) 可得

$$\int_E q(x,\mathrm{d}y)\int_E M(\lambda,\mu,y,\mathrm{d}\xi)\xi(\lambda,z)$$

$$= (\lambda + q(x))\xi(\lambda,x)$$

$$\quad + (\lambda - \mu)\int_E \big[\overline{\Psi}(\mu,x,\mathrm{d}y)(\mu + q(x)) - \varepsilon_x(\mathrm{d}y)\big]\xi(\lambda,y)$$

$$= (\mu + q(x))\Big[\xi(\lambda,x) + (\lambda - \mu)\int_E \overline{\Psi}(\mu,x,\mathrm{d}y)\xi(\lambda,y)\Big]$$

$$= (\mu + q(x))\int_E M(\lambda,\mu,x,\mathrm{d}y)\xi(\lambda,y)$$

($\varepsilon_x(\boldsymbol{\cdot})$ 表测度值集中在 $\{x\}$ 一点的概率测度).

综上三步即得命题 3.2.　　　　　　　　　　　　　　　　□

定义 3.1　称 $U_\lambda(s)$ 中的极大线性无关函数组中函数的个数为 $U_\lambda(s)$ **的维数**, 记为 $\dim U_\lambda(s)$.

命题 3.3　$U_\lambda(s)$ 中的维数 $\dim U_\lambda(s)$ 不依赖 $\lambda > 0$.

证　若 $\xi_1(\lambda,x), \xi_2(\lambda,x), \cdots, \xi_k(\lambda,x) \in U_\lambda(s)$, 而且它们线性无关, 则由命题 3.2 得知

$$\xi_i(\mu,x) \equiv \int_E M(\lambda,\mu,x,\mathrm{d}y)\xi_i(\lambda,y) \in U_\mu(s)$$
$$(i = 1,2,\cdots,k),$$

所以, 若能证明 $\xi_i(\mu,x)$ $(i = 1,2,\cdots,k)$ 也线性无关, 则命题 3.3 得证. 事实上, 若

$$\sum_{i=1}^k c_i\xi_i(\mu,x) \equiv 0 \quad (x \in E),$$

则

$$\sum_{i=1}^k c_i\xi_i(\lambda,x) = \int_E M(\mu,\lambda,x,\mathrm{d}y)\sum_{i=1}^k c_i\xi_i(\mu,y) = 0.$$

由 $\{\xi_i(\lambda,x), i = 1,2,\cdots,k\}$ 线性无关得知 $c_i = 0$ $(i = 1,2,\cdots,k)$ 故 $\{\xi_i(\mu,x), i = 1,2,\cdots,k\}$ 亦线性无关. $\qquad\square$

命题 3.4 设 φ,ψ 是 $\mathscr{E}$ 上两个有限测度, 且

$$\int_E \varphi(\mathrm{d}x)[\lambda I_A(x) - (q(x,A) - q(x)I_A(x))] \geqslant \psi(A) \quad (A \in \mathscr{E}),$$

$$\int_E \varphi(\mathrm{d}x)q(x) < \infty,$$

则 $\varphi(A) \geqslant \int_E \psi(\mathrm{d}x)\overline{\Psi}(\lambda,x,A)$ $(\lambda > 0, A \in \mathscr{E})$.

证 由命题假设有

$$\int_E \varphi(\mathrm{d}x)\int_E [\lambda\varepsilon_x(\mathrm{d}y) - (q(x,\mathrm{d}y) - q(x)\varepsilon_x(\mathrm{d}y))]\Psi^{(0)}(\lambda,y,A)$$
$$\geqslant \int_E \psi(\mathrm{d}x)\Psi^{(0)}(\lambda,x,A),$$

注意 $\Psi^{(0)}(\lambda,x,A) = \dfrac{I_A(x)}{\lambda + q(x)}$, 上式即

$$\varphi(A) \geqslant \int_E \psi(\mathrm{d}x)\Psi^{(0)}(\lambda,x,A)$$
$$+ \int_E \varphi(\mathrm{d}x)\int_E q(x,\mathrm{d}y)\Psi^{(0)}(\lambda,y,A). \tag{3.1}$$

更有

$$\varphi(A) \geqslant \int_E \psi(\mathrm{d}x)\Psi^{(0)}(\lambda,x,A). \tag{3.2}$$

反复利用(3.1)及(3.2)有

$$
\varphi(A) \geqslant \int_E \psi(\mathrm{d}x) \Psi^{(0)}(\lambda, x, A)
$$

$$
+ \int_E \psi(\mathrm{d}x) \int_E \Psi^{(0)}(\lambda, x, \mathrm{d}y) \int_E q(y, \mathrm{d}z) \Psi^{(0)}(\lambda, z, A)
$$

$$
= \int_E \psi(\mathrm{d}x) \int_E (\pi^{(0)}(\lambda, x, \mathrm{d}y)
$$

$$
+ \pi^{(1)}(\lambda, x, \mathrm{d}y)) \Psi^{(0)}(\lambda, y, A),
$$

$$
\cdots,
$$

$$
\varphi(A) \geqslant \int_E \psi(\mathrm{d}x) \int_E \Big(\sum_{k=0}^n \pi^{(k)}(\lambda, x, \mathrm{d}y) \Big) \Psi^{(0)}(\lambda, y, A). \tag{3.3}
$$

在(3.3)中令 $n \to \infty$ 并注意

$$
\overline{\Psi}(\lambda, x, A) = \sum_{k=0}^\infty \Psi^{(k)}(\lambda, x, A)
$$

$$
= \int_E \sum_{k=0}^\infty \pi^{(k)}(\lambda, x, \mathrm{d}y) \Psi^{(0)}(\lambda, y, A),
$$

即得 $\varphi(A) \geqslant \int_E \psi(\mathrm{d}x) \overline{\Psi}(\lambda, x, A).$ $\qquad \square$

命题 3.5 $\sum\limits_{n=0}^\infty \pi^{(n)}(\lambda, x, E) < \infty$ 的充要条件是 $\int_E \overline{\Psi}(\lambda, x, \mathrm{d}y) q(y) < \infty.$ 而且此时 $\overline{\Psi}(\lambda, x, A)$ 满足

$$
\int_E \overline{\Psi}(\lambda, x, \mathrm{d}y) [\lambda I_A(y) - (q(y, A) - q(y) I_A(y))] = I_A(x). \tag{F_λ}
$$

证 因为

$$
\int_E \overline{\Psi}(\lambda, x, \mathrm{d}y)(\lambda + q(y)) I_A(y)
$$

$$
= \sum_{n=0}^\infty \int_E \Psi^{(0)}(\lambda, x, \mathrm{d}y)(\lambda + q(y)) I_A(y)
$$

$$
= \sum_{n=0}^\infty \int_E \pi^{(n)}(\lambda, x, \mathrm{d}y) \int_E \Psi^{(0)}(\lambda, y, \mathrm{d}z)(\lambda + q(z)) I_A(z)
$$

$$
= \sum_{n=0}^\infty \int_E \pi^{(n)}(\lambda, x, \mathrm{d}y) I_A(y) = \sum_{n=0}^\infty \pi^{(n)}(\lambda, x, A), \tag{3.4}
$$

而且

$$\sum_{n=0}^{\infty} \pi^{(n)}(\lambda,x,A)$$

$$= I_A(x) + \sum_{n=1}^{\infty} \pi^{(n)}(\lambda,x,A)$$

$$= I_A(x) + \sum_{n=0}^{\infty} \int_E \pi^{(n)}(\lambda,x,\mathrm{d}y)\pi(\lambda,y,A)$$

$$= I_A(x) + \int_E \sum_{n=0}^{\infty} \pi^{(n)}(\lambda,x,\mathrm{d}y)\int_E \Psi^{(0)}(\lambda,y,\mathrm{d}z)q(z,A)$$

$$= I_A(x) + \int_E \overline{\Psi}(\lambda,x,\mathrm{d}y)q(y,A), \tag{3.5}$$

由上述两式即得命题 3.5.　　　　　　　　　　　　　　　　　□

令 $V_\lambda(s) = \Big\{ \varphi_\lambda : \int_E \varphi_\lambda(\mathrm{d}x)[\lambda I_A(x) - (q(x,A) - q(x)I_A(x))] = 0$，$\varphi_\lambda$ 是 $\mathscr{E}$ 上的有限测度，$\int_E \varphi_\lambda(\mathrm{d}x)q(x) < \infty \Big\}$.

命题 3.6　若 $\sup\limits_{x \in E}\sum\limits_{n=0}^{\infty} \pi^{(n)}(\lambda,x,E) < \infty\ (\lambda > 0)$，取 $\varphi_\lambda \in V_\lambda(s)$，令

$$\varphi_\mu(A) = \int_E \varphi_\lambda(\mathrm{d}x)M(\lambda,\mu,x,A) \quad (\mu > 0,\ A \in \mathscr{E}).$$

则 $\varphi_\mu \in V_\mu(s)$.

证　(1) 显然 $\varphi_\mu \in \mathscr{L}$. 若 $\lambda \geqslant \mu$，由 φ_μ 之定义得 φ_μ 是 $\mathscr{E}$ 上的有限测度. 若 $\lambda < \mu$，则由 $\varphi_\lambda \in V_\lambda(s)$ 有

$$\int_E \varphi_\lambda(\mathrm{d}x)[\mu I_A(x) - (q(x,A) - q(x)I_A(x))]$$

$$= (\mu - \lambda)\varphi_\lambda(A) \geqslant 0.$$

所以，由命题 3.4 有

$$\varphi_\lambda(A) \geqslant \int_E (\mu - \lambda)\varphi_\lambda(\mathrm{d}x)\overline{\Psi}(\mu,x,A). \tag{3.6}$$

因此，

$$\varphi_\mu(A) = \int_E \varphi_\lambda(\mathrm{d}x) M(\lambda, \mu, x, A)$$

$$= \varphi_\lambda(A) + (\lambda - \mu) \int_E \varphi_\lambda(\mathrm{d}x) \overline{\Psi}(\mu, x, A) \geqslant 0.$$

所以，无论如何，φ_μ 都是 $\mathscr{E}$ 上的有限测度.

(2) 可证 $\int_E \varphi_\mu(\mathrm{d}x) q(x) < \infty$. 因为

$$\varphi_\mu(A) = \varphi_\lambda(A) + (\lambda - \mu) \int_E \varphi_\lambda(\mathrm{d}x) \overline{\Psi}(\mu, x, A),$$

而由命题假设及(3.4) 有

$$\sup_{x \in E} \int_E \overline{\Psi}(\mu, x, \mathrm{d}y) q(y) < \infty \quad (\mu > 0)$$

所以由 $\int_E \varphi_\lambda(\mathrm{d}x) q(x) < \infty$ 可得 $\int_E \varphi_\mu(\mathrm{d}x) q(x) < \infty$.

(3) 由(2)并注意 $\overline{\Psi}(\lambda, x, A)$ 满足 (F_λ) 及 $\varphi_\lambda \in V_s(s)$ 可得

$$\int_E \varphi_\mu(\mathrm{d}x) [\mu I_A(x) - (q(x, A) - q(x) I_A(x))]$$

$$= \int_E \varphi_\lambda(\mathrm{d}x) \left(\int_E M(\lambda, \mu, x, \mathrm{d}y) [\mu I_A(y) - (q(y, A) - q(y) I_A(y))] \right)$$

$$= \int_E \varphi_\lambda(\mathrm{d}x) (\mu I_A(x) - (q(x, A) - q(x) I_A(x)) + (\lambda - \mu) I_A(x))$$

$$= 0.$$

综上三步得 $\varphi_\mu \in V_\mu(s)$. □

定义 3.2 设 $\varphi_1, \varphi_2, \cdots, \varphi_n \in \mathscr{L}$，称 $\varphi_1, \varphi_2, \cdots, \varphi_n$ 是**线性无关的**，如果

$$\sum_{i=1}^n c_i \varphi_i(A) = 0 \ (A \in \mathscr{E}) \Rightarrow c_i = 0 \ (i = 1, 2, \cdots, n).$$

$V_\lambda(s)$ 中极大线性无关测度组中测度的个数 v_λ 称为 $V_\lambda(s)$ 的**维数**，记之为 $\dim V_\lambda(s)$.

命题 3.7 若 $\sup_{x \in E} \sum_{n=0}^\infty \pi^{(n)}(\lambda, x, E) < \infty \ (\lambda > 0)$，则 $V_\lambda(s)$ 的维数 v_λ 不依赖 $\lambda > 0$.

证　令 $\varphi_\lambda^{(i)} \in V_\lambda(s)$，$\{\varphi_\lambda^{(i)} : i = 1, 2, \cdots, n\}$ 线性无关，

$$\varphi_\mu^{(i)}(A) = \int_E \varphi_\lambda^{(i)}(\mathrm{d}x) M(\lambda, \mu, x, A) \quad (A \in \mathscr{E}),$$

由命题 3.6 知 $\varphi_\mu^{(i)} \in V_\mu(s)$. 若 $\sum_{i=1}^n c_i \varphi_\mu^{(i)}(A) = 0 \ (A \in \mathscr{E})$，则

$$\sum_{i=1}^n c_i \varphi_\lambda^{(i)}(A) = \int_E \sum_{i=1}^n c_i \varphi_\mu^{(i)}(\mathrm{d}x) M(\mu, \lambda, x, A) = 0.$$

由 $\{\varphi_\lambda^{(i)} : i = 1, 2, \cdots, n\}$ 线性无关得 $c_i = 0 \ (i = 1, 2, \cdots, n)$. 故 $\{\varphi_\mu^{(i)} : i = 1, 2, \cdots, n\}$ 线性无关. 所以 $v_\mu \geqslant v_\lambda$，由 λ 和 μ 地位之对称性得

$$v_\mu = v_\lambda. \qquad \square$$

2.4　q 过程的构造

在这一节中，我们将对给定的 q 函数对 $q(x)$-$q(x, A)$（不必保守），来构造其 q 过程. 沿用 2.3 节的符号.

引理 4.1　设 w_μ 是 $\mathscr{E}$ 上的有限测度 $(\mu > 0)$，令

$$\begin{cases} \psi_\mu^{(0)} \equiv 0, \\ \int_A \psi_\mu^{(n+1)}(\mathrm{d}x)(\mu + q(x)) = w_\mu(A) + \int_E \psi_\mu^{(n)}(\mathrm{d}x) q(x, A), \end{cases} \quad (4.1)$$

则当 $n \to \infty$ 时，$\psi_\mu^{(n)}(A)$ 单调上升到 $\int_E w_\mu(\mathrm{d}x) \overline{\Psi}(\mu, x, A)$.

证　首先证明由 (4.1) 定义的 $\psi_\mu^{(n)}$ 是 $\mathscr{E}$ 上的唯一确定的有限测度而且 $\int_E \psi_\mu^{(n)}(\mathrm{d}x) q(x) < \infty \ (n \geqslant 0)$.

为此，对 n 作归纳法. 显然 $n = 0$ 时上述论断成立. 设当 $n = k$ 时上述论断成立，则由 (4.1) 有

$$\psi_\mu^{(k+1)}(A) = \int_A \delta_\mu^{(k)}(\mathrm{d}x) \frac{1}{\mu + q(x)},$$

其中

$$\delta_\mu^{(k)}(A) = w_\mu(A) + \int_E \psi_\mu^{(k)}(\mathrm{d}x) q(x, A),$$

所以 $\psi_{\mu}^{(k+1)}$ 也是 $\mathscr{E}$ 上唯一确定的有限测度, 且

$$\int_E \psi_{\mu}^{(k+1)}(\mathrm{d}x)q(x) = \int_E \delta_{\mu}^{(k)}(\mathrm{d}x)\frac{q(x)}{\mu+q(x)} \leqslant \delta_{\mu}^{(k)}(E)$$

$$\leqslant w_{\mu}(E) + \int_E \psi_{\mu}^{(k)}(\mathrm{d}x)q(x) < \infty.$$

其次我们证明 $n \to \infty$ 时 $\psi_{\mu}^{(n)}(A)$ 单调上升到

$$\int_E w_{\mu}(\mathrm{d}x)\overline{\Psi}(\mu,x,A).$$

事实上, 令 $T^{(0)}(\lambda,x,A) \equiv 0$,

$$T^{(n)}(\lambda,x,A) = \sum_{k=0}^{n-1} \Psi^{(k)}(\lambda,x,A) \quad (n \geqslant 1),$$

$$\varphi_{\mu}^{(n)}(A) = \int_E w_{\mu}(\mathrm{d}x)T^{(n)}(\mu,x,A) \quad (n \geqslant 0),$$

而由命题 2.1 有

$$\Psi^{(n)}(\mu,x,A) = \int_E \pi^{(n)}(\mu,x,\mathrm{d}y)\Psi^{(0)}(\mu,y,A),$$

所以

$$\int_A \varphi_{\mu}^{(n+1)}(\mathrm{d}x)(\mu+q(x))$$

$$= \int_E w_{\mu}(\mathrm{d}x)\int_A \sum_{k=0}^{n} \Psi^{(k)}(\mu,x,\mathrm{d}y)(\mu+q(y))$$

$$= \int_E w_{\mu}(\mathrm{d}x)\int_E \sum_{k=0}^{n} \pi^{(k)}(\mu,x,\mathrm{d}y)\int_A \Psi^{(0)}(\mu,y,\mathrm{d}z)(\mu+q(z))$$

$$= \int_E w_{\mu}(\mathrm{d}x)\sum_{k=0}^{n} \pi^{(k)}(\mu,x,A)$$

$$= w_{\mu}(A) + \int_E w_{\mu}(\mathrm{d}x)\int_E \sum_{k=0}^{n-1} \pi^{(k)}(\mu,x,\mathrm{d}y)\pi(\mu,y,A)$$

$$= w_{\mu}(A)$$

$$+ \int_E w_{\mu}(\mathrm{d}x)\int_E \sum_{k=0}^{n-1} \pi^{(k)}(\mu,x,\mathrm{d}y)\int_E \Psi^{(0)}(\mu,y,\mathrm{d}z)q(z,A)$$

$$= w_{\mu}(A) + \int_E w_{\mu}(\mathrm{d}x)\int_E \sum_{k=0}^{n-1} \Psi^{(k)}(\mu,x,\mathrm{d}y)q(y,A)$$

$$= w_\mu(A) + \int_E \varphi_\mu^{(n)}(\mathrm{d}x) q(x, A).$$

所以 $\varphi_\mu^{(n)} = \psi_\mu^{(n)}$ $(n \geqslant 0)$. 而 $n \to \infty$ 时 $\varphi_\mu^{(n)}(A)$ 单调上升到 $\int_E w_\mu(\mathrm{d}x) \overline{\Psi}(\mu, x, A)$, 故 $\psi_\mu^{(n)}(A)$ 亦然. $\qquad\square$

引理 4.2 若 $\sup\limits_{x \in E} \sum\limits_{n=0}^{\infty} \pi^{(n)}(\lambda, x, E) < \infty$ $(\lambda > 0)$, 令

$$\mathscr{L}_1 = \Big\{ \psi_\lambda : \psi_\lambda \text{ 是 } \mathscr{E} \text{ 上有限测度}, \int_E \psi_\lambda(\mathrm{d}x) q(x) < \infty \ (\lambda > 0),$$

$$\text{且} \int_E \psi_\lambda(\mathrm{d}x) M(\lambda, \mu, x, A) = \psi_\mu(A), \ \lambda, \mu > 0, \ A \in \mathscr{E} \Big\},$$

$$\mathscr{L}_2 = \Big\{ \psi_\lambda : \psi_\lambda(A) = \int_E w(\mathrm{d}x) \overline{\Psi}(\lambda, x, A) + \tilde{\psi}_\lambda(A), \ \lambda > 0,$$

$$A \in \mathscr{E}, \ w \text{ 是 } \varepsilon \text{ 上有限测度}, \ \tilde{\psi}_\lambda \in V_\lambda(\mathrm{s}), \ \text{且}$$

$$\int_E \tilde{\psi}_\lambda(\mathrm{d}x) M(\lambda, \mu, x, A) = \tilde{\psi}_\mu(A), \ \lambda, \mu > 0, \ A \in \mathscr{E},$$

$$\int_E \psi_\lambda(\mathrm{d}x) q(x) < \infty \ (\lambda > 0) \Big\},$$

则 $\mathscr{L}_1 = \mathscr{L}_2$.

证 (1) $\mathscr{L}_2 \subset \mathscr{L}_1$. 任取 $\psi_\lambda \in \mathscr{L}_2$, ψ_λ 必是 $\mathscr{E}$ 上有限测度且 $\int_E \psi_\lambda(\mathrm{d}x) q(x) < \infty$. 又由 $\overline{\Psi}(\lambda, x, A)$ 满足预解方程得

$$\int_E \psi_\lambda(\mathrm{d}x) M(\lambda, \mu, x, A)$$

$$= \int_E w(\mathrm{d}x) \int_E \overline{\Psi}(\lambda, x, \mathrm{d}y) M(\lambda, \mu, y, A)$$

$$+ \int_E \tilde{\psi}_\lambda(\mathrm{d}x) M(\lambda, \mu, x, A)$$

$$= \int_E w(\mathrm{d}x) \overline{\Psi}(\mu, x, A) + \tilde{\psi}_\mu(A)$$

$$= \psi_\mu(A).$$

故 $\psi_\lambda \in \mathscr{L}_1$.

(2) $\mathscr{L}_1 \subset \mathscr{L}_2$. 任取 $\psi_\lambda \in \mathscr{L}_1$, 必有

$$0 \leqslant \psi_\lambda(A) = \int \psi_\mu(\mathrm{d}x) M(\mu,\lambda,x,A)$$

$$= \psi_\mu(A) + (\mu-\lambda) \int \psi_\mu(\mathrm{d}x) \overline{\Psi}(\lambda,x,A),$$

所以

$$\mu \psi_\mu(A) \geqslant \left(1 - \frac{\mu}{\lambda}\right) \int \psi_\mu(\mathrm{d}x)(\lambda^2 \overline{\Psi}(\lambda,x,A) - \lambda I_A(x)). \quad (4.2)$$

而由命题 1.1 有

$$\lim_{\lambda \to \infty}(\lambda^2 \overline{\Psi}(\lambda,x,A) - \lambda I_A(x)) = q(x,A) - q(x) I_A(x), \quad (4.3)$$

而且由第一章定理 7.1 有

$$|\lambda^2 \overline{\Psi}(\lambda,x,A) - \lambda I_A(x)|$$

$$= \left| \int_0^\infty \mathrm{e}^{-s} s \left(\frac{\overline{P}\left(\frac{s}{\lambda},x,A\right) - I_A(x)}{\frac{s}{\lambda}} \right) \mathrm{d}s \right|$$

$$\leqslant \int_0^\infty \mathrm{e}^{-s} s \left| \frac{1 - \mathrm{e}^{-q(x)\frac{s}{\lambda}}}{\frac{s}{\lambda}} \right| \mathrm{d}s \leqslant \int_0^\infty \mathrm{e}^{-s} s q(x) \mathrm{d}s$$

$$= q(x). \quad (4.4)$$

又

$$\int_E \psi_\mu(\mathrm{d}x) q(x) < \infty, \quad (4.5)$$

因此，由(4.3)~(4.5)在(4.2)中对 $\lambda \to \infty$ 取极限并用控制收敛定理即可得

$$\mu \psi_\mu(A) \geqslant \int_E \psi_\mu(\mathrm{d}x)(q(x,A) - q(x) I_A(x)). \quad (4.6)$$

故可令

$$\mu \psi_\mu(A) = w_\mu(A) + \int_E \psi_\mu(\mathrm{d}x)(q(x,A) - q(x) I_A(x)), \quad (4.7)$$

其中 w_μ 是 $\mathscr{E}$ 上的有限测度. 若再令

$$\begin{cases} \psi_\mu^{(0)} \equiv 0, \\ \mu \psi_\mu^{(n+1)}(A) + \int_A \psi_\mu^{(n+1)}(\mathrm{d}x) q(x) = w_\mu(A) + \int_E \psi_\mu^{(n)}(\mathrm{d}x) q(x,A), \end{cases}$$

$$(4.8)$$

比较 (4.7),(4.8) 并对 n 作归纳法可证：

$$0 \leqslant \psi_\mu^{(n)}(A) \leqslant \psi_\mu^{(n+1)}(A) \leqslant \psi_\mu(A) \quad (A \in \mathscr{E}),$$

所以，若令

$$\psi_\mu^*(A) = \lim_{n \to \infty} \psi_\mu^{(n)}(A) \quad (A \in \mathscr{E}),$$

则由引理 4.1 有

$$\psi_\mu^*(A) = \int_E w_\mu(\mathrm{d}x)\overline{\Psi}(\mu,x,A). \tag{4.9}$$

由 $\psi_\mu(A) \geqslant \psi_\mu^*(A)$ 可令

$$\psi_\mu(A) = \tilde{\psi}_\mu(A) + \int_E w_\mu(\mathrm{d}x)\overline{\Psi}(\mu,x,A), \tag{4.10}$$

其中 $w_\mu,\tilde{\psi}_\mu$ 都是 $\mathscr{E}$ 上有限测度. 如果能证 w_μ 不依赖 $\mu > 0$，$\tilde{\psi}_\mu$ 满足

$$\begin{cases} \tilde{\psi}_\mu \in V_\mu(s), \\ \int_E \tilde{\psi}_\lambda(\mathrm{d}x)M(\lambda,\mu,x,A) = \tilde{\psi}_\mu(A) \quad (\lambda,\mu > 0, A \in \mathscr{E}), \end{cases}$$

则 $\psi_\lambda \in \mathscr{L}_2$，亦即引理 4.2 得证.

(A)　$\tilde{\psi}_\mu \in V_\mu(s)$.

由于 $\tilde{\psi}_\mu \leqslant \psi_\mu$，所以

$$\int_E \tilde{\psi}_\mu(\mathrm{d}x)q(x) \leqslant \int_E \psi_\mu(\mathrm{d}x)q(x) < \infty.$$

再用 (4.10),(4.7) 及 $\overline{\Psi}(\lambda,x,A)$ 满足 (F_λ) 可得

$$\int_E \tilde{\psi}_\mu(\mathrm{d}x)(q(x,A) - q(x)I_A(x))$$

$$= \int_E \psi_\mu(\mathrm{d}x)(q(x,A) - q(x)I_A(x))$$

$$\quad - \int_E w_\mu(\mathrm{d}x)\int_E \overline{\Psi}(\mu,x,\mathrm{d}y)(q(x,A) - q(x)I_A(x))$$

$$= \mu\psi_\mu(A) - w_\mu(A) - \int_E w_\mu(\mathrm{d}x)(\mu\overline{\Psi}(\mu,x,A) - I_A(x))$$

$$= \mu\Big(\psi_\mu(A) - \int_E w_\mu(\mathrm{d}x)\overline{\Psi}(\mu,x,A)\Big) = \mu\tilde{\psi}_\mu(A).$$

故 $\tilde{\psi}_\mu \in V_\mu(s)$.

(B) (4.10) 的表示法唯一.

为证此，注意(A)，只须证：

$$\int_E w_\mu(\mathrm{d}x)\overline{\varPsi}(\mu,x,A) + \tilde{\psi}_\mu(A) \equiv 0,\ \tilde{\psi}_\mu \in V_\mu(s) \Rightarrow w_\mu \equiv \tilde{\psi}_\mu \equiv 0.$$

事实上，

$$\int_E w_\mu(\mathrm{d}x)\int_E \overline{\varPsi}(\mu,x,\mathrm{d}y)q(y)$$

$$= \int_E \psi_\mu^*(\mathrm{d}x)q(x) \leqslant \int_E \psi_\mu(\mathrm{d}x)q(x) < \infty,$$

所以由 $\overline{\varPsi}(\lambda,x,A)$ 满足(F_λ)，$\tilde{\psi}_\mu \in V_\mu(s)$ 及 $\int_E W_\mu(\mathrm{d}x)\overline{\varPsi}(\mu,x,A) + \tilde{\psi}_\mu(A) \equiv 0$ 得

$$0 \equiv \int_E \left(\int_E W_\mu(\mathrm{d}x)\overline{\varPsi}(\mu,x,\mathrm{d}y) + \tilde{\psi}_\mu(\mathrm{d}y) \right)$$

$$[\mu I_A(y) - (q(y,A) - q(y)I_A(y))]$$

$$= \int_E w_\mu(\mathrm{d}x)\int_E \overline{\varPsi}(\mu,x,\mathrm{d}y)[\mu I_A(y)$$

$$- (q(y,A) - I_A(y)q(y))]$$

$$= W_\mu(A),$$

故 $\tilde{\psi}_\mu \equiv 0$.

(C) 最后证明 $w_\mu = w$ 不依赖 $\mu > 0$，且

$$\tilde{\psi}_\lambda(A) = \int_E \tilde{\psi}_\mu(\mathrm{d}x)M(\mu,\lambda,x,A)$$

$$(\lambda,\mu > 0,\ x \in E,\ A \in \mathscr{E}).$$

事实上，由于 $\psi_\mu \in \mathscr{L}_1$，所以若注意(4.10)与预解方程得

$$\psi_\lambda(A) = \int_E \psi_\mu(\mathrm{d}x)M(\mu,\lambda,x,A)$$

$$= \int_E \tilde{\psi}_\mu(\mathrm{d}x)M(\mu,\lambda,x,A)$$

$$+ \int_E w_\mu(\mathrm{d}x)\int_E \overline{\varPsi}(\mu,x,\mathrm{d}y)M(\mu,\lambda,y,A)$$

$$= \int_E \tilde{\psi}_\mu(\mathrm{d}x)M(\mu,\lambda,x,A) + \int_E w_\mu(\mathrm{d}x)\overline{\varPsi}(\lambda,x,A). \tag{4.11}$$

又因为 $\tilde{\psi}_\mu \in V_\mu(s)$，所以利用命题 3.6 有

$$\int_E \tilde{\psi}_\mu(\mathrm{d}x) M(\mu,\lambda,x,A) \in V_\lambda(s).$$

但是

$$\psi_\lambda(A) = \int_E w_\lambda(\mathrm{d}x) \overline{\Psi}(\lambda,x,A) + \tilde{\psi}_\lambda(A),\qquad(4.12)$$

所以比较 (4.11) 与 (4.12) 并注意 (4.10) 中的表示法唯一可得

$$w_\lambda(A) = w_\mu(A),\quad \tilde{\psi}_\lambda(A) = \int_E \tilde{\psi}_\mu(\mathrm{d}x) M(\mu,\lambda,x,A)$$

$$(\lambda,\mu > 0,\ A \in \mathscr{E}).$$

至此，引理 4.2 证毕。 $\qquad\square$

引理 4.3 对 $U_\lambda(s)$ 中任一函数 $\xi(\lambda,x)$，$\sup\limits_{x \in E}|\xi(\lambda,x)| \leqslant 1$，均有

$$\xi(\lambda,x) \leqslant \bar{\xi}(\lambda,x) \quad (x \in E).$$

证 由于 $\xi(\lambda,x) \in U_\lambda(s)$，所以

$$\xi(\lambda,x) = \int_E \frac{q(x,\mathrm{d}y)}{\lambda + q(x)} \xi(\lambda,y) = \int_E \pi(\lambda,x,\mathrm{d}y) \xi(\lambda,y) = \cdots$$

$$= \int_E \pi^{(n)}(\lambda,x,\mathrm{d}y) \xi(\lambda,y) \leqslant \pi^{(n)}(\lambda,x,E).\qquad(4.13)$$

但是，由命题 2.1 有

$$S^{(n)}(\lambda,x,A) = \sum_{k=0}^{n} \Psi^{(k)}(\lambda,x,A)$$

$$= \Psi^{(0)}(\lambda,x,A) + \int_E \sum_{k=1}^{n} \pi^{(k)}(\lambda,x,\mathrm{d}y) \Psi^{(0)}(\lambda,y,A),$$

所以

$$\int_E S^{(n)}(\lambda,x,\mathrm{d}y)(\lambda + q(y)) = 1 + \int_E S^{(n-1)}(\lambda,x,\mathrm{d}y) q(y,E),$$

$$(4.14)$$

更有

$$\int_E S^{(n)}(\lambda,x,\mathrm{d}y) q(y) \leqslant 1 + \int_E S^{(n-1)}(\lambda,x,\mathrm{d}y) q(y) \leqslant \cdots$$

$$\leqslant n + \int_E S^{(0)}(\lambda, x, \mathrm{d}y) q(y)$$

$$= n + \int_E \Psi^{(0)}(\lambda, x, \mathrm{d}y) q(y)$$

$$= n + \frac{q(x)}{\lambda + q(x)} < \infty, \tag{4.15}$$

故在 (4.14) 两边可以减去 $\int_E S^{(n-1)}(\lambda, x, \mathrm{d}y) q(y)$，得

$$\lambda S^{(n)}(\lambda, x, E) + \int_E \Psi^{(n)}(\lambda, x, \mathrm{d}y) q(y) \leqslant 1.$$

所以再用命题 2.1 由上式得

$$\lambda S^{(n)}(\lambda, x, E) \leqslant 1 - \int_E \pi^{(n)}(\lambda, x, \mathrm{d}y) \int_E \Psi^{(0)}(\lambda, y, \mathrm{d}z) q(z)$$

$$\leqslant 1 - \int_E \pi^{(n)}(\lambda, x, \mathrm{d}y) \int_E \Psi^{(0)}(\lambda, y, \mathrm{d}z) q(z, E)$$

$$= 1 - \pi^{(n+1)}(\lambda, x, E). \tag{4.16}$$

以 (4.16) 代入 (4.13) 并注意

$$\lim_{n \to \infty} (1 - \lambda S^{(n)}(\lambda, x, E)) = \overline{\xi}(\lambda, x)$$

即得 $\xi(\lambda, x) \leqslant \overline{\xi}(\lambda, x)$. $\qquad\square$

引理 4.4 设 $\dim U_\lambda(s) > 0$, $\xi(\lambda, \cdot) \in U_\lambda(s)$, $\xi(\lambda, \cdot) \not\equiv 0$, φ_λ 是 $\mathscr{E}$ 上的有限测度 ($\lambda > 0$), 令

$$\Psi(\lambda, x, A) = \overline{\Psi}(\lambda, x, A) + \xi(\lambda, x) \varphi_\lambda(A), \tag{4.17}$$

则 $\Psi(\lambda, x, A)$ 满足预解方程式的充要条件是

$$\varphi_\lambda(A) = m_\lambda \psi_\lambda(A) \quad (\lambda > 0, A \in \mathscr{E}),$$

其中 ψ_λ 是 $\mathscr{E}$ 上的有限测度且满足

$$\psi_\mu(A) = \int_E \psi_\lambda(A) M(\lambda, \mu, x, A) \quad (\lambda, \mu > 0, A \in \mathscr{E}),$$

$m_\lambda \geqslant 0$ 且满足

$$m_\lambda = m_\mu \Big[1 + (\mu - \lambda) m_\lambda \int_E \psi_\lambda(\mathrm{d}x) \xi(\mu, x) \Big].$$

证 由 (4.17) 及 $\overline{\Psi}(\lambda, x, A)$ 满足预解方程知, $\Psi(\lambda, x, A)$ 满足预解方程的充要条件是

$$(\varphi_\lambda(A)\xi(\lambda,x) - \varphi_\mu(A)\xi(\mu,x))$$

$$+ (\lambda - \mu)\Big(\int_E \overline{\Psi}(\lambda,x,dy)\xi(\mu,y)\varphi_\mu(A)$$

$$+ \int_E \xi(\lambda,x)\varphi_\mu(dy)\xi(\mu,y)\varphi_\mu(A)$$

$$+ \int_E \xi(\lambda,x)\varphi_\lambda(dy)\overline{\Psi}(\mu,y,A)\Big) = 0.$$

亦即

$$\xi(\lambda,x)\int_E \varphi_\lambda(dy)M(\lambda,\mu,y,A) - \int_E M(\mu,\lambda,x,dy)\xi(\mu,y)\varphi_\mu(A)$$

$$+ (\lambda - \mu)\int_E \xi(\lambda,x)\varphi_\lambda(dy)\xi(\mu,y)\varphi_\mu(A) = 0. \tag{4.18}$$

但是，由命题 3.2 有

$$\xi(\lambda,x) = \int_E M(\mu,\lambda,x,dy)\xi(\mu,y),$$

所以，(4.18) 等价于

$$\xi(\lambda,x)\int_E \varphi_\lambda(dy)M(\lambda,\mu,y,A) - \xi(\lambda,x)\varphi_\mu(A)$$

$$+ (\lambda - \mu)\int_E \xi(\lambda,x)\varphi_\lambda(dy)\xi(\mu,y)\varphi_\mu(A) = 0. \tag{4.19}$$

由于 $\xi(\lambda,\cdot)$ 是 $U_\lambda(s)$ 中非恒 0 函数，所以(4.19) 等价于

$$\int_E \varphi_\lambda(dy)M(\lambda,\mu,y,A) - \varphi_\mu(A)$$

$$+ (\lambda - \mu)\int_E \varphi_\lambda(dy)\xi(\mu,y)\varphi_\mu(A) = 0. \tag{4.20}$$

而(4.20) 又等价于

$$\varphi_\lambda(A) = m_\lambda\psi_\lambda(A),$$

其中 ψ_λ 是 $\mathscr{E}$ 上的有限测度且满足

$$\psi_\mu(A) = \int_E \psi_\lambda(dy)M(\lambda,\mu,y,A),$$

$m_\lambda \geqslant 0$ 且满足

$$m_\lambda = m_\mu\Big[1 + (\mu - \lambda)m_\lambda\int_E \psi_\lambda(dy)\xi(\mu,y)\Big]. \tag{4.21}$$

引理 4.4 得证. □

引理 4.5 若 $q(x)$-$q(x,A)$ 是一对保守的 q 函数，$\dim U_\lambda(s) > 0$，φ_λ 是 $\mathscr{E}$ 上的有限测度($\lambda > 0$)，令

$$\Psi(\lambda, x, A) = \overline{\Psi}(\lambda, x, A) + \overline{\xi}(\lambda, x)\varphi_\lambda(A), \qquad (4.22)$$

则 $\Psi(\lambda, x, A)$ 满足预解方程式的充要条件是

$$\varphi_\lambda(A) = (c + \lambda\psi_\lambda(E))^{-1}\psi_\lambda(A) \quad (\lambda > 0, A \in \mathscr{E}), \quad (4.23)$$

其中 ψ_λ 是 $\mathscr{E}$ 上的有限测度且满足

$$\psi_\mu(A) = \int_E \psi_\lambda(\mathrm{d}y)M(\lambda, \mu, y, A) \quad (\lambda, \mu > 0, A \in \mathscr{E}), (4.24)$$

c 是实数且 $c + \lambda\psi_\lambda(E) > 0 \ (\lambda > 0)$.

证 首先注意：由 $q(x)$-$q(x,A)$ 的保守性及 $\overline{\Psi}(\lambda, x, A)$ 满足 (B_λ) 可知：

$$(\lambda + q(x))\overline{\xi}(\lambda, x) - \int_E q(x, \mathrm{d}y)\overline{\xi}(\lambda, y)$$
$$= (\lambda + q(x))(1 - \lambda\overline{\Psi}(\lambda, x, E)) - q(x, E)$$
$$+ \int_E q(x, \mathrm{d}y)\lambda\overline{\Psi}(\lambda, y, E)$$
$$= 0,$$

所以 $\overline{\xi}(\lambda, \cdot) \in U_\lambda(s)$. 而由 $\dim U_\lambda(s) > 0$ 及引理 4.3 知 $\overline{\xi}(\lambda, \cdot) \not\equiv 0$ $(\lambda > 0)$. 所以 $\overline{\xi}(\lambda, \cdot)$ 完全满足引理 4.4 中的 $\xi(\lambda, \cdot)$ 的条件. 因此，用引理 4.4，为证引理 4.5，只须证明

$$\begin{cases} m_\lambda = m_\mu\left[1 + (\mu - \lambda)m_\lambda\int_E \psi_\lambda(\mathrm{d}y)\overline{\xi}(\mu, y)\right] & (\lambda, \mu > 0), \\ m_\lambda \geqslant 0 \end{cases}$$

$$(4.25)$$

的解为 $m_\lambda \equiv 0 \ (\lambda > 0)$，或者为

$$m_\lambda = (c + \lambda\psi_\lambda(E))^{-1},$$

c 是实数，$c + \lambda\psi_\lambda(E) > 0 \ (\lambda > 0)$. 事实上，令

$$\sigma(\lambda, \mu) = \int_E \psi_\lambda(\mathrm{d}y)\overline{\xi}(\mu, y),$$

则(4.25)化为

$$m_\lambda - m_\mu = (\mu - \lambda) m_\lambda m_\mu \sigma(\lambda, \mu).$$

所以 m_λ 或者对任何 $\lambda > 0$ 均不为 0 或者对每一个 $\lambda > 0$ 均为 0.

(a) 若 $m_\lambda \equiv 0\ (\lambda > 0)$，则论断得证.

(b) 若 $m_\lambda \neq 0$（对一切 $\lambda > 0$），则 (4.25) 化为

$$m_\mu^{-1} - \mu\sigma(\lambda, \mu) = m_\lambda^{-1} - \lambda\sigma(\lambda, \mu). \tag{4.26}$$

但是

$$\sigma(\lambda, \mu) = \psi_\lambda(E) - \mu \int_E \psi_\lambda(\mathrm{d}y) \overline{\Psi}(\mu, y, E), \tag{4.27}$$

又因为

$$\psi_\mu(A) = \int_E \psi_\lambda(\mathrm{d}y) M(\lambda, \mu, y, A)$$

$$= \psi_\lambda(A) + (\lambda - \mu) \int_E \psi_\lambda(\mathrm{d}y) \overline{\Psi}(\mu, y, A), \tag{4.28}$$

所以，由 (4.28) 及 $\overline{\Psi}(\lambda, x, A)$ 满足预解方程式得

$$\int_E \psi_\mu(\mathrm{d}y) \overline{\Psi}(\lambda, y, A) = \int_E \psi_\lambda(\mathrm{d}y) \overline{\Psi}(\mu, y, A). \tag{4.29}$$

由 (4.27) $\sim$ (4.29) 得

$$\sigma(\lambda, \mu) = \psi_\lambda(E) - \mu \int_E \psi_\lambda(\mathrm{d}y) \overline{\Psi}(\mu, y, E)$$

$$= \psi_\mu(E) - \lambda \int_E \psi_\mu(\mathrm{d}y) \overline{\Psi}(\lambda, y, E). \tag{4.30}$$

以 (4.30) 代入 (4.26) 得

$$m_\mu^{-1} - \mu\psi_\mu(E) + \lambda\mu \int_E \psi_\mu(\mathrm{d}y) \overline{\Psi}(\lambda, y, E)$$

$$= m_\lambda^{-1} - \lambda\psi_\lambda(E) + \lambda\mu \int_E \psi_\lambda(\mathrm{d}y) \overline{\Psi}(\mu, y, E). \tag{4.31}$$

由 (4.29) 和 (4.31) 看出，$m_\lambda^{-1} - \lambda\psi_\lambda(E) = c$ 与 $\lambda > 0$ 无关. 此即

$$m_\lambda = (c + \lambda\psi_\lambda(E))^{-1}.$$

由 $m_\lambda > 0$ 有 $c + \lambda\psi_\lambda(E) > 0\ (\lambda > 0)$. $\qquad\square$

定理 4.1 任给一对 q 函数 $q(x)$-$q(x, A)$（不必保守），设 $\dim U_{\lambda_0}(s) > 0$，$\xi(\lambda_0, \cdot) \in U_{\lambda_0}(s)$，$\xi(\lambda_0, \cdot) \not\equiv 0$，

$$\xi(\mu, x) = \int_E M(\lambda_0, \mu, x, \mathrm{d}y) \xi(\lambda_0, y) \quad (\mu > 0),$$

令

$$\Psi = \Big\{ \Psi(\lambda,x,A) \colon \Psi(\lambda,x,A) = \overline{\Psi}(\lambda,x,A) + \xi(\lambda,x)\varphi_\lambda(A),$$

$$\varphi_\lambda(A) = m_\lambda \psi_\lambda(A), \ \psi_\lambda \ \text{是} \ \mathscr{E} \ \text{上有限测度},$$

$$\psi_\mu(A) = \int_E \psi_\lambda(\mathrm{d}x) M(\lambda,\mu,x,A) \ (\lambda,\mu > 0, \ A \in \mathscr{E}),$$

$$m_\lambda \geqslant 0 \ \text{且} \ m_\lambda = m_\mu \Big[1 + (\mu - \lambda) m_\lambda \int_E \psi_\lambda(\mathrm{d}x)\xi(\mu,x) \Big],$$

$$\lambda m_\lambda \xi(\lambda,x)\psi_\lambda(E) \leqslant 1 - \lambda\overline{\Psi}(\lambda,x,E) \ (\lambda,\mu > 0, \ x \in E) \Big\},$$

$$\Psi_1 = \Big\{ \Psi(\lambda,x,A) \colon \Psi(\lambda,x,A) = \overline{\Psi}(\lambda,x,A) + \xi(\lambda,x)\psi_\lambda(A),$$

$$\varphi_\lambda(A) = m_\lambda \psi_\lambda(A), \ \psi_\lambda \ \text{是} \ \mathscr{E} \ \text{上有限测度},$$

$$\psi_\mu(A) = \int_E \psi_\lambda(\mathrm{d}x) M(\lambda,\mu,x,A) \ (\lambda,\mu > 0, \ A \in \mathscr{E}),$$

$$m_\lambda \geqslant 0 \ \text{且满足：或者} \ m_\lambda \equiv 0 \ (\lambda > 0)，\text{或者} \ m_\lambda^{-1} =$$

$$f(\lambda,\mu) + \lambda \int_E \psi_\lambda(\mathrm{d}x)\xi(\mu,x) \ (\lambda,\mu > 0), \ f(\lambda,\mu) \ \text{是对}$$

$$\text{称实值函数}, \ \lambda m_\lambda \xi(\lambda,x)\psi_\lambda(E) \leqslant 1 - \lambda\overline{\Psi}(\lambda,x,E) \Big\},$$

则

(1) $\Psi = \Psi_1$，且 Ψ 是一族 q 过程；

(2) 若 $\dim U_\lambda(s) = 1$，则 Ψ 是全部 q 过程.

证 (2) 设 $\dim U_\lambda(s) = 1$. 任取一个 q 过程 $\Psi(\lambda,x,A)$. 由 $\Psi(\lambda,x,A)$ 和 $\overline{\Psi}(\lambda,x,A)$ 均满足 (B_λ) 可得

$$(\lambda + q(x))(\Psi(\lambda,x,A) - \overline{\Psi}(\lambda,x,A))$$

$$= \int_E q(x,\mathrm{d}y)(\Psi(\lambda,y,A) - \overline{\Psi}(\lambda,y,A)). \qquad (4.32)$$

故 $(\Psi(\lambda,\cdot,A) - \overline{\Psi}(\lambda,\cdot,A)) \in U_\lambda(s)$. 由 $\dim U_\lambda(s) = 1$，$\xi(\lambda,\cdot) \in U_\lambda(s)$，$\xi(\lambda,\cdot) \not\equiv 0$（对一切 $\lambda > 0$），得知

$$\Psi(\lambda,x,A) = \overline{\Psi}(\lambda,x,A) + \xi(\lambda,x)\varphi_\lambda(A), \qquad (4.33)$$

其中 φ_λ 是 $\mathscr{E}$ 上的有限测度. 由 $\Psi(\lambda,x,A)$ 满足预解方程式及 $0 \leqslant$

$\lambda\overline{\Psi}(\lambda,x,A) \leqslant 1$ 再应用引理 4.4 得知 $\Psi(\lambda,x,A) \in \boldsymbol{\Psi}$.

任取 $\Psi(\lambda,x,A) \in \boldsymbol{\Psi}$，用引理 4.4，$\Psi(\lambda,x,A)$ 必满足预解方程式，而显然还满足定理 2.1 中的（ⅰ），（ⅱ）. 再注意 $\xi(\lambda,\cdot) \in U_\lambda(s)$ 及 $\overline{\Psi}(\lambda,x,A)$ 满足 (B_λ)，可得 $\Psi(\lambda,x,A)$ 亦满足 (B_λ)，因此，再用定理 2.3 可知 $\Psi(\lambda,x,A)$ 是一个 q 过程.

（1）从上述证明发现，只要 $\dim U_\lambda(s) > 0$，$\boldsymbol{\Psi}$ 总是一族 q 过程. 最后往证 $\boldsymbol{\Psi} = \boldsymbol{\Psi}_1$.

为此，解

$$\begin{cases} m_\lambda = m_\mu\Big[1 + (\mu-\lambda)m_\lambda\displaystyle\int_E \psi_\lambda(\mathrm{d}x)\xi(\mu,x)\Big], \\ \psi_\mu(A) = \displaystyle\int_E \psi_\lambda(\mathrm{d}x)M(\lambda,\mu,x,A). \end{cases} \tag{4.34}$$

显然满足（4.34）的 m_λ 或者对任何 $\lambda > 0$ 皆为 0 或者对每一个 $\lambda > 0$ 均不为 0. 当 $m_\lambda \equiv 0$ 时，即 $\Psi(\lambda,x,A) = \overline{\Psi}(\lambda,x,A)$ 既属于 $\boldsymbol{\Psi}$ 又属于 $\boldsymbol{\Psi}_1$. 所以下面只研究 $m_\lambda > 0$（对一切 $\lambda > 0$）的情形. 这时，（4.34）化为

$$\begin{cases} m_\mu^{-1} - \mu\displaystyle\int_E \psi_\lambda(\mathrm{d}x)\xi(\mu,x) = m_\lambda^{-1} - \lambda\displaystyle\int_E \psi_\lambda(\mathrm{d}x)\xi(\mu,x), \\ \psi_\mu(A) = \displaystyle\int_E \psi_\lambda(\mathrm{d}x)M(\lambda,\mu,x,A). \end{cases} \tag{4.35}$$

而

$$\int_E M(\lambda,\mu,x,\mathrm{d}y)\xi(\lambda,y) = \xi(\mu,x),$$

所以（4.35）等价于

$$\begin{cases} m_\mu^{-1} - \mu\displaystyle\int_E \psi_\mu(\mathrm{d}x)\xi(\lambda,x) = m_\lambda^{-1} - \lambda\displaystyle\int_E \psi_\lambda(\mathrm{d}x)\xi(\mu,x), \\ \psi_\mu(A) = \displaystyle\int_E \psi_\lambda(\mathrm{d}x)M(\lambda,\mu,x,A). \end{cases} \tag{4.36}$$

显然，（4.36）等价于

$$\begin{cases} m_\lambda^{-1} - \lambda\displaystyle\int_E \psi_\lambda(\mathrm{d}x)\xi(\mu,x) = f(\lambda,\mu), \quad f(\lambda,\mu) = f(\mu,\lambda), \\ \psi_\mu(A) = \displaystyle\int_E \psi_\lambda(\mathrm{d}x)M(\lambda,\mu,x,A). \end{cases}$$

综上所述，我们证明了 $\Psi = \Psi_1$. □

定理 4.2 若 $q(x)$-$q(x,A)$ 是一对保守的 q 函数，设 $\dim U_\lambda(s) > 0$. 令

$$\Psi_2 = \Big\{ \Psi(\lambda,x,A): \Psi(\lambda,x,A) = \overline{\Psi}(\lambda,x,A) + \overline{\xi}(\lambda,x)\varphi_\lambda(A),$$

$$\varphi_\lambda(A) = \psi_\lambda(A)(c+\lambda\psi_\lambda(E))^{-1}, \ c \geqslant 0,$$

c, ψ_λ 不同时为 0，ψ_λ 是 $\mathscr{E}$ 上的有限测度且满足

$$\psi_\mu(A) = \int_E \psi_\lambda(\mathrm{d}x)M(\lambda,\mu,x,A) \ (\lambda,\mu > 0, \ A \in \mathscr{E}) \Big\},$$

则

(1) Ψ_2 是一族 q 过程；

(2) 若 $\dim U_\lambda(s) = 1$，则 Ψ_2 是全部 q 过程；

(3) Ψ_2 中的 q 过程不断的充要条件是 $c = 0$.

证 (1) 任取 $\Psi(\lambda,x,A) \in \Psi_2$. 显然 $\Psi(\lambda,x,A)$ 满足定理 2.1 的 (ⅰ)，(ⅱ). 用引理 4.5 知它还满足预解方程式. 由 $\overline{\Psi}(\lambda,x,A)$ 满足 (B_λ) 及 $q(x)$-$q(x,A)$ 的保守性（从而 $\overline{\xi}(\lambda,\cdot) \in U_\lambda(s)$）可知 $\Psi(\lambda,x,A)$ 满足 (B_λ). 所以，由定理 2.3 知 $\Psi(\lambda,x,A)$ 是 q 过程.

(2) 设 $\dim U_\lambda(s) = 1$. 任取一个 q 过程 $\Psi(\lambda,x,A)$. 由引理 4.3 知 $\overline{\xi}(\lambda,\cdot) \not\equiv 0$，再由 $\Psi(\lambda,x,A)$ 及 $\overline{\Psi}(\lambda,x,A)$ 满足 (B_λ) 和 $\overline{\xi}(\lambda,\cdot) \in U_\lambda(s)$ 可知

$$\Psi(\lambda,x,A) = \overline{\Psi}(\lambda,x,A) + \overline{\xi}(\lambda,x)\varphi_\lambda(A)$$
$$(\lambda > 0, \ x \in E, \ A \in \mathscr{E}),$$

其中 φ_λ 是 $\mathscr{E}$ 上的有限测度. 由 $\Psi(\lambda,x,A)$ 满足预解方程式并用引理 4.5 得

$$\varphi_\lambda(A) = (c+\lambda\psi_\lambda(E))^{-1}\psi_\lambda(A) \quad (\lambda > 0, \ A \in \mathscr{E}),$$

其中 ψ_λ 是 $\mathscr{E}$ 上的有限测度且满足

$$\psi_\mu(A) = \int_E \psi_\lambda(\mathrm{d}x)M(\lambda,\mu,x,A) \quad (\lambda,\mu > 0, \ A \in \mathscr{E}),$$

c 是实数且 $c+\lambda\psi_\lambda(E) > 0$. 再由 $0 \leqslant \lambda\Psi(\lambda,x,A) \leqslant 1$ 得知 $c \geqslant 0$. 总之 $\Psi(\lambda,x,A) \in \Psi_2$.

（3）显然. □

系 1 若 $q(x)\text{-}q(x,A)$ 保守，$\dim U_\lambda(s) > 0$，令

$$\Psi_2' = \Big\{ \Psi(\lambda,x,A) \colon \Psi(\lambda,x,A) = \overline{\Psi}(\lambda,x,A)$$

$$+ \frac{\overline{\xi}(\lambda,x)\int \varphi(\mathrm{d}y)\overline{\Psi}(\lambda,y,A)}{c + \lambda \int_E \varphi(\mathrm{d}y)\overline{\Psi}(\lambda,y,E)},$$

φ 是 $\mathscr{E}$ 上非 0 有限测度，且

$$\int_E \varphi(\mathrm{d}y)\overline{\Psi}(\lambda,y,E) < \infty \ (\lambda > 0), \ c \geqslant 0 \Big\},$$

则 $\Psi_2' \subset \Psi_2$，从而 Ψ_2' 给出一族 q 过程，且 Ψ_2' 中的 q 过程 $\Psi(\lambda,x,A)$ 不断的充要条件是 $c = 0$.

证 为证 $\Psi_2' \subset \Psi_2$，只须证明

$$\int \varphi(\mathrm{d}y)\overline{\Psi}(\mu,y,A) = \int_E \varphi(\mathrm{d}y)\int_E \overline{\Psi}(\lambda,y,\mathrm{d}z)M(\lambda,\mu,z,A)$$

$$(\lambda,\mu > 0, \ A \in \mathscr{E}).$$

事实上，由 $M(\lambda,\mu,x,A)$ 的定义及 $\overline{\Psi}(\lambda,x,A)$ 满足预解方程式即得

$$\int_E \varphi(\mathrm{d}y)\int_E \overline{\Psi}(\lambda,y,\mathrm{d}z)M(\lambda,\mu,z,A)$$

$$= \int_E \varphi(\mathrm{d}y)\overline{\Psi}(\lambda,y,A)$$

$$+ (\lambda - \mu)\int_E \varphi(\mathrm{d}y)\int_E \overline{\Psi}(\lambda,y,\mathrm{d}z)\overline{\Psi}(\mu,z,A)$$

$$= \int_E \varphi(\mathrm{d}y)\overline{\Psi}(\mu,y,A).$$ □

注 Ψ_2' 一般称为广义 **Doob 构造**.

定理 4.3 任给一对 q 函数 $q(x)\text{-}q(x,A)$，若 $\displaystyle\sup_{x\in E}\sum_{n=0}^{\infty}\pi^{(n)}(\lambda,x,E)$
$< \infty$，$\xi(\lambda,\cdot) \in U_\lambda(s) \ (\lambda > 0)$，令

$$\Psi_3 = \{ \Psi(\lambda,x,A) \colon \Psi(\lambda,x,A) = \overline{\Psi}(\lambda,x,A) + \xi(\lambda,x)m_\lambda\psi_\lambda(A),$$

$$\Psi(\lambda,x,A) \in \Psi, \ \psi_\lambda \in \mathscr{L}_1 = \mathscr{L}_2 \},$$

其中 $\mathscr{L}_1,\mathscr{L}_2$ 如引理 4.2 所定义. 则 $\boldsymbol{\Psi}_3$ 中任一 $\Psi(\lambda,x,A)$ 是一个满足

$$\int_E \Psi(\lambda,x,\mathrm{d}y)[\lambda I_A(y)-(q(y,A)-q(y)I_A(y))] = I_A(x)$$

即 (F_λ) 的 q 过程.

证 若 $\dim U_\lambda(s)=0$, 则 $\boldsymbol{\Psi}_3$ 由一个 q 过程 $\overline{\Psi}(\lambda,x,A)$ 所构成, 故定理 4.3 的结论成立.

若 $\dim U_\lambda(s)>0$, 由 $\boldsymbol{\Psi}_3 \subset \boldsymbol{\Psi}$, 为证定理 4.3, 只须证任取 $\Psi(\lambda,x,A) \in \boldsymbol{\Psi}_3$, (F_λ) 成立. 事实上, 由 $\Psi(\lambda,x,A)$ 是 q 过程, 从而满足预解方程, 所以

$$\int_E \Psi(\lambda,x,\mathrm{d}y)\Psi(\mu,y,A) = \int_E \Psi(\mu,x,\mathrm{d}y)\Psi(\lambda,y,A).$$

因此,

$$\int_E \Psi(\lambda,x,\mathrm{d}y)(\mu^2\Psi(\mu,y,A)-\mu I_A(y))$$

$$= \int_E \mu\Psi(\mu,x,\mathrm{d}y)(\lambda\Psi(\lambda,y,A)-I_A(y)). \quad (4.37)$$

由于 $\Psi(\lambda,x,A)$ 是 q 过程, 仿 (4.4) 有

$$|\mu^2\Psi(\mu,y,A)-\mu I_A(y)| \leqslant q(y), \quad (4.38)$$

显然

$$|\lambda\Psi(\lambda,y,A)-I_A(y)| \leqslant 2. \quad (4.39)$$

再用定理 2.2 有

$$\lim_{\mu\to\infty}(\mu^2\Psi(\mu,y,A)-\mu I_A(y)) = q(y,A)-q(y)I_A(y), \quad (4.40)$$

$$\lim_{\mu\to\infty}\mu\Psi(\mu,x,A) = I_A(x). \quad (4.41)$$

由 $\psi_\lambda \in \mathscr{L}_1 = \mathscr{L}_2$ 及命题 3.5 知

$$\int_E \Psi(\lambda,x,\mathrm{d}y)q(y) < \infty \quad (4.42)$$

由 (4.38) ~ (4.42), 并应用控制收敛定理及第一章引理 7.3, 在 (4.37) 中令 $\mu\to\infty$ 即得

$$\int_E \Psi(\lambda,x,\mathrm{d}y)(q(y,A)-q(y)I_A(y)) = \lambda\Psi(\lambda,y,A)-I_A(y).$$

此即 $\Psi(\lambda,x,A)$ 满足 (F_λ). $\qquad\qquad\square$

2.5 唯一性准则

仍沿用 2.4 节的符号. 本节将给出对任意 q 函数而言, 其 q 过程唯一的充要条件.

命题 5.1 设 $q(x)\text{-}q(x,A)$ 是任意一对 q 函数, $\overline{\Psi}(\lambda,x,A)$ 是其最小 q 过程, 任取 $y_1,y_2 \in E$, $y_1 \neq y_2$, 则必存在 $\lambda_0 > 0$, 使

$$\frac{\overline{\Psi}(\lambda_0,y_1,\{y_1\})}{\overline{\Psi}(\lambda_0,y_1,E)} \neq \frac{\overline{\Psi}(\lambda_0,y_2,\{y_1\})}{\overline{\Psi}(\lambda_0,y_2,E)}. \tag{5.1}$$

证 由定理 2.2 有

$$\lim_{\lambda \to \infty} \lambda \overline{\Psi}(\lambda,x,E) = 1 \quad (x \in E), \tag{5.2}$$

$$\lim_{\lambda \to \infty} \lambda^2 \overline{\Psi}(\lambda,x,\{x\}) = \infty \quad (x \in E), \tag{5.3}$$

$$\lim_{\lambda \to \infty} \lambda^2 \overline{\Psi}(\lambda,x,\{y\}) = q(x,\{y\}) \quad (x,y \in E, \, x \neq y). \tag{5.4}$$

所以由 (5.2) ~ (5.4) 得

$$\lim_{\lambda \to \infty} \left(\frac{\lambda^2 \overline{\Psi}(\lambda,y_1,\{y_1\})}{\lambda \overline{\Psi}(\lambda,y_1,E)} - \frac{\lambda^2 \overline{\Psi}(\lambda,y_2,\{y_1\})}{\lambda \overline{\Psi}(\lambda,y_2,E)} \right) = \infty.$$

故 (5.1) 成立. $\qquad\qquad\square$

命题 5.2 设 $q(x)\text{-}q(x,A)$ 是任意一对 q 函数. 则

(1) 存在不断的 q 过程的充要条件是 $q(x)\text{-}q(x,A)$ 保守;

(2) 若 $q(x)\text{-}q(x,A)$ 保守, 则 q 过程唯一的充要条件是

$$\dim U_\lambda(s) = 0;$$

(3) 若 $q(x)\text{-}q(x,A)$ 保守, 那么或者恰有唯一一个不断的 q 过程, 或者有无穷多个不断的 q 过程, 且恰有唯一一个不断的 q 过程的充要条件是 $\dim U_\lambda(s) = 0$.

证 (1) **必要性** 设 $\Psi(\lambda,x,A)$ 是不断的 q 过程, 故 $\Psi(\lambda,x,E) \equiv \frac{1}{\lambda}$. 因此

$$0 = \lim_{\lambda \to \infty}(\lambda^2 \Psi(\lambda, x, E) - \lambda) = q(x, E) - q(x) \quad (x \in E).$$

此即 $q(x)$-$q(x, A)$ 是保守的.

充分性 设 $q(x)$-$q(x, A)$ 是保守的, 则 $\bar{\xi}(\lambda, \cdot) \in U_\lambda(s)$. 若 $\dim U_\lambda(s) = 0$, 则 $\bar{\xi}(\lambda, x) \equiv 0$, 亦即最小 q 过程 $\overline{\Psi}(\lambda, x, A)$ 是不断的. 若 $\dim U_A(s) > 0$, 则用定理 4.2 中系 1 知

$$\Psi(\lambda, x, A) = \overline{\Psi}(\lambda, x, A) + \bar{\xi}(\lambda, x)\frac{\overline{\Psi}(\lambda, x_0, A)}{\lambda \overline{\Psi}(\lambda, x_0, E)}$$

是不断的 q 过程.

(2) 若 $q(x)$-$q(x, A)$ 保守, 则 $\bar{\xi}(\lambda, \cdot) \in U_\lambda(s)$. 再用引理 4.3 得

$$\dim U_\lambda(s) = 0 \Leftrightarrow \bar{\xi}(\lambda, \cdot) \equiv 0.$$

而显然

"$\bar{\xi}(\lambda, x) \equiv 0 \ (\lambda > 0, x \in E) \Rightarrow q$ 过程唯一".

反之, 若 q 过程唯一, 即恰有 $\overline{\Psi}(\lambda, x, E)$ 这个 q 过程. 由(1), 不断的 q 过程必存在, 故 $\overline{\Psi}(\lambda, x, A)$ 是不断的, 从而 $\bar{\xi}(\lambda, x) \equiv 0$. (2) 得证.

(3) 设 $q(x)$-$q(x, A)$ 保守.

(a) 若 $\dim U_\lambda(s) = 0$, 则由(1)和(2)得知恰有唯一一个不断的 q 过程.

(b) 若 $\dim U_\lambda(s) > 0$, 令

$$\Psi_y(\lambda, x, A) = \overline{\Psi}(\lambda, x, A) + \bar{\xi}(\lambda, x)\frac{\overline{\Psi}(\lambda, y, A)}{\lambda \overline{\Psi}(\lambda, y, E)}, \qquad (5.5)$$

往证: 对任何固定的 $y \in E$, $\Psi_y(\lambda, x, A)$ 都是不断的 q 过程, 而且当 $y_1 \neq y_2$, $y_1, y_2 \in E$ 时 $\Psi_{y_1}(\lambda, x, A)$ 与 $\Psi_{y_2}(\lambda, x, A)$ 是两个不同的 q 过程.

事实上, 由定理 4.2 中的系 1 知 $\Psi_y(\lambda, x, A)$ 是不断的 q 过程, 又若 $y_1 \neq y_2$, $y_1, y_2 \in E$, 则由命题 5.1 知, 存在 $\lambda_0 > 0$, 使

$$\frac{\overline{\Psi}(\lambda_0, y_1, \{y_1\})}{\lambda_0 \overline{\Psi}(\lambda_0, y_1, E)} \neq \frac{\overline{\Psi}(\lambda_0, y_2, \{y_1\})}{\lambda_0 \overline{\Psi}(\lambda_0, y_2, E)}. \qquad (5.6)$$

由 $\bar{\xi}(\lambda_0, \cdot) \in U_{\lambda_0}(s)$, $\dim U_{\lambda_0}(s) > 0$, 再应用引理 4.3 可知 $\bar{\xi}(\lambda_0, \cdot) \neq 0$, 所以存在 $x_0 \in E$, 使 $\bar{\xi}(\lambda_0, x_0) \neq 0$. 因此, 由(5.5)和(5.6)知

$$\Psi_{y_1}(\lambda_0, x_0, \{y_1\})$$

$$= \overline{\Psi}(\lambda_0, x_0, \{y_1\}) + \overline{\xi}(\lambda_0, x_0) \frac{\overline{\Psi}(\lambda_0, y_1, \{y_1\})}{\lambda_0 \overline{\Psi}(\lambda_0, y_1, E)}$$

$$\neq \overline{\Psi}(\lambda_0, x_0, \{y_1\}) + \overline{\xi}(\lambda_0, x_0) \frac{\overline{\Psi}(\lambda_0, y_2, \{y_1\})}{\lambda_0 \overline{\Psi}(\lambda_0, y_2, E)}$$

$$= \Psi_{y_2}(\lambda_0, x_0, \{y_1\}).$$

若还能证 E 是无限集, 则 (3) 证毕. 谬设 E 是有限集, 则由 $\overline{\xi}(\lambda, \cdot) \in U_\lambda(s)$ 有

$$\sup_{x \in E} |\overline{\xi}(\lambda, x)| = \sup_{x \in E} \left| \int_E \frac{q(x, \mathrm{d}y)}{\lambda + q(x)} \overline{\xi}(\lambda, y) \right|$$

$$\leqslant \sup_{y \in E} |\overline{\xi}(\lambda, y)| \cdot \sup_{x \in E} \frac{q(x)}{\lambda + q(x)} \quad (\lambda > 0).$$

又由 E 为有限集知

$$0 \leqslant \sup_{x \in E} \frac{q(x)}{\lambda + q(x)} < 1 \quad (\lambda > 0),$$

所以 $\sup\limits_{x \in E} |\overline{\xi}(\lambda, x)| = 0$, 这与 $\dim U_\lambda(s) > 0$ 矛盾. $\qquad \square$

设 $q(x)$-$q(x, A)$ 是可测空间 $(E, \mathscr{E})$ 上任意一对 q 函数, 令 Δ 是 E 外一点, $E_\Delta = E \cup \{\Delta\}$, $\mathscr{E}_\Delta$ 是 E_Δ 上的由 $\mathscr{E}$ 产生的 σ 代数. 作

$$\begin{cases} q_\Delta(x) = I_E(x) q(x) \quad (x \in E_\Delta), \\ q_\Delta(x, A) = I_E(x)[q(x, A - \{\Delta\}) + I_A(\Delta)(q(x) \\ \qquad\qquad - q(x, E))], \quad x \in E_\Delta, A \in \mathscr{E}_\Delta, \end{cases}$$

易证 $q_\Delta(x)$-$q_\Delta(x, A)$ 是可测空间 $(E_\Delta, \mathscr{E}_\Delta)$ 上的一对保守的 q 函数, 而且 $q_\Delta(x) = q(x)$ $(x \in E)$, $q_\Delta(x, A) = q(x, A)$ $(x \in E, A \in \mathscr{E})$.

命题 5.3　设 $P_\Delta(t, x, A)$ 是一个不断的 q_Δ 过程, 令 $P(t, x, A)$ 是 $P_\Delta(t, x, A)$ 在 $(E, \mathscr{E})$ 上的局限, 即是 $P(t, x, A) = P_\Delta(t, x, A)$ $(t \in [0, \infty), x \in E, A \in \mathscr{E})$, 则

$$P_\Delta(t, x, A) = \begin{cases} I_A(\Delta), \quad \text{当 } x = \Delta, t \in [0, \infty), A \in \mathscr{E}_\Delta, \\ P(t, x, A - \{\Delta\}) + I_A(\Delta)(1 - P(t, x, E)), \\ \qquad\qquad \text{当 } x \in E, t \in [0, \infty), A \in \mathscr{E}_\Delta, \end{cases}$$

95

而且 $P(t,x,A)$ 是一个 q 过程，从而对不同的不断的 q_Δ 过程而言，它们在 $(E,\mathscr{E})$ 上的局限也是不同的 q 过程.

证 因为
$$P_\Delta(t,\Delta,\{\Delta\}) \geqslant \mathrm{e}^{-q_\Delta(\Delta)t} = 1 \quad (t \in [0,\infty)),$$
所以 $P_\Delta(t,\Delta,A) = I_A(\Delta)$. 而当 $x \in E$ 时，由 $P_\Delta(t,x,A)$ 是不断的 q_Δ 过程知
$$P_\Delta(t,x,\{\Delta\}) = 1 - P_\Delta(t,x,E) = 1 - P(t,x,E)$$
$$(t \in [0,\infty),\, x \in E).$$
所以当 $x \in E,\, t \in [0,\infty),\, A \in \mathscr{E}_\Delta$ 时有
$$P_\Delta(t,x,A) = P(t,x,A - \{\Delta\}) + I_A(\Delta)(1 - P(t,x,E)).$$

最后证明 $P(t,x,A)$ 是一个 q 过程. 显然，

(1) 固定 $t \in [0,\infty)$, $x \in E$, $P(t,x,\cdot)$ 是 $\mathscr{E}$ 上有限测度且 $0 \leqslant P(t,x,E) \leqslant 1$.

(2) 固定 $t \in [0,\infty)$, $A \in \mathscr{E}$, $P(t,\cdot,A) \in \mathscr{E}$.

此外，当 $x \in E$, $A \in \mathscr{E}$ 时还有
$$\lim_{t \to 0^+} \frac{P(t,x,A) - P(0,x,A)}{t} = q_\Delta(x,A) - I_A(x)q_\Delta(x)$$
$$= q(x,A) - I_A(x)q(x).$$
所以为证 $P(t,x,A)$ 是 q 过程，只须证 $P(t,x,A)$ 满足 K-C 方程式即可. 事实上，对一切 $s,t \in [0,\infty)$, $x \in E$, $A \in \mathscr{E}$, 有
$$P(s+t,x,A)$$
$$= P_\Delta(s+t,x,A)$$
$$= \int_E P_\Delta(s,x,\mathrm{d}y)P_\Delta(t,y,A) + P_\Delta(s,x,\{\Delta\})P_\Delta(t,\Delta,A)$$
$$= \int_E P(s,x,\mathrm{d}y)P(t,y,A). \qquad \square$$

定理 5.1 任给一对 q 函数 $q(x)$-$q(x,A)$, 其 q 过程唯一的充要条件是 $\dim U_\lambda(s) = 0$（对一个 $\lambda > 0$ 或一切 $\lambda > 0$）.

证 **充分性** 设 $\dim U_\lambda(s) = 0$. 令 $\Psi(\lambda,x,A)$ 是任一 q 过程，则

由 $\Psi(\lambda,x,A)$ 及 $\overline{\Psi}(\lambda,x,A)$ 都满足 (B_λ) 知

$$(\lambda+q(x))(\Psi(\lambda,x,A)-\overline{\Psi}(\lambda,x,A))$$
$$=\int_E q(x,\mathrm{d}y)(\Psi(\lambda,y,A)-\overline{\Psi}(\lambda,y,A))$$
$$(\lambda>0,\ x\in E,\ A\in\mathscr{E}).$$

此即对任何 $\lambda>0$, $A\in\mathscr{E}$, $(\Psi(\lambda,\bullet,A)-\overline{\Psi}(\lambda,\bullet,A))\in U_\lambda(s)$. 由 $\dim U_\lambda(s)=0$ 得

$$\Psi(\lambda,x,A)\equiv\overline{\Psi}(\lambda,x,A).$$

此即 q 过程唯一.

必要性　设 $\dim U_\lambda(s)>0$. 任取 $\xi(\lambda,\bullet)\in U_\lambda(s)$, $\xi(\lambda,\bullet)\not\equiv 0$, 作

$$\xi_\Delta(\lambda,x)=\begin{cases}\xi(\lambda,x), & \text{当 } x\in E,\\ 0, & \text{当 } x=\Delta.\end{cases}$$

则当 $x\in E$ 时,

$$\int_{E_\Delta}\frac{q_\Delta(x,\mathrm{d}y)}{\lambda+q_\Delta(x)}\xi_\Delta(\lambda,y)$$
$$=\int_E\frac{q(x,\mathrm{d}y)}{\lambda+q(x)}\xi(\lambda,y)+\frac{q_\Delta(x,\{\Delta\})}{\lambda+q_\Delta(x)}\xi_\Delta(\lambda,\Delta)$$
$$=\int_E\frac{q(x,\mathrm{d}y)}{\lambda+q(x)}\xi(\lambda,y)$$
$$=\xi(\lambda,x)=\xi_\Delta(\lambda,x).$$

而当 $x=\Delta$ 时, 显然有

$$\int_{E_\Delta}\frac{q_\Delta(x,\mathrm{d}y)}{\lambda+q_\Delta(x)}\xi_\Delta(\lambda,y)=0=\xi_\Delta(\lambda,\Delta).$$

这就证明了对 $q_\Delta(x)$-$q_\Delta(x,A)$ 而言, 它所对应的空间 $U_\lambda^\Delta(s)$ 亦有非恒 0 函数 $\xi_\Delta(\lambda,x)$. 所以由命题 5.2 得知有无穷多个不断的 q_Δ 过程, 再用命题 5.3 得知必有无穷多个 q 过程, 定理证毕.　□

定理 5.2　若 q 函数对 $q(x)$-$q(x,A)$ 满足 $\sup_{x\in E}q(x)=M<\infty$, 则 $\dim U_\lambda(s)=0\ (\lambda>0)$, 从而 q 过程唯一.

证 设 $\xi(\lambda, \cdot) \in U_\lambda(s)$，则

$$\int_E \frac{q(x, \mathrm{d}y)}{\lambda + q(x)} \xi(\lambda, y) = \xi(\lambda, x), \quad \xi(\lambda, \cdot) \in \mathrm{b}\mathscr{E}, \xi(\lambda, \cdot) \geqslant 0.$$

所以

$$\sup_{x \in E} |\xi(\lambda, x)| \leqslant \sup_{y \in E} |\xi(\lambda, y)| \cdot \sup_{x \in E} \frac{q(x, E)}{\lambda + q(x)}$$

$$\leqslant \sup_{x \in E} |\xi(\lambda, x)| \cdot \frac{M}{\lambda + M} \leqslant \cdots$$

$$\leqslant \left(\frac{M}{\lambda + M}\right)^n \sup_{x \in E} |\xi(\lambda, x)| \quad (n \geqslant 1),$$

因此 $\xi(\lambda, \cdot) \equiv 0$，此即 $\dim U_\lambda(s) = 0 \ (\lambda > 0)$. $\qquad\square$

2.6 Feller 性

在这一节中，恒设 $(E, \mathscr{E}, \rho)$ 是可测距离空间，即 E 是任一集合，ρ 是 E 上的一个距离，$\mathscr{E}$ 是全体开集所产生的 σ 代数. $\mathbf{R}^1$ 是实数空间. $\mathbf{T} = [0, \infty)$. $\mathscr{M} = \{f: f \in \mathrm{b}\mathscr{E}\}$. 再令

$$C = \{f: f: E \longmapsto \mathbf{R}^1, f \text{ 有界连续}\}.$$

定义 6.1 设 μ_n, μ 是 $\mathscr{E}$ 上的有限测度 $(n \geqslant 1)$. 如果对任何 $f \in C$，有

$$\lim_{n \to \infty} \int_E f(x) \mu_n(\mathrm{d}x) = \int_E f(x) \mu(\mathrm{d}x),$$

则称 $\{\mu_n\}$ **弱收敛**到 μ，记为 $\mu_n \xrightarrow{\mathrm{w}} \mu$，或 $(\mathrm{w}) \lim_{n \to \infty} \mu_n = \mu$.

定义 6.2 设 $P(t, x, A) \ (t \in \mathbf{T}, x \in E, A \in \mathscr{E})$ 是标准准转移函数，$\{P_t: t \in \mathbf{T}\}$ 是第一章 (4.1) 所定义的半群，$\{\Psi_\lambda: \lambda > 0\}$ 是 $\{P_t: t \in \mathbf{T}\}$ 的位势算子，若

$$f \in C \Rightarrow P_t f \in C \ (t \in \mathbf{T}),$$

则称 $\{P_t: t \in \mathbf{T}\}$（或 $P(t, x, A)$）具有 **Feller 性**；若

$$f \in C \Rightarrow \Psi_\lambda f \in C \ (\lambda > 0),$$

则称 $\{P_t: t \in \mathbf{T}\}$（或 $P(t, x, A)$）具有**弱 Feller 性**.

定理 6.1　设 $q(x)$-$q(x,A)$ 是任意一对 q 函数，$\overline{P}(t,x,A)$ 是最小的 q 过程. 如果对任何 $x \in E$，当 $x_n \to x$ 时，$q(x_n) \to q(x)$，$q(x_n,\cdot)$ $\xrightarrow{\text{w}} q(x,\cdot)$，而且对 E 中任何一个有界闭球 S，每一个 $\lambda > 0$，都存在 $x_0 \in E$（x_0 可依赖 λ），使

$$\frac{q(x_0,A)}{\lambda + q(x_0)} \geqslant \frac{q(x,A)}{\lambda + q(x)} \quad (x \in S,\ A \in \mathscr{E}),$$

则 $\overline{P}(t,x,A)$ 具有弱 Feller 性.

证　由定理 1.1 有

$$\overline{P}(t,x,A) = \sum_{n=0}^{\infty} P^{(n)}(t,x,A),$$

其中 $P^{(0)}(t,x,A) = I_A(x)\mathrm{e}^{-q(x)t}$，

$$P^{(n+1)}(t,x,A)$$
$$= \int_0^t \mathrm{e}^{-q(x)(t-s)} \left(\int_E q(x,\mathrm{d}y) P^{(n)}(s,y,A) \right) \mathrm{d}s \quad (n \geqslant 0).$$

令 $\Psi^{(n)}(\lambda,x,A)$ 和 $\overline{\Psi}(\lambda,x,A)$ 分别为 $P^{(n)}(t,x,A)$ 和 $\overline{P}(t,x,A)$ 的拉氏变换，$\pi^{(0)}(\lambda,x,A) = I_A(x)$，$\pi(\lambda,x,A) = \dfrac{q(x,A)}{\lambda + q(x)}$，

$$\pi^{(n)}(\lambda,x,A) = \int_E \pi^{(n-1)}(\lambda,x,\mathrm{d}y)\pi(\lambda,y,A) \quad (n \geqslant 1).$$

由命题 2.1 有 $\Psi^{(0)}(\lambda,x,A) = \dfrac{I_A(x)}{\lambda + q(x)}$，

$$\Psi^{(n+1)}(\lambda,x,A) = \int_E \pi(\lambda,x,\mathrm{d}y)\Psi^{(n)}(\lambda,y,A)$$
$$= \int_E \pi^{(n+1)}(\lambda,x,\mathrm{d}y)\Psi^{(0)}(\lambda,y,A) \quad (n \geqslant 0).$$

任取 $f \in C$，$f \geqslant 0$，再令

$$T_\lambda^{(n)}(x) = \int_E \pi^{(n)}(\lambda,x,\mathrm{d}y) \frac{f(y)}{\lambda + q(y)} \quad (\lambda > 0,\ x \in E,\ n \geqslant 0),$$

则

$$\int_E \overline{\Psi}(\lambda,x,\mathrm{d}y)f(y) = \sum_{n=0}^{\infty} \int_E \Psi^{(n)}(\lambda,x,\mathrm{d}y)f(y)$$

$$= \sum_{n=0}^{\infty} \int_E \pi^{(n)}(\lambda,x,\mathrm{d}y)\frac{f(y)}{\lambda+q(y)} = \sum_{n=0}^{\infty} T_\lambda^{(n)}(x).$$

显然 $T_\lambda^{(0)}(\cdot)\in C$, 若 $T_\lambda^{(n-1)}(\cdot)\in C$, 则由定理假设及

$$T_\lambda^{(n)}(x) = \int_E \pi^{(n)}(\lambda,x,\mathrm{d}y)\frac{f(y)}{\lambda+q(y)}$$

$$= \int_E \pi(\lambda,x,\mathrm{d}y)\int_E \pi^{(n-1)}(\lambda,y,\mathrm{d}z)\frac{f(z)}{\lambda+q(z)}$$

$$= \int_E q(x,\mathrm{d}y)\frac{T_\lambda^{(n-1)}(y)}{\lambda+q(x)},$$

得知 $T_\lambda^{(n)}(\cdot)\in C$. 所以对一切 $n\geqslant 0$, $\lambda>0$, $T_\lambda^{(n)}(\cdot)\in C$.

往证:

$$\pi^{(n)}(\lambda,x_0,A)\geqslant \pi^{(n)}(\lambda,x,A)\quad(x\in S, A\in\mathscr{E}, n\geqslant 1).$$

对 n 作归纳法. $n=1$ 上述不等式显然成立, 设 $\pi^{(n-1)}(\lambda,x_0,A)\geqslant \pi^{(n-1)}(\lambda,x,A)$ $(x\in S, A\in\mathscr{E})$, 则

$$\pi^{(n)}(\lambda,x_0,A) = \int_E \pi^{(n-1)}(\lambda,x_0,\mathrm{d}y)\pi(\lambda,y,A)$$

$$\geqslant \int_E \pi^{(n-1)}(\lambda,x,\mathrm{d}y)\pi(\lambda,y,A)$$

$$= \pi^{(n)}(\lambda,x,A)\quad(x\in S, A\in\mathscr{E}).$$

归纳法完成. 因此, 对一切 $n\geqslant 1$ 均有

$$T_\lambda^{(n)}(x_0) = \int_E \pi^{(n)}(\lambda,x_0,\mathrm{d}y)\frac{f(y)}{\lambda+q(y)}$$

$$\geqslant \int_E \pi^{(n)}(\lambda,x,\mathrm{d}y)\frac{f(y)}{\lambda+q(y)}$$

$$= T_\lambda^{(n)}(x)\quad(x\in S).$$

因此,

$$\int_E \overline{\Psi}(\lambda,x,\mathrm{d}y)f(y) = \sum_{n=0}^{\infty} T_\lambda^{(n)}(x)$$

在 $x\in S$ 上一致收敛, 从而 $\int_E \overline{\Psi}(\lambda,x,\mathrm{d}y)f(y)$ 在 $x\in S$ 上连续, 而 S 可以为任意有界闭球, 所以 $\int_E \overline{\Psi}(\lambda,x,\mathrm{d}y)f(y)$ 在 $x\in E$ 上连续, 显然

它是有界的. 这就证明了

$$f \geqslant 0,\ f \in C \Rightarrow \overline{\Psi}_\lambda f \in C\ (\lambda > 0).$$

又因为 C 是 $\mathscr{M}$ 的闭线性子空间, $\overline{\Psi}_\lambda$ 是有界线性算子, 而且任何一个 $f \in C$, 均可表为 $f = f_1 - f_2$, $f_i \in C$, $f_i \geqslant 0$, 所以

$$\text{“}f \in C \Rightarrow \overline{\Psi}_\lambda f \in C\ (\lambda > 0)\text{”}. \qquad \square$$

定理 6.2　设 $q(x)$-$q(x,A)$ 是一对 q 函数, 任取 $f \in \mathscr{M}$, 定义

$$(\tilde{Q}f)(x) = \int_E (q(x,\mathrm{d}y) - \mathscr{E}_x(\mathrm{d}y)q(x))f(y),$$

若对每一个 $f \in C$, $\lambda > 0$, 均有 $\lambda f - \tilde{Q}f \in C$, 则每一个 q 过程 $P(t,x,A)$ 都具有弱 Feller 性.

证　设 $P(t,x,A)$ 是任一 q 过程, $\Psi(\lambda,x,A)$ 是其拉氏变换, $\{\Psi_\lambda : \lambda > 0\}$ 是其位势算子. 由命题 1.1, $\Psi(\lambda,x,A)$ 必满足

$$(\lambda + q(x))\Psi(\lambda,x,A) - \int_E q(x,\mathrm{d}y)\Psi(\lambda,y,A) = I_A(x)$$
$$(\lambda > 0,\ x \in E,\ A \in \mathscr{E}). \qquad (B_\lambda)$$

因此

$$((\lambda I - \tilde{Q}) \circ \Psi_\lambda)f = f \quad (f \in \mathscr{M},\ \lambda > 0). \qquad (B_\lambda)'$$

谬设 $P(t,x,A)$ 不具有弱 Feller 性, 即是存在 $f_0 \in C$, $\lambda_0 > 0$, 使 $\Psi_{\lambda_0} f_0 \overline{\in} C$. 而由 $(B_\lambda)'$ 有

$$((\lambda_0 I - \tilde{Q}) \circ \Psi_{\lambda_0})f_0 = f_0 \in C.$$

这与定理的假设矛盾. 定理得证. $\qquad \square$

定理 6.3　设 $P(t,x,A)$ 是标准准转移函数, $\{P_t : t \in \mathbf{T}\}$ 是其在 $\mathscr{M}$ 上所定义的半群, $\{\Psi_\lambda : \lambda > 0\}$ 是其位势算子, 则 $\{P_t : t \in \mathbf{T}\}$ 具有 Feller 性而且在 C 上强连续的充要条件是

(1)　$\{P_t : t \in \mathbf{T}\}$ 具有弱 Feller 性;

(2)　$C_\lambda \equiv \{f : f = \Psi_\lambda g,\ g \in C\}$ 在 C 中稠 $(\lambda > 0)$.

证　为证此定理, 若注意第一章定理 6.3 及其系, 则只须证明 C 是 $\mathscr{M}$ 的闭线性子空间及 Feller 性蕴涵了弱 Feller 性, 而此两事实显然

成立，故定理成立. □

定理 6.4 若 $(E,\mathscr{E},\rho)$ 是紧的可测距离空间，$P(t,x,A)$ 是标准准转移函数，$\{P_t : t \in \mathbf{T}\}$ 是其在 $\mathscr{M}$ 上所定义的半群，$\{\Psi_\lambda : \lambda > 0\}$ 是其位势算子. 设 $\Psi_\lambda(C) \subset C (\lambda > 0)$，而且对任何 $s,t \in \mathbf{T}, s \leqslant t, f \in C$，$f \geqslant 0$，都有 $P_s f \leqslant P_t f$，则 $\{P_t : t \in \mathbf{T}\}$ 具有 Feller 性且在 C 上强连续.

证 任取 $f \in C, f \geqslant 0$. 由于 $(P_t f)(x)$ 在 $t \in \mathbf{T}$ 连续，又因为
$$(P_t f)(x) \geqslant (P_s f)(x)$$
$$(s \leqslant t, s,t \in \mathbf{T}, x \in E, f \geqslant 0, f \in C),$$
而且 $(E,\mathscr{E},\rho)$ 是紧的可测距离空间，所以，由 Dini 定理（见［23］p. 391，那儿对 $E = [a,b]$ 来证明，不过证明只需要 E 的紧性）可知 $P_t f$ 在 $t \in \mathbf{T}$ 强连续.

任取 $f \in C$，必有 $f = f_1 - f_2, f_i \in C, f_i \geqslant 0$. 而 P_t 是线性算子，所以 $P_t f = P_t f_1 - P_t f_2$ 在 $t \in \mathbf{T}$ 强连续.

而由定理假设还有 $\Psi_\lambda(C) \subset C (\lambda > 0)$，所以，由第一章定理 6.3 的系有 $P_t(C) \subset C (t \in \mathbf{T})$，此即 $\{P_t : t \in \mathbf{T}\}$ 具有 Feller 性. □

定理 6.5 设 q 函数对 $q(x)$-$q(x,A)$ 满足：$q \in C$，
$$(\text{w}) \quad \lim_{x_n \to x} q(x_n, \cdot) = q(x, \cdot) \quad (x \in E),$$
令 $\overline{P}(t,x,A)$ 是最小 q 过程，$\overline{\Psi}(\lambda,x,A)$ 是其拉氏变换，$\{\overline{P}_t : t \in \mathbf{T}\}$ 是其在 $\mathscr{M}$ 上所产生之半群，则 $\{\overline{P}_t : t \in \mathbf{T}\}$ 在 $\mathscr{M}$ 上强连续且具有 Feller 性.

先证一个引理.

引理 6.1 设 $P(t,x,A)$ 是任一 q 过程，$\{P_t : t \in \mathbf{T}\}$ 是其在 $\mathscr{M}$ 上所产生之半群，则 $\sup_{x \in E} q(x) = M < \infty$ 的充要条件是

(1) $\lim_{t \to 0^+} \sup_{x \in E} (1 - P(t,x,\{x\})) = 0$;

(2) $\sup_{x \in E} r(x) = N < \infty$,

其中 $r(x) = \lim\limits_{t \to 0^+} \dfrac{1 - P(t,x,E)}{t}$（关于上述极限的存在性见 $[22]$）.

若 (1) 成立，则 $\{P_t : t \in \mathbf{T}\}$ 在 $\mathscr{M}$ 上强连续.

证 必要性 设 $\sup\limits_{x \in E} q(x) = M < \infty$. 由第一章定理 7.1 有

$$1 - P(t,x,\{x\}) \leqslant 1 - \mathrm{e}^{-q(x)t} \quad (t \in \mathbf{T},\ x \in E),$$

所以

$$\lim\limits_{t \to 0^+} \sup\limits_{x \in E} (1 - P(t,x,\{x\})) \leqslant \lim\limits_{t \to 0^+} (1 - \mathrm{e}^{-Mt}) = 0.$$

又因为 $r(x) \leqslant q(x)\ (x \in E)$，所以 $\sup\limits_{x \in E} r(x) < \infty$.

充分性 由于

$$q(x,E) = \lim\limits_{t \to 0^+} \frac{P(t,x,E - \{x\})}{t} = q(x) - r(x),$$

而由 (1) 成立，用第一章引理 7.2 及 $P(t,x,A)$ 是 q 过程可得

$$q(x,E) = q(x,E - \{x\}) \leqslant KP(\tau,x,E - \{x\}) \quad (x \in E),$$

其中 K 和 τ 是不依赖 $x \in E$ 的两个正数. 所以

$$\sup\limits_{x \in E} q(x) \leqslant \sup\limits_{x \in E} r(x) + K < \infty.$$

若 (1) 成立，则对任何 $f \in \mathscr{M}$，必有

$$\|P_t f - f\| \leqslant \sup\limits_{x \in E} \left| (P(t,x,\{x\}) - 1) f(x) \right|$$

$$+ \sup\limits_{x \in E} \left| \int_{E - \{x\}} P(t,x,\mathrm{d}y) f(y) \right|$$

$$\leqslant 2\|f\| \sup\limits_{x \in E} (1 - P(t,x,\{x\})),$$

所以 $\lim\limits_{t \to 0^+} \|P_t f - f\| = 0$，从而 $\{P_t : t \in \mathbf{T}\}$ 在 $\mathscr{M}$ 上强连续. $\qquad \square$

现在我们用引理 6.1 来证明定理 6.5.

定理 6.5 的证明 由引理 6.1 即得 $\{\overline{P}_t : t \in \mathbf{T}\}$ 在 $\mathscr{M}$ 上强连续. 对任何 $f \in C$，令 $\pi^{(n)}(\lambda,x,A)$，$T_\lambda^{(n)}(x)$ 如定理 6.1 所定义. 定理 6.1 中已证：

$$\int_E \overline{\Psi}(\lambda,x,\mathrm{d}y) f(y) = \sum_{n=0}^{\infty} T_\lambda^{(n)}(x),$$

且在定理 6.5 的条件下还有 $T_\lambda^{(n)}(\cdot) \in C\ (\lambda > 0,\ n \geqslant 0)$. 所以，如果

能证 $\sum\limits_{n=0}^{\infty} T_{\lambda}^{(n)}(x)$ 在 $x \in E$ 上一致收敛（对任何固定的 $\lambda > 0$），则 $\overline{\Psi}_{\lambda}(C) \subset C\,(\lambda > 0)$. 再利用第一章定理 6.3 的系则可知 $\{\overline{P}_t : t \in \mathbf{T}\}$ 具有 Feller 性. 下面补证 $\sum\limits_{n=0}^{\infty} T_{\lambda}^{(n)}(x)$ 在 $x \in E$ 上一致收敛. 事实上，

$$
\begin{aligned}
|T_{\lambda}^{(n)}(x)| &\leqslant \frac{\|f\|}{\lambda} \pi^{(n)}(\lambda, x, E) \\
&= \frac{\|f\|}{\lambda} \int_{E} \pi^{(n-1)}(\lambda, x, \mathrm{d}y)\, \frac{q(x, E)}{\lambda + q(x)} \\
&\leqslant \frac{\|f\|}{\lambda} \frac{M}{\lambda + M} \pi^{(n-1)}(\lambda, x, E) \leqslant \cdots \\
&\leqslant \frac{\|f\|}{\lambda} \left(\frac{M}{\lambda + M}\right)^{n} \pi^{(0)}(\lambda, x, E) \\
&= \frac{\|f\|}{\lambda} \left(\frac{M}{\lambda + M}\right)^{n},
\end{aligned}
$$

所以 $\sum\limits_{n=0}^{\infty} T_{\lambda}^{(n)}(x)$ 在 $x \in E$ 上一致收敛（$\lambda > 0$）. $\qquad\square$

定理 6.6 设 q 函数对 $q(x)$-$q(x,A)$ 满足 $\sup\limits_{x \in E} q(x) = M < \infty$（由定理 5.2，其 q 过程唯一，就是最小 q 过程 $\overline{P}(t,x,A)$），若 $\overline{P}(t,x,A)$ 具有 Feller 性，则

$$(\lambda I - \widetilde{Q})C = C,$$

其中 $\widetilde{Q}$ 如定理 6.2 所定义.

证 令 $\{\overline{P}_t : t \in \mathbf{T}\}$ 及 $\{\overline{\Psi}_{\lambda} : \lambda > 0\}$ 为 $\overline{P}(t,x,A)$ 在 $\mathscr{M}$ 上所产生之半群及其位势算子. 由于 $\overline{P}(t,x,A)$ 具有 Feller 性（更具有弱 Feller 性），所以，可以把 $\{\overline{P}_t : t \in \mathbf{T}\}$ 局限到 C 上去而成一个 C 上的半群（对应地，也把 $\{\overline{\Psi}_{\lambda} : \lambda > 0\}$ 局限到 C 上去）. 由于 $\sup\limits_{x \in E} q(x) = M < \infty$，所以由引理 6.1 得知 $\{\overline{P}_t : t \in \mathbf{T}\}$ 是 C 上的强连续半群. 因此，由第一章定理 6.3 得知 $\overline{\Psi}_{\lambda}(C)$ 在 C 中稠（$\lambda > 0$）. 又因为（见定理 6.2）有

$$((\lambda I - \widetilde{Q}) \circ \overline{\Psi}_{\lambda})f = f \quad (f \in \mathscr{M}, \lambda > 0). \qquad (B_{\lambda})'$$

更有

$$f \in C \Rightarrow (\lambda I - \widetilde{Q}) \circ \overline{\Psi}_\lambda f = f \in C.$$

故$(\lambda I - \widetilde{Q}) \overline{\Psi}_\lambda(C) \subset C.$ 而 $\widetilde{Q}$ 是有界线性算子(因为$\sup\limits_{x \in E} q(x) = M <$

∞), $\overline{\Psi}_\lambda(C)$ 在 C 中稠, 所以$(\lambda I - \widetilde{Q})C \subset C.$

由$(B_\lambda)'$ 显然还有

$$(\lambda I - \widetilde{Q})C \supset (\lambda I - \widetilde{Q}) \overline{\Psi}_\lambda(C) \supset C.$$

总之, $(\lambda I - \widetilde{Q})C = C.$ $\qquad\qquad\square$

第三章　非时齐的准转移函数
的分析理论

如不特别声明，本章恒设 $\mathbf{T} = [0, \infty)$，$(E, \mathscr{E})$ 为可测空间，$\mathscr{E}$ 含 E 的一切单点集，$P(s, t, x, A)$ $(0 \leqslant s \leqslant t < \infty,\ x \in E,\ A \in \mathscr{E})$ 是准转移函数，未必时齐. 未必时齐的（准）转移函数习惯上称为**非时齐的（准）转移函数**，其实这样叫法是不科学的，不过，既成习惯，只好从众.

3.1　非时齐的准转移函数的连续性

定义 1.1　称非时齐的准转移函数 $P(s, t, x, A)$ 是**标准的**，如果

$$\lim_{\substack{t-s \to 0^+ \\ 0 \leqslant s \leqslant t \leqslant b}} P(s, t, x, A) = I_A(x) \quad (x \in E,\ A \in \mathscr{E},\ b > 0). \quad (1.1)$$

定理 1.1　对任何标准的非时齐的准转移函数 $P(s, t, x, A)$，恒有

(1)　$P(s, t, x, \{x\}) > 0$ $(0 \leqslant s \leqslant t < \infty,\ x \in E)$；

(2)　$|P(u, t, x, A) - P(v, t, x, A)|$

$$\leqslant 1 - P(\min\{u, v\}, \max\{u, v\}, x, \{x\})$$

$$(0 \leqslant u, v \leqslant t < \infty,\ x \in E,\ A \in \mathscr{E});$$

(3)　对任何 $F \in \mathscr{E} \times \mathscr{E}$，记

$$F_x = \{y : (x, y) \in F,\ y \in E\},$$

则 $P(s, t, x, F_x)$ 是 x 的 $\mathscr{E}$ 可测函数，特别地，$P(s, t, x, \{x\})$ 亦然 $(0 \leqslant s \leqslant t < \infty)$.

证　（1）　由 K-C 方程式知

106

$$P(s,t,x,\{x\}) \geqslant \prod_{k=1}^{n} P\left(s+\frac{k-1}{n}(t-s),s+\frac{k}{n}(t-s),x,\{x\}\right),$$

再用(1.1)即得(1).

(2) 不失普遍性，可令 $u \leqslant v \leqslant t$，由 K-C 方程式有

$$P(u,t,x,A) - P(v,t,x,A)$$
$$\geqslant (P(u,v,x,\{x\}) - 1)P(v,t,x,A)$$
$$\geqslant P(u,v,x,\{x\}) - 1,$$
$$P(u,t,x,A) - P(v,t,x,A)$$
$$\leqslant \int_{E-\{x\}} P(u,v,x,\mathrm{d}y)P(v,t,y,A)$$
$$\leqslant P(u,v,x,E-\{x\}) \leqslant 1 - P(u,v,x,\{x\}).$$

综合上述两式即得(2).

(3) 仿第一章定理 5.1 立即可得(3). $\qquad\square$

定理 1.2 对任何标准的非时齐的准转移函数 $P(s,t,x,A)$，均有：

(1) $P(s,t,x,A)$ 对 s 来说，在 $[0,t]$ 上连续(在 0 点只是右连续，在 t 点只是左连续)，而且此种连续对 $t \geqslant 0$ 和 $A \in \mathscr{E}$ 是等度的；

(2) $P(s,t,x,A)$ 对 t 来说，在 $[s,\infty)$ 上右连续，而且此种连续对 $A \in \mathscr{E}$ 来说是等度的.

特别地，若 $P(s,t,x,A)$ 还满足

$$\lim_{t-s \to 0^+} \sup_{x \in E}(1 - P(s,t,x,\{x\})) = 0, \qquad (1.1)^*$$

则 $P(s,t,x,A)$ 作为 (s,t) 的二元函数在 $\mathscr{D}^* = \{(u,v): 0 \leqslant u \leqslant v < \infty\}$ 上连续.

证 (1) 由定理 1.1 的(2)并注意(1.1)立即得(1).

(2) 利用 K-C 方程式可证：对任何 $h > 0$，有

$$|P(s,t+h,x,A) - P(s,t,x,A)|$$
$$\leqslant \int_E P(s,t,x,\mathrm{d}y)(1 - P(t,t+h,y,\{y\})),$$

所以，用控制收敛定理即得(2).

特别地，若$(1.1)^*$成立，则必有

$$\lim_{t-s\to 0^+} P(s,t,x,A) = P(u,u,x,A) = I_A(x)$$

$$（对 x \in E 一致成立）, \qquad (1.1)^{**}$$

又因为 $P(s,u,x,E) \leqslant 1$，所以

$$\lim_{u\to v-0} \left| P(s,v,x,A) - P(s,u,x,A) \right|$$

$$= \lim_{u\to v-0} \int_E P(s,u,x,\mathrm{d}y)(P(u,v,y,A) - I_A(y)) = 0.$$

此即 $P(s,t,x,A)$ 作为 t 的函数在(s,∞)上左连续. 既然 $P(s,t,x,A)$ 在 $\mathscr{D}^*$ 上作为 s,t 的一元函数皆连续，而作为 s 的连续函数来说，对 t 还是等度的，故 $P(s,t,x,A)$ 在 $\mathscr{D}^*$ 上是(s,t)的二元连续函数. $\qquad \square$

系1 对任何标准的非时齐的准转移函数 $P(s,t,x,A)$，固定 $x \in E$，$A \in \mathscr{E}$，$P(s,t,x,A)$ 在 $\mathscr{D}^*$ 上是(s,t)的二维 Borel 可测函数.

系2 若标准的非时齐的准转移函数 $P(s,t,x,A)$ 满足 $\lim\limits_{h\to 0^+} P(s, t-h,x,A)$ 存在$(0 \leqslant s < t < \infty,\ x \in E,\ A \in \mathscr{E})$，则 $P(s,t,x,A)$ 在 $\mathscr{D}^*$ 上是(s,t)的二元连续函数.

证 用 K-C 方程式及第一章引理 7.3 知 $P(s,t,x,A)$ 对 t 来说在 (s,∞) 上左连续，再用定理 1.2 (2) 即得系 2. $\qquad \square$

3.2 全叠积与微叠积

定义 2.1 设$[\alpha,\beta]$为实数空间中任一闭区间，

$$\alpha = \alpha_0 \leqslant \alpha_1 \leqslant \cdots \leqslant \alpha_{n-1} \leqslant \alpha_n = \beta,$$

则称 $\mathscr{D}(\alpha,\beta) = \{\alpha_0,\alpha_1,\cdots,\alpha_{n-1},\alpha_n\}$ 是$[\alpha,\beta]$的一个**分割**，$\max\limits_{1\leqslant k\leqslant n}\{\alpha_k - \alpha_{k-1}\}$ 称为 $\mathscr{D}$ **的直径**，用 $l(\mathscr{D})$ 表之. 若还有分割

$$\mathscr{D}'(\alpha,\beta) = \{\alpha_0',\alpha_1',\cdots,\alpha_{m-1}',\alpha_m'\},$$

令 $\beta_0 = \alpha_0 = \alpha_0' = \alpha$，$\beta_k = \min\{\alpha_p,\alpha_q' : \alpha_p > \beta_{k-1},\ \alpha_q' > \beta_{k-1}\}$ 若$\{\alpha_p,\alpha_q' : \alpha_p > \beta_{k-1},\ \alpha_q' > \beta_{k-1}\}$ 非空，反之令

$$\beta_k = \beta_{k-1} \quad (k = 1, 2, \cdots, m+n+1).$$

称新分割 $\{\beta_0, \beta_1, \cdots, \beta_{m+n}, \beta_{m+n+1}\}$ 是 $\mathscr{D}$ 与 $\mathscr{D}'$ 之**并**，记之为 $\mathscr{D} \bigcup \mathscr{D}'$. 若集合 $\{\alpha_0, \alpha_1, \cdots, \alpha_n\}$ 含于 $\{\alpha'_0, \alpha'_1, \cdots, \alpha'_m\}$ 之中，则称 $\mathscr{D}'$ 是 $\mathscr{D}$ 的"**加细**"，或称 $\mathscr{D}$ 是 $\mathscr{D}'$ 的**子分割**，记之为 $\mathscr{D} \subset \mathscr{D}'$. 显然 $\mathscr{D} \bigcup \mathscr{D}'$ 是 $\mathscr{D}(\mathscr{D}')$ 的加细.

定义 2.2 设 $f(s,t)$ 是定义在 $a \leqslant s \leqslant t \leqslant b$ 上的非负实值函数，$f(t,t) \equiv 0 \ (a \leqslant t \leqslant b)$，对任何 $[\alpha,\beta] \subset [a,b]$，及 $\mathscr{D}(\alpha,\beta) = \{\alpha_0, \alpha_1, \cdots, \alpha_n\}$，记

$$\sigma_f(\mathscr{D}(\alpha,\beta)) = \sum_{k=1}^{n} f(\alpha_{k-1}, \alpha_k).$$

称 $\sup\limits_{\text{一切}\mathscr{D}(\alpha,\beta)} \sigma_f(\mathscr{D}(\alpha,\beta))$ 为 f 在 $[\alpha,\beta]$ 上的**全叠积**，用 $V_f(\alpha,\beta)$ 表之，在无混淆的情况下，简记之为 $V(\alpha,\beta)$. 若 $V_f(\alpha,\beta) < \infty$，则称 f 在 $[\alpha,\beta]$ 上是**有界叠积**. 若 $\lim\limits_{l(\mathscr{D}) \to 0} \sigma_f(\mathscr{D}(\alpha,\beta))$ 存在，则称 f 在 $[\alpha,\beta]$ 上**微叠积存在**，记此极限为 $I_f(\alpha,\beta)$. 若对任何 $\mathscr{D} \subset \mathscr{D}'$ 都有

$$\sigma_f(\mathscr{D}(\alpha,\beta)) \leqslant \sigma_f(\mathscr{D}'(\alpha,\beta)),$$

则称 $\sigma_f(\cdot)$ 在 $D_\alpha^\beta \equiv \{$一切分割 $\mathscr{D}(\alpha,\beta)\}$ 上**单调非降**，仿之可以定义**单调非升**.

命题 2.1 设 $f(s,t)$ 是定义在 $a \leqslant s \leqslant t \leqslant b$ 上的非负实值函数，$f(t,t) \equiv 0$，若 $I_f(a,b)$ 存在且有限，则

(1) $I_f(c,d)$ 存在且 $\leqslant I_f(a,b) \ (a \leqslant c \leqslant d \leqslant b)$；

(2) $I_f(c,c) = 0$，$I_f(c,d) = I_f(c,\alpha) + I_f(\alpha,d) \ (a \leqslant c \leqslant \alpha \leqslant d \leqslant b)$.

证 由 $I_f(s,t)$ 的定义可验证命题 2.1 成立. $\qquad\qquad\square$

命题 2.2 对任何标准的非时齐准转移函数 $P(s,t,x,A)$，令

$$f(s,t) = -\log P(s,t,x,\{x\}), \tag{2.1}$$

则

(1) $\sigma_f(\cdot)$ 在 D_s^t 上单调非降$(0 \leqslant s < t < \infty)$；

(2) $I_f(s,t)$ 存在且等于 $V_f(s,t) \ (0 \leqslant s < t < \infty)$；

(3) $f(s,t) \leqslant I_f(s,t) \ (0 \leqslant s < t < \infty)$. \tag{2.2}

证 (1) 由定理 1.1 知 $f(s,t)$ 是非负实值函数且 $f(t,t) \equiv 0$，再用 K-C 方程式即得 (1).

(2) 显然 $\lim\limits_{l(\mathscr{D}) \to 0} \sup \sigma_f(\mathscr{D}(s,t)) \leqslant V_f(s,t)$. 谬设

$$\lim_{l(\mathscr{D}) \to 0} \inf \sigma_f(\mathscr{D}(s,t)) < V_f(s,t) = \sup_{-\text{切} \mathscr{D}} \sigma_f(\mathscr{D}(s,t)),$$

则必存在一个分割 $\mathscr{D}_0$ 及一串分割 $\{\mathscr{D}_n\}$ 使 $l(\mathscr{D}_n) \to 0$，

$$\lim_{n \to \infty} \sigma_f(\mathscr{D}_n(s,t)) < \sigma_f(\mathscr{D}_0(s,t)). \tag{2.3}$$

令 $\mathscr{D}_n(s,t) = \{s_0^{(n)}, s_1^{(n)}, \cdots, s_{k(n)}^{(n)}\}$，$\mathscr{D}_0(s,t) = \{s_0, s_1, \cdots, s_{k(0)}\}$，$l^{(n)}(j) = \min\{i: s_i^{(n)} \geqslant s_j\}$，$j = 1, 2, \cdots, k(0) - 1$，则有

$$\begin{aligned}
\sigma_f((\mathscr{D}_n \bigcup \mathscr{D}_0)(s,t)) = {} & \sigma_f(\mathscr{D}_n(s,t)) + \sum_{j=1}^{k(0)-1} \big(f(s_{l^{(n)}(j)-1}^{(n)}, s_j) \\
& + f(s_j, s_{l^{(n)}(j)}^{(n)}) - f(s_{l^{(n)}(j)-1}^{(n)}, s_{l^{(n)}(j)}^{(n)}) \big),
\end{aligned}$$

由 (1.1) 有

$$\lim_{\substack{t-s \to 0^+ \\ 0 \leqslant s \leqslant t \leqslant b}} f(s,t) = 0,$$

若再注意 $\lim\limits_{n \to \infty} l(\mathscr{D}_n) = 0$ 和

$$\max\{s_{l^{(n)}(j)}^{(n)} - s_j, s_{l^{(n)}(j)}^{(n)} - s_{l^{(n)}(j)-1}^{(n)}, s_j - s_{l^{(n)}(j)-1}^{(n)}\} \leqslant l(\mathscr{D}_n),$$

则可得

$$\lim_{n \to \infty} \inf \sigma_f((\mathscr{D}_n \bigcup \mathscr{D}_0)(s,t)) \leqslant \lim_{n \to \infty} \inf \sigma_f(\mathscr{D}_n(s,t)). \tag{2.4}$$

但是，由 (1) 可知

$$\sigma_f((\mathscr{D}_n \bigcup \mathscr{D}_0)(s,t)) \geqslant \sigma_f(\mathscr{D}_0(s,t)) \quad (n \geqslant 1), \tag{2.5}$$

由 (2.4),(2.5) 得 $\sigma_f(\mathscr{D}_0(s,t)) \leqslant \lim\limits_{n \to \infty} \inf \sigma_f(\mathscr{D}_n(s,t))$. 这与 (2.3) 矛盾. 所以 $\lim\limits_{l(\mathscr{D}) \to 0} \sigma_f(\mathscr{D}(s,t)) = I_f(s,t)$ 存在且等于 $V_f(s,t)$.

(3) 由 (1) 即得 (3). □

命题 2.3 设 $P(s,t,x,A)$ 是标准的非时齐的准转移函数，任取 $x \in E$，$A \in \mathscr{E}$，$x \overline{\in} A$，若

$$\lim_{t-s \to 0^+} \sup_{y \in A} (1 - P(s,t,y,\{y\})) = 0, \tag{2.6}$$

则对任何给定的 $0 < \varepsilon < \dfrac{1}{16}$，存在 $\tau_0 = \tau_0(\varepsilon, x, A) > 0$，使得 $0 \leqslant t - s < \tau_0$ 时，对 $[s, t]$ 的任何分割 $\mathscr{D}(s, t) = \{r_0, r_1, \cdots, r_n\}$，有

$$P(s, t, x, A) \geqslant (1 - 8\varepsilon) \sum_{j=1}^{n} P(r_{j-1}, r_j, x, A). \qquad (2.7)$$

证　由 (2.6) 得知，存在 $\tau_0 = \tau_0(\varepsilon) > 0$ 使

$$\sup_{\substack{0 \leqslant r-q \leqslant \tau_0 \\ y \in A}} (1 - P(q, r, y, \{y\})) < \varepsilon. \qquad (2.8)$$

令 $G_0(y, B) = I_B(y)$，$G_1(y, B) = P(r_0, r_1, y, B)$，

$$G_{m+1}(y, B) = \int_{E-A} G_m(y, \mathrm{d}z) P(r_m, r_{m+1}, z, B)$$

$$(y \in E, \ B \in \mathscr{E}, \ 1 \leqslant m < n)$$

（$G_m(y, B)$ 的概率意义是：系统在时刻 $r_0 = s$ 处于状态 y，在时刻 r_1，$r_2, \cdots, r_{m-1}$ 不进入 A 而在时刻 r_m 进入 B 的概率）. 对 m 作归纳法可证

$$P(s, t, x, B) = \sum_{j=1}^{m} \int_A G_j(x, \mathrm{d}y) P(r_j, t, y, B)$$

$$+ \int_{E-A} G_m(x, \mathrm{d}y) P(r_m, t, y, B)$$

$$(1 \leqslant m \leqslant n, \ B \in \mathscr{E}). \qquad (2.9)$$

事实上，$m = 1$ 时 (2.9) 显然成立. 设 (2.9) 对 $m-1$ 成立，则由 $G_j(y, B)$ 的定义、K-C 方程式及 Fubini 定理有

$$P(s, t, x, B) = \sum_{j=1}^{m-1} \int_A G_j(x, \mathrm{d}y) P(r_j, t, y, B)$$

$$+ \int_{E-A} G_{m-1}(x, \mathrm{d}y) P(r_{m-1}, t, y, B)$$

$$= \sum_{j=1}^{m} \int_A G_j(x, \mathrm{d}y) P(r_j, t, y, B)$$

$$+ \int_{E-A} G_m(x, \mathrm{d}y) P(r_m, t, y, B)$$

$$+ \int_{E-A} G_{m-1}(x, \mathrm{d}y) P(r_{m-1}, t, y, B)$$

$$- \int_E G_m(x, \mathrm{d}y) P(r_m, t, y, B)$$

$$= \sum_{j=1}^{m} \int_{A} G_j(x, \mathrm{d}y) P(r_j, t, y, B)$$

$$+ \int_{E-A} G_m(x, \mathrm{d}y) P(r_m, t, y, B).$$

在 (2.9) 中取 $m = n$, $B = A$, 并注意 $x \in A$, $0 \leqslant t - s \leqslant \tau_0$ 及 (2.8) 可得

$$\varepsilon > P(s, t, x, A) \geqslant \sum_{j=1}^{n} \int_{A} G_j(x, \mathrm{d}y) P(r_j, t, y, A)$$

$$\geqslant \sum_{j=1}^{n} \int_{A} G_j(x, \mathrm{d}y)(1 - \varepsilon).$$

所以

$$\sum_{j=1}^{n} G_j(x, A) \leqslant \frac{\varepsilon}{1 - \varepsilon}. \tag{2.10}$$

在 (2.9) 中取 $B = \{x\}$, 即得

$$P(s, t, x, \{x\}) \leqslant \sum_{j=1}^{m} G_j(x, A) + G_m(x, \{x\})$$

$$+ \int_{E-(A \cup \{x\})} G_m(x, \mathrm{d}y) P(r_m, t, y, \{x\}). \tag{2.11}$$

对 m 作归纳法易证:

$$G_m(x, B) \leqslant P(r_0, r_m, x, B). \tag{2.12}$$

由 (2.8) 和 (2.12) 得

$$\int_{E-(A \cup \{x\})} G_m(x, \mathrm{d}y) P(r_m, t, y, \{x\}) \leqslant \varepsilon. \tag{2.13}$$

以 (2.10), (2.13) 代入 (2.11) 并注意 (2.8) 得

$$G_m(x, \{x\}) \geqslant (1 - \varepsilon) - \frac{\varepsilon}{1 - \varepsilon} - \varepsilon > \frac{1 - 8\varepsilon}{1 - \varepsilon}$$

$$(0 \leqslant m \leqslant n). \tag{2.14}$$

由 $G_m(y, B)$ 的定义有

$$G_j(x, c) \geqslant G_{j-1}(x, \{x\}) P(r_{j-1}, r_j, x, c)$$

$$(j = 1, 2, \cdots, n), \tag{2.15}$$

在 (2.9) 中取 $B = A$, $m = n$, 并注意 (2.8), (2.14), (2.15) 可得

$$P(s,t,x,A) \geqslant \sum_{j=1}^{n} G_{j-1}(x,\{x\}) \int_A P(r_{j-1},r_j,x,\mathrm{d}y) P(r_j,t,y,A)$$

$$\geqslant \frac{1-8\varepsilon}{1-\varepsilon}(1-\varepsilon) \sum_{j=1}^{n} \int_A P(r_{j-1},r_j,x,\mathrm{d}y)$$

$$= (1-8\varepsilon) \sum_{j=1}^{n} P(r_{j-1},r_j,x,A). \qquad \square$$

命题 2.4　若标准的非时齐的准转移函数 $P(s,t,x,A)$ 满足

$$\lim_{t-s \to 0^+} \sup_{y \in E} (1-P(s,t,y,\{y\})) = 0, \qquad (2.16)$$

任取 $x \in E$, $A \in \mathscr{E}$, $x \overline{\in} A$, 则对任何 $0 < \varepsilon < \dfrac{1}{16}$, 存在 $\tau_0 = \tau_0(\varepsilon,x,$ $A) > 0$, 使得: 只要 $0 \leqslant t-s \leqslant \tau_0$, 那么对 $[s,t]$ 的任一分割 $\mathscr{D}(s,t) = \{r_0, r_1, \cdots, r_n\}$, 有

$$P(s,t,x,A) \leqslant \sum_{j=1}^{n} P(r_{j-1},r_j,x,A)$$

$$+ 8\varepsilon \sum_{j=1}^{n} P(r_{j-1},r_j,x,E-(A \bigcup \{x\})). \quad (2.17)$$

证　由命题 2.3 知, 存在 $\tau_0 = \tau_0(\varepsilon,x,A) > 0$, 只要 $0 \leqslant t-s \leqslant \tau_0$, 有

$$P(s,t,x,E-(A \bigcup \{x\}))$$

$$\geqslant (1-8\varepsilon) \sum_{j=1}^{n} P(r_{j-1},r_j,x,E-(A \bigcup \{x\})). \quad (2.18)$$

注意: 对任何标准的非时齐的准转移函数 $P(s,t,x,A)$, (2.9) 是恒等式. 在 (2.9) 中取 $B = A = E - \{x\}$, $m = n$, 即得

$$P(s,t,x,E-\{x\}) = \sum_{j=1}^{n} \int_{E-\{x\}} G_j(x,\mathrm{d}y) P(r_j,t,y,E-\{x\})$$

$$\leqslant \sum_{j=1}^{n} G_j(x,E-\{x\})$$

$$= \sum_{j=1}^{n} G_{j-1}(x,\{x\}) P(r_{j-1},r_j,x,E-\{x\})$$

$$\leqslant \sum_{j=1}^{n} P(r_{j-1}, r_j, x, E - \{x\}). \qquad (2.19)$$

(2.19) 减 (2.18) 即得 (2.17) 。 □

3.3 非时齐的准转移函数的可微性

定理 3.1 设非时齐的转移函数 $P(s,t,x,A)$ 满足 $(1.1)^*$ （从而它必满足 (1.1) ，即它必是标准的），固定任意 $x \in E$ ，令

$$f(s,t) = -\log P(s,t,x,\{x\}),$$

$$T(1-P) = \left\{ u : u \geqslant 0, \lim_{\substack{[s,t] \ni u \\ t-s \to 0^+}} \frac{1 - P(s,t,x,\{x\})}{t-s} \ \text{存在} \right\},$$

$$T(f) = \left\{ u : u \geqslant 0, \lim_{\substack{[s,t] \ni u \\ t-s \to 0^+}} \frac{f(s,t)}{t-s} \ \text{存在} \right\},$$

$T(I_f), T(V_f)$ 类似地定义， I_f, V_f 之定义见 3.2 节，则

$(1) \qquad T(1-P) = T(f) = T(I_f) = T(V_f), \qquad (3.1)$

且当 $u \in T(f)$ 时有

$$\lim_{\substack{[s,t] \ni u \\ t-s \to 0^+}} \frac{1 - P(s,t,x,\{x\})}{t-s} = \lim_{\substack{[s,t] \ni u \\ t-s \to 0^+}} \frac{f(s,t)}{t-s} = \lim_{\substack{[s,t] \ni u \\ t-s \to 0^+}} \frac{V_f(s,t)}{t-s}$$

$$= \lim_{\substack{[s,t] \ni u \\ t-s \to 0^+}} \frac{I_f(s,t)}{t-s}; \qquad (3.2)$$

(2) 存在 Lebesgue 零测集 $N(x)$ ，使 $u \overline{\in} N(x)$ 时

$$\lim_{\substack{[s,t] \ni u \\ t-s \to 0^+}} \frac{I_f(s,t)}{t-s}$$

存在且有限；

(3) 当 $u \overline{\in} N(x)$ 时，

$$\lim_{\substack{[s,t] \ni u \\ t-s \to 0^+}} \frac{1 - P(s,t,x,\{x\})}{t-s} = q(u,x) \qquad (3.3)$$

存在且有限，更有

114

$$\lim_{t \downarrow u} \frac{1 - P(u,t,x,\{x\})}{t - u} = q(u,x) \quad (u \,\overline{\in}\, N(x)), \tag{3.4}$$

$$\lim_{s \uparrow u} \frac{1 - P(s,u,x,\{x\})}{u - s} = q(u,x) \quad (u \,\overline{\in}\, N(x),\, u > 0). \tag{3.5}$$

证 （1）　由命题 2.2 知 $I_f(s,t) = V_f(s,t)$ 存在，且有

$$f(s,t) \leqslant I_f(s,t) = V_f(s,t) \quad (0 \leqslant s \leqslant t < \infty). \tag{3.6}$$

由 $P(s,t,x,A)$ 满足 $(1.1)^*$ 及命题 2.3 知：对任何 $0 < \varepsilon < \dfrac{1}{16}$，存在 $\tau_0 = \tau_0(\varepsilon,x) > 0$，使得 $0 \leqslant t - s \leqslant \tau_0$ 时有

$$P(s,t,x,E - \{x\}) \geqslant (1 - 8\varepsilon) \sum_{j=1}^{n} P(r_{j-1},r_j,x,E - \{x\}). \tag{3.7}$$

再用 $P(s,t,x,E) \equiv 1$ 可知

$$P(s,t,x,\{x\}) \leqslant 1 - (1 - 8\varepsilon) \sum_{j=1}^{n} (1 - P(r_{j-1},r_j,x,\{x\})). \tag{3.8}$$

对 n 作归纳法并注意 $r_0 = s$，$r_n = t$，由 (3.8) 可证：

$$P(s,t,x,\{x\}) \leqslant 8\varepsilon + (1 - 8\varepsilon) \prod_{j=1}^{n} P(r_{j-1},r_j,x,\{x\}). \tag{3.9}$$

若令

$$f_1(s,t) = -\log \frac{P(s,t,x,\{x\}) - 8\varepsilon}{1 - 8\varepsilon},$$

则由 (3.9) 有

$$f_1(s,t) \geqslant \sum_{j=1}^{n} f(r_{j-1},r_j), \tag{3.10}$$

从而由 $I_f(s,t) = V_f(s,t)$ 的存在性及 $\{r_0,r_1,\cdots,r_n\}$ 是 $[s,t]$ 的任一分割得知

$$f_1(s,t) \geqslant I_f(s,t) \quad (0 \leqslant t - s \leqslant \tau_0). \tag{3.11}$$

由 (3.6),(3.11) 得

$$f(s,t) \leqslant I_f(s,t) = V_f(s,t) \leqslant f_1(s,t)$$
$$(0 \leqslant t - s \leqslant \tau_0), \tag{3.12}$$

所以任取 $u \in T(I_f)$，有

$$\limsup_{\substack{[s,t]\ni u \\ t-s\to 0^+}} \frac{f(s,t)}{t-s} \leqslant \limsup_{\substack{[s,t]\ni u \\ t-s\to 0^+}} \frac{I_f(s,t)}{t-s} = \liminf_{\substack{[s,t]\ni u \\ t-s\to 0^+}} \frac{I_f(s,t)}{t-s}$$

$$\leqslant \liminf_{\substack{[s,t]\ni u \\ t-s\to 0^+}} \frac{f_1(s,t)}{t-s}. \tag{3.13}$$

若注意 $\dfrac{\alpha-8\epsilon}{1-8\epsilon} \geqslant \alpha^{1+18\epsilon}$ $(\alpha \in [\alpha_0,1], \ 0 < \epsilon < \dfrac{1}{16}, \ \alpha_0$ 是 $(0,1)$ 中某个固定的数) 及 $f_1(s,t)$ 的定义有

$$\liminf_{\substack{[s,t]\ni u \\ t-s\to 0^+}} \frac{f_1(s,t)}{t-s} = \liminf_{\substack{[s,t]\ni u \\ t-s\to 0^+}} \frac{-1}{t-s}\log \frac{P(s,t,x,\{x\})-8\epsilon}{1-8\epsilon}$$

$$\leqslant \liminf_{\substack{[s,t]\ni u \\ t-s\to 0^+}} \frac{1+18\epsilon}{t-s}(-\log P(s,t,x,\{x\}))$$

$$= \liminf_{\substack{[s,t]\ni u \\ t-s\to 0^+}} (1+18\epsilon)\frac{f(s,t)}{t-s}. \tag{3.14}$$

由 $(3.13),(3.14)$ 和 $\epsilon > 0$ 可任意小得知 $u \in T(f)$（即 $T(I_f) \subset T(f)$）且

$$\lim_{\substack{[s,t]\ni u \\ t-s\to 0^+}} \frac{f(s,t)}{t-s} = \lim_{\substack{[s,t]\ni u \\ t-s\to 0^+}} \frac{I_f(s,t)}{t-s}. \tag{3.15}$$

仿之可证 $T(f) \subset T(I_f)$. 总之 $T(f) = T(I_f) = T(V_f)$，且 $u \in T(f)$ 时 (3.2) 后面两等式成立. 显然，

$$\lim_{\substack{[s,t]\ni u \\ t-s\to 0^+}} \frac{1-P(s,t,x,\{x\})}{t-s} \quad 与 \quad \lim_{\substack{[s,t]\ni u \\ t-s\to 0^+}} \frac{f(s,t)}{t-s}$$

或者都不存在，或者同时存在且相等. 总之，(1) 得证.

(2) 由 (3.12) 知 $I_f(s,t)$ 在 $0 \leqslant t-s \leqslant \tau_0$ 上有限，由命题 2.1 知：任意固定 a，$\psi(v) = I_f(a,v)$ $(a \leqslant v \leqslant a+\tau_0)$ 是单调非降实值函数，故对 $(a,a+\tau_0)$ 中几乎所有的 u，有

$$\lim_{\substack{[s,t]\ni u \\ t-s\to 0^+}} \frac{I_f(s,t)}{t-s} = \lim_{\substack{[s,t]\ni u \\ t-s\to 0^+}} \frac{\psi(t)-\psi(s)}{t-s}$$

存在且非负有限. 由于 a 可以任意，$\tau_0 > 0$，故对 $[0,\infty)$ 中几乎所有的

u, $\lim\limits_{\substack{[s,t]\ni u \\ t-s\to 0^+}} \dfrac{I_f(s,t)}{t-s}$ 存在且非负有限.

(3) 由(1),(2) 得(3.3), 由(3.3) 得(3.4) 及(3.5). $\qquad\square$

定理 3.2 设非时齐的转移函数 $P(s,t,x,A)$ 满足 $(1.1)^*$, 固定任意 $x\in E$, $A\in\mathscr{E}$, $x\overline{\in}A$, 令

$$g(s,t)=P(s,t,x,A), \quad h(s,t)=P(s,t,x,E-\{x\}), \quad (3.16)$$

则

(1) $I_g(a,b), I_h(a,b)$ 存在且有限 $(0\leqslant a\leqslant b<\infty)$;

(2) $\overline{N(x)}\bigcap T(g)=\overline{N(x)}\bigcap T(I_g)$, 且 $u\in\overline{N(x)}\bigcap T(g)$ 时

$$\lim_{\substack{[s,t]\ni u \\ t-s\to 0^+}} \frac{g(s,t)}{t-s}=\lim_{\substack{[s,t]\ni u \\ t-s\to 0^+}}\frac{I_g(s,t)}{t-s}$$

(其中 $N(x), T(g), T(I_g)$ 的定义见定理 3.1, $\overline{N(x)}=[0,\infty)-N(x)$);

(3) 存在 Lebesgue 零测集 $N(x,A)$, 当 $u\overline{\in}N(x,A)$ 时有

$$\lim_{\substack{[s,t]\ni u \\ t-s\to 0^+}}\frac{I_g(s,t)}{t-s}=q(u,x,A)$$

存在且非负有限;

(4) 当 $u\overline{\in}N(x,A)$ 时有

$$\lim_{\substack{[s,t]\ni u \\ t-s\to 0^+}}\frac{P(s,t,x,A)}{t-s}=q(u,x,A), \qquad (3.17)$$

更有

$$\lim_{t\downarrow u}\frac{P(u,t,x,A)}{t-u}=q(u,x,A) \quad (u\overline{\in}N(x,A)), \qquad (3.18)$$

$$\lim_{s\uparrow u}\frac{P(s,u,x,A)}{u-s}=q(u,x,A) \quad (u\overline{\in}N(x,A), u>0). \quad (3.19)$$

证 (1) 令 $g_B(s,t)=P(s,t,x,B)$ $(B\in\mathscr{E}, x\overline{\in}B)$. 任给 $0<\varepsilon<\dfrac{1}{16}$, 由命题 2.3 得知, 存在 $\tau_0=\tau_0(\varepsilon,x,B)>0$, 对 $[a,b]$ 的任一分割 $\mathscr{D}(a,b)=\{s_0,s_1,\cdots,s_n\}$, 只要 $l(\mathscr{D})<\tau_0$, 那么对 $[a,b]$ 的其他任

意分割 $\widetilde{\mathcal{D}}(a,b) = \{t_0, t_1, \cdots, t_m\}$，都有

$$\sigma_{g_B}(\mathcal{D}(a,b)) \geqslant (1 - 8\varepsilon)\sigma_{g_B}((\mathcal{D} \bigcup \widetilde{\mathcal{D}})(a,b)). \qquad (3.20)$$

若令 $l(j) = \min\{i: t_i \geqslant s_j\}$ $(j = 1, 2, \cdots, n-1)$，则有

$$\sigma_{g_B}((\mathcal{D} \bigcup \widetilde{\mathcal{D}})(a,b)) = \sigma_{g_B}(\widetilde{\mathcal{D}}(a,b)) + \sum_{j=1}^{n-1} (g_B(t_{l(j)-1}, s_j)$$
$$+ g_B(s_j, t_{l(j)}) - g_B(t_{l(j)-1}, t_{l(j)})).$$

注意

$$\max\{t_{l(j)} - s_j, s_j - t_{l(j)-1}, t_{l(j)} - t_{l(j)-1}\} \leqslant l(\widetilde{\mathcal{D}}),$$

所以，在(3.20) 中令 $l(\widetilde{\mathcal{D}}) \to 0$，由 $\lim\limits_{t-s \to 0^+} g_B(s,t) = 0$ 可得

$$\infty > \sigma_{g_B}(\mathcal{D}(a,b)) \geqslant (1 - 8\varepsilon) \limsup\limits_{l(\widetilde{\mathcal{D}}) \to 0} \sigma_{g_B}(\widetilde{\mathcal{D}}(a,b)).$$

因此，在上式中令 $l(\mathcal{D}) \to 0$ 取下极限并注意 $\varepsilon > 0$ 可任意小即可知 $I_{g_B}(a,b)$ 存在且有限. (1) 证毕.

(2) 由命题2.3、命题2.4知，对任何 $0 < \varepsilon < \dfrac{1}{16}$，存在 $\tau_0 = \tau_0(\varepsilon, x, A) > 0$，使 $0 \leqslant t - s \leqslant \tau_0$ 时有

$$(1 - 8\varepsilon)I_g(s,t) \leqslant g(s,t) \leqslant I_g(s,t) + 8\varepsilon I_h(s,t). \qquad (3.21)$$

所以若取 $u \in \overline{N(x)} \bigcap T(I_g)$，则由

$$(1 - 8\varepsilon) \liminf\limits_{\substack{[s,t] \ni u \\ t-s \to 0^+}} \frac{I_g(s,t)}{t-s}$$

$$\leqslant \liminf\limits_{\substack{[s,t] \ni u \\ t-s \to 0^+}} \frac{g(s,t)}{t-s} \leqslant \limsup\limits_{\substack{[s,t] \ni u \\ t-s \to 0^+}} \frac{g(s,t)}{t-s}$$

$$\leqslant \limsup\limits_{\substack{[s,t] \ni u \\ t-s \to 0^+}} \frac{I_g(s,t)}{t-s} + \limsup\limits_{\substack{[s,t] \ni u \\ t-s \to 0^+}} 8\varepsilon \frac{1 - P(s,t,x,\{x\})}{t-s}$$

及 $\lim\limits_{\substack{[s,t] \ni u \\ t-s \to 0^+}} \dfrac{1 - P(s,t,x,\{x\})}{t-s} = q(u,x)$ 是有限数和

$$\lim\limits_{\substack{[s,t] \ni u \\ t-s \to 0^+}} \frac{I_g(s,t)}{t-s} = q(u,x,A)$$

存在且 $\varepsilon > 0$ 可以任意小即得

$$\lim_{\substack{[s,t]\ni u \\ t-s\to 0^+}} \frac{g(s,t)}{t-s} = \lim_{\substack{[s,t]\ni u \\ t-s\to 0^+}} \frac{I_g(s,t)}{t-s} = q(u,x,A)$$

存在. 仿之, 任取 $u \in \overline{N(x)} \cap T(g)$, 也可证:

$$\lim_{\substack{[s,t]\ni u \\ t-s\to 0^+}} \frac{I_g(s,t)}{t-s} \text{ 存在且等于} \lim_{\substack{[s,t]\ni u \\ t-s\to 0^+}} \frac{g(s,t)}{t-s}.$$

至此,(2) 证毕.

(3) 由 $I_g(s,t)$ 存在且有限 $(0 \leqslant s \leqslant t < \infty)$, 仿定理 3.1 (2) 可得本定理的(3).

(4) 由(3) 即得(4). □

定理 3.3 设非时齐的准转移函数 $P(s,t,x,A)$ 满足 $(1.1)^*$, 则对任何 $x \in E, A \in \mathscr{E}$, 存在一个 Lebesgue 零测集 $N(x,A)$, 使 $u \bar{\in} N(x,A)$ 时有

$$\lim_{\substack{[s,t]\ni u \\ t-s\to 0^+}} \frac{P(s,t,x,A) - I_A(x)}{t-s}$$

$$= -I_A(x)q(u,x) + q(u,x,A-\{x\}), \tag{3.22}$$

更有

$$\lim_{t\downarrow u} \frac{P(u,t,x,A) - I_A(x)}{t-u}$$

$$= -I_A(x)q(u,x) + q(u,x,A-\{x\}), \tag{3.23}$$

$$\lim_{s\uparrow u} \frac{P(s,u,x,A) - I_A(x)}{u-s}$$

$$= -I_A(x)q(u,x) + q(u,x,A-\{x\}), \tag{3.24}$$

其中 $q(u,x), q(u,x,A)$ 是非负实值函数.

证 若 $P(s,t,x,E) \equiv 1$, 则由定理 3.1、定理 3.2 即得(3.22),(3.23),(3.24) 成立. 取消"$P(s,t,x,E) \equiv 1$"的假设. 取 $x^* \bar{\in} E$, 令 $E^* = E \cup \{x^*\}$, $\mathscr{E}^* = \{A: A \in \mathscr{E} \text{或} A = B \cup \{x^*\}, B \in \mathscr{E}\}$, $P^*(s,t,x,A)$

$$= \begin{cases} I_A(x), & \text{当 } x = x^*, \\ P(s,t,x,A \cap E) + I_A(x^*)(1 - P(s,t,x,E)), & \text{反之}, \end{cases}$$

则 $P^*(s,t,x,A)$ 是可测空间 $(E^*,\mathscr{E}^*)$ 上的非时齐的转移函数且满足 $(1.1)^*$，所以对 P^* 而言，$(3.22),(3.23)$ 和 (3.24) 成立，从而对 P 而言，$(3.22),(3.23)$ 和 (3.24) 更成立. □

定理 3.4 设非时齐的准转移函数 $P(s,t,x,A)$ 满足 $(1.1)^*$，且对任何 $x\in E$，$A\in\mathscr{E}$，存在 $r_0=r_0(x,A)>0$，使

$$\lim_{\rho\to 0}\frac{P(s+\rho,t+\rho,x,A)-I_A(x)}{P(s,t,x,A)-I_A(x)}=1①$$

$$（对 0\leqslant t-s\leqslant r_0 \text{一致}），\qquad(3.25)$$

则对任何 $x\in E$，$A\in\mathscr{E}$，$u\geqslant 0$，$(3.22),(3.23),(3.24)$ 成立. 而且 $q(u,x),q(u,x,A)$ 满足

（ⅰ） 固定 $u\geqslant 0$，$q(u,\cdot)$ 是 x 的 $\mathscr{E}$ 可测实值函数；

（ⅱ） 固定 $x\in E$，$q(\cdot,x)$ 是 u 的连续函数；

（ⅲ） 固定 $u\geqslant 0$，$x\in E$，$q(u,x,\cdot)$ 是 $\tilde{\mathscr{E}}_x=\{A:A\in\mathscr{E},x\overline{\in}A\}$ 上的有限测度；

（ⅳ） 固定 $u\geqslant 0$，$A\in\mathscr{E}$，$q(u,\cdot,A)$ 是 x 的 $\mathscr{E}$ 可测实值函数；

（ⅴ） 固定 $x\in E$，$A\in\mathscr{E}$，$q(\cdot,x,A)$ 是 u 的连续函数.

注意：(3.25) 等价于

$$\lim_{\rho\to 0}\frac{P(s,t,x,A)-I_A(x)}{P(s+\rho,t+\rho,x,A)-I_A(x)}=1$$

$$（对 0\leqslant t-s\leqslant r_0 \text{一致}）.\qquad(3.25)^*$$

证 任取 $x\in E$，$A\in\mathscr{E}$ 固定. 由 (3.25) 和 $(3.25)^*$ 得知，任给 $\varepsilon>0$，存在 $\rho_0>0$，当 $0\leqslant\rho\leqslant\rho_0$，$0\leqslant t-s\leqslant r_0$ 有

$$|P(s,t,x,A)-P(s+\rho,t+\rho,x,A)|$$
$$\leqslant\min\{\varepsilon|I_A(x)-P(s,t,x,A)|,$$
$$\varepsilon|I_A(x)-P(s+\rho,t+\rho,x,A)|\}.\qquad(3.26)$$

今任取 $u_0\geqslant 0$，总有 ρ^* 使

---

① 此处，$\frac{0}{0}$ 定义为 1.

$$u_0 + \rho^* \in [u_0, u_0 + \rho_0] \bigcap \overline{N(x, A)}$$

（$\overline{N(x, A)}$ 之定义见定理 3.3），从而由定理 3.3 得

$$\lim_{\substack{[s,t] \ni u_0 \\ t-s \to 0^+}} \frac{1}{t-s}(P(s+\rho^*, t+\rho^*, x, A) - I_A(x))$$

$$= \lim_{\substack{u_0 + Q^* \in [s+Q^*, t+\rho^*] \\ t-s \to 0^+}} \frac{P(s+\rho^*, t+\rho^*, x, A) - I_A(x)}{(t+\rho^*) - (s+\rho^*)}$$

$$= q(u_0 + \rho^*, x, A) - I_A(x)q(u_0 + \rho^*, x) \xmapsto{\text{记为}} q_0^* \quad (3.27)$$

存在且有限. 因此，由（3.26）和（3.27）有

$$\limsup_{\substack{[s,t] \ni u_0 \\ t-s \to 0^+}} \frac{P(s,t,x,A) - I_A(x)}{t-s}$$

$$\leqslant \limsup_{\substack{[s,t] \ni u_0 \\ t-s \to 0^+}} \left(\frac{P(s+\rho^*, t+\rho^*, x, A) - I_A(x)}{t-s} \right.$$

$$\left. + \frac{\varepsilon \mid I_A(x) - P(s+\rho^*, t+\rho^*, x, A) \mid}{t-s} \right)$$

$$= \liminf_{\substack{[s,t] \ni u_0 \\ t-s \to 0^+}} \left(\frac{P(s+\rho^*, t+\rho^*, x, A) - I_A(x)}{t-s} + \varepsilon \mid q_0^* \mid \right)$$

$$\leqslant \liminf_{\substack{[s,t] \ni u_0 \\ t-s \to 0^+}} \left(\frac{P(s,t,x,A) - I_A(x)}{t-s} + \varepsilon \mid q_0^* \mid + \varepsilon \mid q_0^* \mid \right). \quad (3.28)$$

由 $\varepsilon > 0$ 可任意小，而 q_0^* 是有限数，$u_0 \geqslant 0$ 可任意，由（3.28）及 （3.27）可得（3.22），（3.23），（3.24）成立.

下面证明 $q(u, x)$，$q(u, x, A)$ 满足（ⅰ）～（ⅴ）.

（ⅰ）可由定理 1.1 即得. 至于（ⅱ），由（3.26）有

$$\limsup_{\rho \to 0} \mid q(u, x) - q(u+\rho, x) \mid$$

$$= \limsup_{\rho \to 0} \left| \lim_{\substack{[s,t] \ni u \\ t-s \to 0^+}} \frac{P(s+\rho, t+\rho, x, \{x\}) - P(s,t,x,\{x\})}{t-s} \right|$$

$$\leqslant \limsup_{\rho \to 0} \left| \lim_{\substack{[s,t] \ni u \\ t-s \to 0^+}} \frac{\varepsilon(1 - P(s,t,x,\{x\}))}{t-s} \right| = \varepsilon q(u, x),$$

而 $\varepsilon > 0$ 可任意小，$q(u,x)$ 是有限数，所以 $q(\cdot,x)$ 是 u 的连续函数. （ii）证毕. （iv），（v）仿（i），（ii）可证. 而（iii）由第一章引理 7.3 即可得到. $\qquad\qquad\square$

定理3.5 若非时齐的准转移函数 $P(s,t,x,A)$ 满足 $\lim\limits_{t-s\to 0^+} P(s,t,x,A) = I_A(x)$，则

(1) $\lim\limits_{\tau\to 0^+} \sup\limits_{t\geqslant\tau}\left(\dfrac{1-P(t-\tau,t,x,\{x\})}{\tau}\right)$

$\qquad = \lim\limits_{\tau\to 0^+}\dfrac{1}{\tau}(1-\inf\limits_{t\geqslant\tau} P(t-\tau,t,x,\{x\}))$

$\qquad = \lim\limits_{\tau\to 0^+}\dfrac{1}{\tau}(1-\inf\limits_{t\geqslant 0} P(t,t+\tau,x,\{x\}))$

$\qquad = \lim\limits_{\tau\to 0^+}\dfrac{1}{\tau}\sup\limits_{t\geqslant 0}(1-P(t,t+\tau,x,\{x\})) = \overline{q}(x)$ (3.29)

存在（可能为 ∞）；

(2) $\inf\limits_{t\geqslant\tau} P(t-\tau,t,x,\{x\})$

$\qquad = \inf\limits_{t\geqslant 0} P(t,t+\tau,x,\{x\}) \geqslant \mathrm{e}^{-\overline{q}(x)\tau}$; $\qquad\qquad$ (3.30)

(3) $\overline{q}(\cdot)$ 是 x 的 $\mathcal{E}$ 可测函数.

证 令 $f(\tau) = \sup\limits_{t\geqslant\tau}(-\log P(t-\tau,t,x,\{x\}))$ $(\tau\geqslant 0)$，则 $f(\tau)$ 是 $[0,\infty)$ 上的非负广义实值函数，由 K-C 方程式及定理假设得知 $f(\tau)$ 满足：

（i） 半可加性：

$f(u+v) \leqslant \sup\limits_{t\geqslant u+v}(-\log P(t-u-v,t-u,x,\{x\}))$

$\qquad\qquad + \sup\limits_{t\geqslant u+v}(-\log P(t-u,t,x,\{x\}))$

$\qquad \leqslant \sup\limits_{t-u\geqslant v}(-\log P(t-u-v,t-u,x,\{x\}))$

$\qquad\qquad + \sup\limits_{t\geqslant u}(-\log P(t-u,t,x,\{x\}))$

$\qquad = f(u) + f(v) \quad (u\geqslant 0, \ v\geqslant 0)$;

（ii） 连续性：$\lim\limits_{v\to 0^+} f(v) = 0$.

所以，由第一章引理 7.1 得

$$\lim_{\tau \to 0^+} \frac{f(\tau)}{\tau} = \sup_{\tau \geqslant 0} \frac{f(\tau)}{\tau} = \overline{q}(x)$$

存在(可为 ∞). 因此,

$$f(\tau) = \overline{q}(x)\tau + o(\tau) \quad (\tau \to 0^+), \tag{3.31}$$

$$f(\tau) \leqslant \overline{q}(x)\tau \quad (\tau \geqslant 0). \tag{3.32}$$

由(3.31) 得

$$\inf_{t \geqslant \tau} P(t-\tau, t, x, \{x\}) = \mathrm{e}^{-f(\tau)} = \mathrm{e}^{-\overline{q}(x)\tau} + o(\tau) \quad (\tau \to 0^+),$$

从而(1) 得证. 由(3.22) 得(2). 由定理 1.1 得(3). □

定理 3.6 对任何标准的非时齐的准转移函数 $P(s,t,x,A)$, 任取 $x \in E$, $A \in \mathscr{E}$, $x \,\overline{\in}\, A$, 若 $\lim\limits_{t-s \to 0^+} \sup\limits_{y \in A}(1 - P(s,t,y,\{y\})) = 0$, 则

$$\lim_{\tau \to 0^+} \frac{\inf\limits_{t \geqslant \tau} P(t-\tau, t, x, A)}{\tau} = \lim_{\tau \to 0^+} \frac{\inf\limits_{t \geqslant 0} P(t, t+\tau, x, A)}{\tau}$$

$$= \overline{q}(x, A) \tag{3.33}$$

存在且有穷.

证 任取 $u > 0$, $\tau > 0$, 令 $n = \left[\dfrac{\tau}{u}\right]$ ([α] 表不大于 α 的最大整数), 取 $[t-\tau, t]$ 的分割 $\mathscr{D}(t-\tau, t) = \{r_0, r_1, \cdots, r_n\}$, $r_j = t - \tau + ju$ ($j = 0, 1, \cdots, n$). 由命题 2.3 得知, 对任何 $0 < \varepsilon < \dfrac{1}{16}$, 存在 $\tau_0 = \tau_0(\varepsilon, x, A) > 0$, 只要 $0 \leqslant \tau \leqslant \tau_0$, 就有

$$P(t-\tau, t, x, A)$$

$$\geqslant (1 - 8\varepsilon) \sum_{j=1}^{n} P(t-\tau+(j-1)u, t-\tau+ju, x, A),$$

更有

$$\frac{1}{\tau} \inf_{t \geqslant \tau} P(t-\tau, t, x, A)$$

$$\geqslant \frac{(1-8\varepsilon)u}{\tau} \inf_{t \geqslant \tau} \sum_{j=1}^{n} \frac{P(t-\tau+(j-1)u, t-\tau+ju, x, A)}{u}$$

$$\geqslant \frac{(1-8\varepsilon)u}{\tau} \sum_{j=1}^{n} \inf_{t \geqslant \tau-(j-1)u} \frac{P(t-\tau+(j-1)u, t-\tau+ju, x, A)}{u}$$

123

$$= \frac{(1-8\varepsilon)u}{\tau} n \inf_{t \geq u} \frac{P(t-u,t,x,A)}{u}. \tag{3.34}$$

若注意 $\lim\limits_{u \to 0^+} \frac{nu}{\tau} = 1$，在(3.34)中先取 $u \to 0^+$ 取上极限，次对 $\tau \to 0^+$ 取下极限，并注意 $\varepsilon > 0$ 可任意小，即可得(3.33)成立且 $\bar{q}(x,A)$ 有穷. $\square$

定理 3.7 对任何满足 $(1.1)^*$ 的非时齐的准转移函数 $P(s,t,x,A)$，若 $\inf\limits_{t \geq \tau} P(t-\tau,t,x,\cdot)$ 具有有限加性，则

$$\lim_{\tau \to 0^+} \frac{\inf\limits_{t \geq \tau} P(t-\tau,t,x,A) - I_A(x)}{\tau}$$

$$= \lim_{\tau \to 0^+} \frac{\inf\limits_{t \geq 0} P(t,t+\tau,x,A) - I_A(x)}{\tau}$$

$$= -I_A(x)\bar{q}(x) + \bar{q}(x,A-\{x\}) \quad (x \in E, A \in \mathscr{E}),$$

还有

(1) $0 \leq \bar{q}(x) \leq \infty$，$\bar{q}(\cdot)$ 是 $\mathscr{E}$ 可测的；

(2) 固定 $x \in E$，$\bar{q}(x,\cdot)$ 是 $\tilde{\mathscr{E}}_x$ 上的有限测度，固定 $A \in \tilde{\mathscr{E}}_x$，$\bar{q}(\cdot,A)$ 是 $\mathscr{E}$ 可测的($\tilde{\mathscr{E}}_x$ 之定义见定理 3.4).

证 只证 $\bar{q}(x,\cdot)$ 是 $\tilde{\mathscr{E}}_x$ 上的有限测度，其他结论由定理 3.5 和定理 3.6 即得. 若注意 $\frac{1}{\tau}\inf\limits_{t \geq \tau} P(t-\tau,t,x,\cdot)$ 是 $\tilde{\mathscr{E}}_x$ 上的有限测度($\tau > 0$)，则由第一章引理 7.3 即得 $\bar{q}(x,\cdot)$ 是 $\tilde{\mathscr{E}}_x$ 上的有限测度. $\square$

3.4 Kolmogorov 方程式

定义 4.1 若标准的非时齐的准转移函数 $P(s,t,x,A)$ 满足：

(1) $$\lim_{t \to u+0} \frac{P(u,t,x,A) - I_A(x)}{t-u} = \tilde{q}(u,x,A)$$

$$(u \geq 0, x \in E, A \in \mathscr{E}) \tag{4.1}$$

存在且有限；

(2)　　　　$\lim\limits_{u \to t-0} \dfrac{P(u,t,x,A) - I_A(x)}{t-u} = \tilde{q}(t,x,A)$

$$(t > 0, \ x \in E, \ A \in \mathscr{E}); \qquad (4.2)$$

（3）固定 $t \geqslant 0$，$x \in E$，$\tilde{q}(t,x,\cdot)$ 是 $\mathscr{E}$ 上的具有可数可加的集合函数，而且 $0 \leqslant \tilde{q}(t,x,A) < \infty \ (t \geqslant 0, \ x \in E, \ x \overline{\in} A \in \mathscr{E})$，

$$0 \leqslant -\tilde{q}(t,x,\{x\}) < \infty \quad (t \geqslant 0, \ x \in E),$$

$$\tilde{q}(t,x,E) \leqslant 0 \quad (t \geqslant 0, \ x \in E);$$

（4）固定 $t \geqslant 0$，$A \in \mathscr{E}$，$\tilde{q}(t, \cdot, A)$ 是 $\mathscr{E}$ 可测实值函数，则称 $P(s,t,x,A)$ 是**可微的**，$\tilde{q}$ 称为其**转移密度函数**. 撇开 $P(s,t,x,A)$，任意一个满足条件(3),(4) 的 $\tilde{q}(t,x,A)$，我们都称之为可测空间$(E,\mathscr{E})$ 上的一个 q **函数**.

由定理 3.4 得知，满足 $(1.1)^*$ 和 (3.25) 的 $P(s,t,x,A)$ 是可微的，其转移密度函数为

$$\tilde{q}(t,x,A) = -I_A(x)q(t,x) + q(t,x,A-\{x\}).$$

定理 4.1　若 $P(s,t,x,A)$ 可微，则

$$\frac{\partial}{\partial s}P(s,t,x,A) = -\int_E \tilde{q}(s,x,\mathrm{d}y)P(s,t,y,A)$$

$$(s \in [0,t], \ x \in E, \ A \in \mathscr{E}). \qquad (4.3)$$

证　任取 $s \in [0,t)$，$\Delta s > 0$，$s + \Delta s \leqslant t$，有

$$\frac{1}{\Delta s}(P(s+\Delta s,t,x,A) - P(s,t,x,A))$$

$$= \frac{1 - P(s,s+\Delta s,x,\{x\})}{\Delta s}P(s+\Delta s,t,x,A)$$

$$- \int_{E-\{x\}} \frac{P(s,s+\Delta s,x,\mathrm{d}y)}{\Delta s}P(s+\Delta s,t,y,A),$$

由可微性假设及第一章引理 7.3 和定理 1.2 得

$$\lim_{\Delta s \to 0^+} \frac{1}{\Delta s}(P(s+\Delta s,t,x,A) - P(s,t,x,A))$$

$$= -\int_E \tilde{q}(s,x,\mathrm{d}y)P(s,t,y,A).$$

再取 $s \in (0,t]$，$\Delta s > 0$，$s - \Delta s \geqslant 0$，我们有

$$\frac{1}{\Delta s}(P(s,t,x,A) - P(s - \Delta s, t, x, A))$$

$$= \frac{1 - P(s - \Delta s, s, x, \{x\})}{\Delta s} P(s,t,x,A)$$

$$- \int_{E - \{x\}} \frac{P(s - \Delta s, s, x, \mathrm{d}y)}{\Delta s} P(s,t,y,A).$$

仍用可微性假设及第一章引理 7.3 得

$$\lim_{\Delta s \to 0^+} \frac{1}{\Delta s}(P(s,t,x,A) - P(s - \Delta s, t, x, A))$$

$$= -\int_E \tilde{q}(s,x,\mathrm{d}y) P(s,t,y,A). \qquad \square$$

定理 4.2 在定理 3.4 的条件下，(4.3) 成立，而且 $\frac{\partial}{\partial s} P(s,t,x,A)$ 在 $\mathscr{D}^* = \{(s,t) : 0 \leqslant s \leqslant t < \infty\}$ 上是 s, t 的二元连续函数.

证 由定理 3.4 及定理 4.1 即得 (4.3) 成立，且 $\tilde{q}(\cdot, x, A)$ 在 $s \geqslant 0$ 上连续，又因为由定理 1.2 得知 $P(s,t,x,A)$ 对 s 来说在 $s \in [0,t]$ 连续，而且这种连续对 t 还是等度的，所以，由第一章引理 7.3 得知 (4.3) 右端是 s 的连续函数，而且这种连续对 t 来说是等度的. 而 (4.3) 右端对 t 来说在 $t \in [s, \infty)$ 上连续由定理 1.2 及控制收敛定理即可得. 总之，(4.3) 右端在 $\mathscr{D}^*$ 上是 s, t 的二元连续函数. $\qquad \square$

定理 4.3 设 $P(s,t,x,A)$ 可微且满足 $(1.1)^*$ 及

$$\sup_{y \in E} |\bar{q}(y)| \leqslant c < \infty \quad (\bar{q} \text{ 的定义见定理 } 3.5), \qquad (S)$$

则

$$\frac{\partial}{\partial t} P(s,t,x,A) = \int_E P(s,t,x,\mathrm{d}y) \tilde{q}(t,y,A)$$

$$(0 \leqslant s \leqslant t < \infty, \ x \in E, \ A \in \mathscr{E}). \qquad (4.4)$$

证 任取 $0 \leqslant s \leqslant t - \Delta t \leqslant t$, $\Delta t > 0$, 由定理 3.5 有

$$\frac{1}{\Delta t}(1 - P(t - \Delta t, t, y, \{y\}))$$

$$\leqslant \frac{1}{\Delta t}(1 - \inf_{t \geqslant \Delta t} P(t - \Delta t, t, y, \{y\}))$$

$$\leqslant \frac{1}{\Delta t}(1-\mathrm{e}^{-\bar{q}(y)\Delta t}) \leqslant \bar{q}(y) \leqslant c$$

$$(y \in E,\ \Delta t > 0,\ t > 0). \qquad (4.5)$$

类似地，有

$$\frac{1}{\Delta t}(1-P(t,t+\Delta t,y,\{y\})) \leqslant c$$

$$(y \in E,\ \Delta t > 0,\ t \geqslant 0). \qquad (4.6)$$

由(4.5),(4.6) 得 $\sup\limits_{t\geqslant 0,\ y\in E}|\tilde{q}(t,y,\{y\})| \leqslant c$，从而

$$\sup_{t\geqslant 0,\ y\in E,\ A\in\mathscr{E}}|\tilde{q}(t,y,A)| \leqslant c. \qquad (4.7)$$

由(4.7) 再用第一章引理 7.3 得

$$\lim_{\Delta t\to 0^+}\int_E P(s,t-\Delta t,x,\mathrm{d}y)\tilde{q}(t,y,A)$$

$$=\int_E P(s,t,x,\mathrm{d}y)\tilde{q}(t,y,A). \qquad (4.8)$$

因此，

$$\lim_{\Delta t\to 0^+}\sup\left|\frac{P(s,t,x,A)-P(s,t-\Delta t,x,A)}{\Delta t}-\int_E P(s,t,x,\mathrm{d}y)\tilde{q}(t,y,A)\right|$$

$$\leqslant \lim_{\Delta t\to 0^+}\sup\left|\frac{P(s,t,x,A)-P(s,t-\Delta t,x,A)}{\Delta t}\right.$$

$$\left.-\int_E P(s,t-\Delta t,x,\mathrm{d}y)\tilde{q}(t,y,A)\right|$$

$$=\lim_{\Delta t\to 0^+}\sup\left|\iint_A P(s,t-\Delta t,x,\mathrm{d}y)\left(\frac{P(t-\Delta t,t,y,A)-1}{\Delta t}-\tilde{q}(t,y,A)\right)\right.$$

$$\left.+\int_{E-A} P(s,t-\Delta t,x,\mathrm{d}y)\left(\frac{P(t-\Delta t,t,y,A)}{\Delta t}-\tilde{q}(t,y,A)\right)\right|.$$

$$(4.9)$$

但是由(4.5),(4.7) 有

$$\left|\frac{1}{\Delta t}(P(t-\Delta t,t,y,A)-1)-\tilde{q}(t,y,A)\right| \leqslant 3c$$

$$(t>0,\ \Delta t>0,\ y\in E,\ A\in\mathscr{E},\ y\in A), \qquad (4.10)$$

$$\left|\frac{1}{\Delta t}P(t-\Delta t,t,y,A)-\tilde{q}(t,y,A)\right| \leqslant 2c,$$

$$(t>0,\ \Delta t>0,\ y\in E,\ A\in\mathscr{E},\ y\overline{\in} A). \qquad (4.11)$$

由(4.10)、(4.11)、定理 1.2 及可微性假设并利用第一章引理 7.3 有

$$\lim_{\Delta t \to 0^+} \sup \int_A P(s, t - \Delta t, x, \mathrm{d}y) \left(\frac{P(t - \Delta t, t, y, A) - 1}{\Delta t} - \tilde{q}(t, y, A) \right)$$

$$= \lim_{\Delta t \to 0^+} \sup \int_{E-A} P(s, t - \Delta t, x, \mathrm{d}y) \left(\frac{P(t - \Delta t, t, y, A)}{\Delta t} - \tilde{q}(t, y, A) \right)$$

$$= 0.$$

以此代入(4.9)得

$$\lim_{\Delta t \to 0^+} \frac{P(s, t, x, A) - P(s, t - \Delta t, x, A)}{\Delta t}$$

$$= \int_E P(s, t, x, \mathrm{d}y) \tilde{q}(t, y, A)$$

$$(0 \leqslant s < t < \infty, \ x \in E, \ A \in \mathscr{E}).$$

仿之可证(在用(4.5)的地方改用(4.6)):

$$\lim_{\Delta t \to 0^+} \frac{P(s, t + \Delta t, x, A) - P(s, t, x, A)}{\Delta t}$$

$$= \int_E P(s, t, x, \mathrm{d}y) \tilde{q}(t, y, A)$$

$$(0 \leqslant s \leqslant t < \infty, \ x \in E, \ A \in \mathscr{E}).$$

定理证毕. □

定理 4.4 在定理 3.4 的条件下,若定理 4.3 的(s)亦成立,则 (4.4) 成立,而且 $\frac{\partial}{\partial t} P(s, t, x, A)$ 在 $\mathscr{D}^*$ 上是 s, t 的二元连续函数.

证 在定理 3.4 的条件下, $P(s, t, x, A)$ 在 $\mathscr{D}^*$ 上是 s, t 的二元连续函数, $\tilde{q}(\cdot, y, A)$ 在 $t \geqslant 0$ 上连续. 由条件(s)知(4.7)成立,所以由第一章引理 7.3 得

$$\lim_{\substack{(s,t) \to (s_0, t_0) \\ (s,t), (s_0, t_0) \in \mathscr{D}^*}} \int_E (P(s, t, x, \mathrm{d}y) - P(s_0, t_0, x, \mathrm{d}y)) \tilde{q}(t, y, A) = 0,$$

$$\lim_{\substack{(s,t) \to (s_0, t_0) \\ (s,t), (s_0, t_0) \in \mathscr{D}^*}} \int_E P(s_0, t_0, x, \mathrm{d}y) (\tilde{q}(t, y, A) - \tilde{q}(t_0, y, A)) = 0.$$

综上两式知(4.4)右端在 $\mathscr{D}^*$ 上是 s, t 的二元连续函数. □

3.5 拉 氏 变 换

本节将要研究标准准转移函数 $P(s,t,x,A)$ 的拉氏变换及其性质.

定义 5.1 设 $P(s,t,x,A)$ 是可测空间 $(E,\mathscr{E})$ 上任一标准准转移函数, 称

$$R(\lambda,s,x,A) = \int_0^\infty e^{-\lambda t} P(s,s+t,x,A) dt$$

$$(\lambda > 0, \ s \geqslant 0, \ x \in E, \ A \in \mathscr{E}) \qquad (5.1)$$

为 $P(s,t,x,A)$ 的**右拉氏变换**(注意: 由于 $P(s,t,x,A)$ 是 t 的有界右连续函数, 故(5.1)右端积分存在). 称

$$Q(\lambda,s,x,A) = \int_0^s e^{-\lambda u} P(u,s,x,A) du$$

$$(\lambda \in (-\infty,\infty), \ s \geqslant 0, \ x \in E, \ A \in \mathscr{E}) \qquad (5.2)$$

为 $P(s,t,x,A)$ 的**左拉氏变换**(注意: 由于 $P(s,t,x,A)$ 是 s 的连续函数, 故(5.2)右端积分存在). 称

$$\Psi(\lambda,\mu,x,A) = \int_0^\infty e^{-\lambda s} R(\mu,s,x,A) ds$$

$$(\lambda,\mu > 0, \ x \in E, \ A \in \mathscr{E}) \qquad (5.3)$$

为 $P(s,t,x,A)$ 的**重拉氏变换**. (下面将证 $R(\lambda,s,x,A)$ 是 s 的有界连续函数, 故(5.3)右端积分存在.)

定理 5.1 $R(\lambda,s,x,A)$ 具有下列诸性质:

(1) $0 \leqslant \lambda R(\lambda,s,x,A) \leqslant 1$;

(2) $\lambda R(\lambda,s,x,E) \equiv 1 \Leftrightarrow P(s,t,x,A)$ 是不断的(即是 $P(s,t,x,E) \equiv 1$);

(3) 固定 $\lambda > 0, s \geqslant 0, x \in E$, $R(\lambda,s,x,\cdot)$ 是 $\mathscr{E}$ 上的有限测度;

(4) 固定 $\lambda > 0, s \geqslant 0, A \in \mathscr{E}$, $R(\lambda,s,\cdot,A)$ 是 x 的 $\mathscr{E}$ 可测函数;

(5) 固定 $\lambda > 0, x \in E, A \in \mathscr{E}$, $R(\lambda,\cdot,x,A)$ 是 s 的连续函数, 而且这种连续对 $A \in \mathscr{E}$ 是等度的;

(6)　$\lim\limits_{\lambda\to\infty}(\lambda R(\lambda,s,x,A)-I_A(x))=0$ 对 $s\geqslant 0$ 一致成立.

证　(1) ~ (4) 显然成立.

(5)　当 $s<s_0$ 时,

$|R(\lambda,s,x,A)-R(\lambda,s_0,x,A)|$

$\leqslant \displaystyle\int_s^{s_0} e^{-\lambda(t-s)}P(s,t,x,A)dt$

$\quad + \left|\displaystyle\int_{s_0}^\infty e^{-\lambda(t-s)}P(s,t,x,A)dt - \int_{s_0}^\infty e^{-\lambda(t-s_0)}P(s_0,t,x,A)dt\right|$

$\leqslant (s_0-s)+\displaystyle\int_{s_0}^\infty |e^{-\lambda(t-s)}P(s,t,x,A)-e^{-\lambda(t-s_0)}P(s_0,t,x,A)|dt.$

而由定理 1.2 有

$$\lim_{s\to s_0^-}\sup_{A\in\mathscr{E}}|P(s,t,x,A)-P(s_0,t,x,A)|=0,$$

所以,由控制收敛定理有

$$\lim_{s\to s_0^-}\sup_{A\in\mathscr{E}}|R(\lambda,s,x,A)-R(\lambda,s_0,x,A)|=0.$$

当 $s>s_0$ 时,类似地有

$|R(\lambda,s,x,A)-R(\lambda,s_0,x,A)|$

$\leqslant (s-s_0)+\left|\displaystyle\int_s^\infty e^{-\lambda(t-s)}P(s,t,x,A)dt - \int_s^\infty e^{-\lambda(t-s_0)}P(s_0,t,x,A)dt\right|$

$\leqslant (s-s_0)+\displaystyle\int_0^\infty I_{[s,\infty)}|e^{-\lambda(t-s)}P(s,t,x,A)-e^{-\lambda(t-s_0)}P(s_0,t,x,A)|dt,$

仿上可证:

$$\lim_{s\to s_0^+}\sup_{A\in\mathscr{E}}|R(\lambda,s,x,A)-R(\lambda,s_0,x,A)|=0.$$

(6)　$|\lambda R(\lambda,s,x,A)-I_A(x)|$

$$\leqslant \int_0^\infty e^{-u}\left|P\left(s,s+\frac{u}{\lambda},x,A\right)-I_A(x)\right|du,$$

由控制收敛定理即得(6). □

定理 5.2　$Q(\lambda,s,x,A)$ 具有下列性质:

(1)　$0\leqslant|\lambda|Q(\lambda,s,x,A)\leqslant|1-e^{-\lambda s}|$;

(2)　$\lambda Q(\lambda,s,x,E)\equiv 1-e^{-\lambda s}\Leftrightarrow P(s,t,x,A)$ 是不断的;

（3）　固定 $\lambda \in (-\infty, \infty)$，$s \geqslant 0$，$x \in E$，$Q(\lambda, s, x, \cdot)$ 是 $\mathcal{E}$ 上的有限测度；

（4）　固定 $\lambda \in (-\infty, \infty)$，$s \geqslant 0$，$A \in \mathcal{E}$，$Q(\lambda, s, \cdot, A)$ 是 x 的 $\mathcal{E}$ 可测函数；

（5）　固定 $\lambda \in (-\infty, \infty)$，$x \in E$，$A \in \mathcal{E}$，$Q(\lambda, \cdot, x, A)$ 是 s 的右连续函数.

证　证明甚易，留给读者自证. □

定理 5.3　$\Psi(\lambda, \mu, x, A)$ 具有下述诸性质：

（1）　$0 \leqslant \Psi(\lambda, \mu, x, A) \leqslant \dfrac{1}{\lambda \mu}$；

（2）　$\lambda \mu \Psi(\lambda, \mu, x, E) \equiv 1 \Leftrightarrow \mu R(\mu, s, x, E) \equiv 1 \Leftrightarrow P(s, t, x, A)$ 是不断的；

（3）　固定 $\lambda > 0$，$\mu > 0$，$x \in E$，$\Psi(\lambda, \mu, x, \cdot)$ 是 $\mathcal{E}$ 上的有限测度；

（4）　固定 $\lambda > 0$，$\mu > 0$，$A \in \mathcal{E}$，$\Psi(\lambda, \mu, \cdot, A)$ 是 x 的 $\mathcal{E}$ 可测函数；

（5）　$\lim\limits_{\mu \to \infty} (\lambda \mu \Psi(\lambda, \mu, x, A) - I_A(x)) = 0$ 对 $\lambda > 0$ 一致成立.

证　（1）～（4）显然成立. 至于（5），也只须注意

$$\lambda \mu \Psi(\lambda, \mu, x, A) - I_A(x)$$

$$= \int_0^\infty \mathrm{e}^{-\mu} \left(\mu R\left(\mu, \frac{\mu}{\lambda}, x, A\right) - I_A(x) \right) \mathrm{d}u$$

及定理 5.1（6），并应用控制收敛定理即得. □

定理 5.4　$R(\mu, s, x, A)$，$Q(r, s, x, A)$，$\Psi(\lambda, \mu, x, A)$ 有下列关系：

（1）　$\displaystyle \int_s^\infty \mathrm{d}t \int_E P(s, t, x, \mathrm{d}y) R(\mu, t, y, A) \mathrm{e}^{-\lambda(t-s)} (\mu - \lambda)$

$$= R(\lambda, s, x, A) - R(\mu, s, x, A); \tag{5.4}$$

（2）　$\Psi(\nu, \lambda, x, A) - \Psi(\nu, \mu, x, A)$

$$= \int_0^\infty \mathrm{d}t \int_E Q(\nu - \lambda, t, x, \mathrm{d}y) R(\mu, t, y, A) \mathrm{e}^{-\lambda t} (\mu - \lambda). \tag{5.5}$$

131

证 由于 $\mu = \lambda$ 时，$(5.4),(5.5)$ 显然成立. 下设 $\mu \neq \lambda$.

(1) (5.4) 左边

$$= \int_s^\infty dt \int_t^\infty dr \int_E P(s,t,x,dy) P(t,r,y,A) e^{-\lambda(t-s)} e^{-\mu(r-t)} (\mu - \lambda)$$

$$= \int_s^\infty dt \int_t^\infty dr \left[P(s,r,x,A) e^{-\mu(r-s)} e^{(\mu-\lambda)(t-s)} (\mu - \lambda) \right]$$

$$= \int_s^\infty dr \int_s^r dt \left[e^{(\mu-\lambda)(t-s)} P(s,r,x,A) e^{-\mu(r-s)} (\mu - \lambda) \right]$$

$$= \int_s^\infty dr \left[(e^{-\lambda(r-s)} - e^{-\mu(r-s)}) P(s,r,x,A) \right]$$

$$= R(\lambda,s,x,A) - R(\mu,s,x,A).$$

(2) $\Psi(\nu,\lambda,x,A) - \Psi(\nu,\mu,x,A)$

$$= \int_0^\infty ds \int_s^\infty dt \int_E P(s,t,x,dy) R(\mu,t,y,A) e^{-\lambda(t-s)} e^{-\nu s} (\mu - \lambda)$$

$$= \int_0^\infty dt \int_E Q(\nu-\lambda,t,x,dy) R(\mu,t,y,A) e^{-\lambda t} (\mu - \lambda). \qquad \square$$

定理 5.5 设 $P(s,t,x,A)$ 是可微的标准准转移函数，$\tilde{q}(s,x,A)$ 为其转移密度函数，则

$$\lim_{\lambda \to \infty} (\lambda^2 R(\lambda,s,x,A) - \lambda I_A(x)) = \tilde{q}(s,x,A). \qquad (5.6)$$

证 由

$$\int_0^\infty \lambda e^{-\lambda t} dt = \int_0^\infty \lambda^2 t e^{-\lambda t} dt = 1 \quad (\lambda > 0),$$

可得

$$\lambda^2 R(\lambda,s,x,A) - \lambda I_A(x) - \tilde{q}(s,x,A)$$

$$= \int_0^\infty \lambda^2 e^{-\lambda t} (P(s,s+t,x,A) - I_A(x) - t\tilde{q}(s,x,A)) dt$$

$$= \int_0^\infty u e^{-u} \left[\frac{\lambda}{u} \left(P\left(s,s+\frac{u}{\lambda},x,A\right) - I_A(x) \right) - \tilde{q}(s,x,A) \right] du.$$

由 $\tilde{q}$ 是转移密度函数可知，任给 $\varepsilon > 0$，存在 $\delta = \delta(\varepsilon) > 0$，使 $\left| \dfrac{u}{\lambda} \right| \leqslant \delta$ 时有

$$\left| \frac{\lambda}{u} \left(P\left(s, s+\frac{u}{\lambda}, x, A\right) - I_A(x) \right) - \tilde{q}(s, x, A) \right| \leqslant \varepsilon.$$

所以

$$\left| \lambda^2 R(\lambda, s, x, A) - \lambda I_A(x) - \tilde{q}(s, x, A) \right|$$

$$\leqslant \int_0^{\lambda\delta} u e^{-u} \varepsilon \, du + \int_{\lambda\delta}^{\infty} \lambda e^{-u} \left(1 + \frac{u}{\lambda} \tilde{q} \right) du,$$

从而

$$\lim_{\lambda \to \infty} \sup \left| \lambda^2 R(\lambda, s, x, A) - \lambda I_A(x) - \tilde{q}(s, x, A) \right| \leqslant \varepsilon.$$

由 $\varepsilon > 0$ 可以任意小即得定理 5.5. $\qquad\square$

定义 5.2 称标准准转移函数 $P(s, t, x, A)$ 是**二重可微的**, 如果其转移密度函数 $\tilde{q}(s, x, A)$ 在 $s = 0$ 是可微的, 即是

$$\lim_{s \to 0^+} \frac{1}{s} (\tilde{q}(s, x, A) - \tilde{q}(0, x, A)) = \tilde{q}'(x, A)$$

$$(x \in E, A \in \mathscr{E}) \qquad (5.7)$$

存在且有限.

定理 5.6 若 $P(s, t, x, A)$ 二重可微, 且

$$\lim_{h \to 0^+} \frac{P(s, s+h, x, A) - I_A(x)}{h} = \tilde{q}(s, x, A) \qquad (5.8)$$

对 $s \geqslant 0$ 一致成立, 则

$$\lim_{\lambda \to \infty} \lim_{\mu \to \infty} (\lambda^2 \mu^2 \Psi(\lambda, \mu, x, A) - \lambda \mu^2 R(\mu, 0, x, A))$$

$$= \tilde{q}'(x, A) \quad (x \in E, A \in \mathscr{E}). \qquad (5.9)$$

证 令

$$M(\lambda, \mu) = \lambda^2 \mu^2 \Psi(\lambda, \mu, x, A) - \lambda \mu^2 R(\mu, 0, x, A) - \tilde{q}'(x, A),$$

则

$$M(\lambda, \mu) = -\tilde{q}'(x, A)$$

$$+ \int_0^{\infty} ds \int_0^{\infty} dt [\lambda^2 \mu^2 e^{-(\lambda s + \mu t)} P(s, s+t, x, A) - P(0, t, x, A))]$$

$$= \int_0^{\infty} du \int_0^{\infty} dv \left[uv e^{-u-v} \left(\frac{P\left(\frac{u}{\lambda}, \frac{u}{\lambda} + \frac{v}{\mu}, x, A\right) - P\left(0, \frac{v}{\mu}, x, A\right)}{\frac{u}{\lambda} \cdot \frac{v}{\mu}} - \tilde{q}'(x, A) \right) \right].$$

由(5.8)知，对任何 $\varepsilon > 0$，存在 $\delta = \delta(\varepsilon,\lambda,x,A) > 0$，当 $\left|\dfrac{v}{\mu}\right| < \delta$ 时有

$$\left|\left(P\left(\frac{u}{\lambda},\frac{u}{\lambda}+\frac{v}{\mu},x,A\right)-P\left(0,\frac{v}{\mu},x,A\right)\right)\bigg/\frac{v}{\mu}\right.$$
$$\left.-\left(\tilde{q}\left(\frac{u}{\lambda},x,A\right)-\tilde{q}(0,x,A)\right)\right|$$
$$\leqslant\left|\left(P\left(\frac{u}{\lambda},\frac{u}{\lambda}+\frac{v}{\mu},x,A\right)-I_A(x)\right)\bigg/\frac{v}{\mu}-\tilde{q}\left(\frac{u}{\lambda},x,A\right)\right|$$
$$+\left|\left(P\left(0,\frac{v}{\mu},x,A\right)-I_A(x)\right)\bigg/\frac{v}{\mu}-\tilde{q}(0,x,A)\right|$$
$$\leqslant\frac{\varepsilon}{\lambda}. \tag{5.10}$$

由(5.8)还有

$$\sup_{s\geqslant 0}|\tilde{q}(s,x,A)|\leqslant L(x,A)<\infty, \tag{5.11}$$

但是，若令

$$M_1(\lambda,\mu)=\int_0^\infty\mathrm{d}u\int_0^\infty\mathrm{d}v\bigg\{uv\mathrm{e}^{-u-v}\bigg[\left(P\left(\frac{u}{\lambda},\frac{u}{\lambda}+\frac{v}{\mu},x,A\right)\right.$$
$$\left.-P\left(0,\frac{v}{\mu},x,A\right)\right)\bigg/\frac{uv}{\lambda\mu}$$
$$-\left(\tilde{q}\left(\frac{u}{\lambda},x,A\right)-\tilde{q}(0,x,A)\right)\bigg/\frac{u}{\lambda}\bigg]\bigg\},$$
$$M_2(\lambda)=\int_0^\infty\mathrm{d}u\int_0^\infty\mathrm{d}v\bigg\{uv\mathrm{e}^{-u-v}\bigg[\left(\tilde{q}\left(\frac{u}{\lambda},x,A\right)\right.$$
$$\left.-\tilde{q}(0,x,A)\right)\bigg/\frac{u}{\lambda}-\tilde{q}'(x,A)\bigg]\bigg\},$$

则

$$|M(\lambda,\mu)|\leqslant|M_1(\lambda,\mu)|+|M_2(\lambda)|. \tag{5.12}$$

而由(5.10),(5.11)有

$$|M_1(\lambda,\mu)|\leqslant\int_0^\infty\mathrm{d}u\int_0^{\mu\delta}\mathrm{d}v\left(uv\mathrm{e}^{-u-v}\frac{\varepsilon}{\lambda}\bigg/\frac{u}{\lambda}\right)$$
$$+\int_0^\infty\mathrm{d}u\int_{\mu\delta}^\infty\mathrm{d}v\left[uv\mathrm{e}^{-u-v}\left(\frac{2}{\dfrac{uv}{\lambda\mu}}+\frac{2L(x,A)}{\dfrac{u}{\lambda}}\right)\right]$$

$$\leqslant \varepsilon + \int_{\mu\delta}^{\infty} \mathrm{e}^{-v} (2\lambda\mu + 2\lambda v L(x,A)) \mathrm{d}v,$$

由 $\varepsilon > 0$ 可任意小，由上式即得

$$\lim_{\mu \to \infty} |M_1(\lambda,\mu)| = 0. \tag{5.13}$$

由(5.12),(5.13),为证定理，只须证

$$\lim_{\lambda \to \infty} M_2(\lambda) = 0. \tag{5.14}$$

事实上，由 $P(s,t,x,A)$ 二重可微得知，任给 $\varepsilon_1 > 0$，存在 $h = h(\varepsilon_1, x, A) > 0$，当 $\left|\dfrac{\mu}{\lambda}\right| \leqslant h$ 时，

$$\left| \left(\widetilde{q}\left(\frac{\mu}{\lambda}, x, A\right) - \widetilde{q}(0, x, A) \right) \bigg/ \frac{\mu}{\lambda} - \widetilde{q}'(x, A) \right| \leqslant \varepsilon_1. \tag{5.15}$$

由(5.11),(5.15)及 $M_2(\lambda)$ 之定义有

$$|M_2(\lambda)| \leqslant \int_0^{\lambda h} u \mathrm{e}^{-u} \varepsilon_1 \mathrm{d}u + \int_{\lambda h}^{\infty} u \mathrm{e}^{-u} \left(\frac{2L(x,A)}{\dfrac{u}{\lambda}} + |\widetilde{q}'(x,A)| \right) \mathrm{d}u$$

$$\leqslant \varepsilon_1 + 2\lambda L(x,A) \mathrm{e}^{-\lambda h} + |\widetilde{q}'(x,A)| \int_{\lambda h}^{\infty} u \mathrm{e}^{-u} \mathrm{d}u,$$

由 $\varepsilon_1 > 0$ 可任意小，在上式中令 $\lambda \to \infty$ 即得(5.14). $\qquad\square$

定理 5.7 若 $P(s,t,x,A)$ 可微，且满足：

(1) $\displaystyle \lim_{t-s \to 0^+} \sup_{x \in E} (1 - P(s,t,x,\{x\})) = 0;$ $\qquad$ (5.16)

(2) $\displaystyle \sup_{x \in E} |\overline{q}(x)| \leqslant C < \infty$ ($\overline{q}(x)$ 之定义见定理 3.5), $\qquad$ (5.17)

则

(1) $\displaystyle \int_s^{\infty} \left(\mathrm{e}^{-\lambda(t-s)} \frac{\partial}{\partial t} P(s,t,x,A) \right) \mathrm{d}t = \lambda R(\lambda,s,x,A) - I_A(x)$

$$(\lambda > 0,\ s \geqslant 0,\ x \in E,\ A \in \mathscr{E});$$

(2) $\displaystyle \frac{\mathrm{d}}{\mathrm{d}s} R(\lambda,s,x,A) = -\int_0^{\infty} \mathrm{d}t \int_E \widetilde{q}(s,x,\mathrm{d}y) P(s,s+t,y,A) \mathrm{e}^{-\lambda t}$

$$+ \int_0^{\infty} \mathrm{d}t \int_E P(s,s+t,x,\mathrm{d}y) \widetilde{q}(s+t,y,A) \mathrm{e}^{-\lambda t}$$

$$(\lambda > 0,\ s \geqslant 0,\ x \in E,\ A \in \mathscr{E});$$

(3) $\displaystyle\int_0^t\Big[e^{-\lambda s}\frac{\partial}{\partial s}P(s,t,x,A)\Big]\mathrm{d}s$

$\qquad = \lambda Q(\lambda,t,x,A) - P(0,t,x,A) + I_A(x)e^{-\lambda t}$

$\qquad (\lambda\in(-\infty,\infty),\ t\geqslant 0,\ x\in E,\ A\in\mathscr{E})\,;$

(4) $\displaystyle\frac{\mathrm{d}}{\mathrm{d}s}Q(\lambda,s,x,A)$

$\qquad = \displaystyle\int_0^s\mathrm{d}u\int_E P(u,s,x,\mathrm{d}y)\tilde{q}(s,y,A)e^{-\lambda u} + e^{-\lambda s}I_A(x)$

$\qquad = \displaystyle\int_E Q(\lambda,s,x,\mathrm{d}y)\tilde{q}(s,y,A) + e^{-\lambda s}I_A(x)$

$\qquad (\lambda\in(-\infty,\infty),\ s\geqslant 0,\ x\in E,\ A\in\mathscr{E}).$

证 (1) 由定理 4.3 及条件(5.17)得

$$\frac{\partial}{\partial t}P(s,t,x,A) = \int_E P(s,t,x,\mathrm{d}y)\tilde{q}(t,y,A)$$

是 t 的有界可测函数. 故(1)之左端的积分存在. 再利用分部积分法即可得(1).

(2) 由定理 4.1 和 4.3 有

$$\frac{\partial}{\partial s}P(s,t,x,A) = -\int_E \tilde{q}(s,x,\mathrm{d}y)P(s,t,y,A),$$

$$\frac{\partial}{\partial t}P(s,t,x,A) = \int_E P(s,t,x,\mathrm{d}y)\tilde{q}(t,y,A).$$

所以

$$\frac{\mathrm{d}}{\mathrm{d}s}P(s,s+t,x,A) = \Big(\frac{\partial}{\partial u}P(u,v,x,A) + \frac{\partial}{\partial v}P(u,v,x,A)\Big)_{u=s,\,v=s+t}$$

$$= -\int_E \tilde{q}(s,x,\mathrm{d}y)P(s,s+t,y,A)$$

$$+ \int_E P(s,s+t,x,\mathrm{d}y)\tilde{q}(s+t,y,A).$$

因此，由条件(5.17)得知 $\dfrac{\mathrm{d}}{\mathrm{d}s}P(s,s+t,x,A)$ 是 t 的有界可测函数，所以由[21] p.126 (3°) 可知

$$\frac{\mathrm{d}}{\mathrm{d}s}R(\lambda,s,x,A) = \int_0^\infty\Big(e^{-\lambda t}\frac{\mathrm{d}}{\mathrm{d}s}P(s,s+t,x,A)\Big)\mathrm{d}t$$

$$=-\int_0^\infty \mathrm{d}t \int_E \tilde{q}(s,x,\mathrm{d}y) P(s,s+t,y,A) \mathrm{e}^{-\lambda t}$$

$$+\int_0^\infty \mathrm{d}t \int_E P(s,s+t,x,\mathrm{d}y) \tilde{q}(s+t,y,A) \mathrm{e}^{-\lambda t}.$$

(3) 仿(1) 可证(3).

(4) $\dfrac{\mathrm{d}}{\mathrm{d}s} Q(\lambda,s,x,A) = \dfrac{\mathrm{d}}{\mathrm{d}s} \int_0^s \mathrm{e}^{-\lambda u} P(u,s,x,A) \mathrm{d}u$

$$= \mathrm{e}^{-\lambda s} P(s,s,x,A) + \int_0^s \left(\mathrm{e}^{-\lambda u} \frac{\partial}{\partial s} P(u,s,x,A) \right) \mathrm{d}u$$

$$= \mathrm{e}^{-\lambda s} I_A(x) + \int_E Q(\lambda,s,x,\mathrm{d}y) \tilde{q}(s,y,A). \qquad \Box$$

3.6 非时齐的 q 过程的存在性

由定义 4.1 可知, 可微的标准准转移函数 $P(s,t,x,A)$ 的转移密度函数必为 q 函数. 3.4 节已研究了在何种条件下标准准转移函数是可微的, 即有转移密度函数. 而本节及下一节, 将要研究 3.4 节中的逆问题, 即是: 给定一个 q 函数 $\tilde{q}(t,x,A)$, 是否恒存在标准准转移函数, 其转移密度函数就是 $\tilde{q}(t,x,A)$, 如果存在, 什么情况下唯一?

定义 6.1 设 $\tilde{q}(t,x,A)$ 是任一 q 函数, 称标准准转移函数 $P(s,t,x,A)$ 是一个 q **过程**, 如果 $P(s,t,x,A)$ 是可微的, 且其转移密度函数就是 $\tilde{q}(t,x,A)$.

定理 6.1 设 $\tilde{q}(t,x,A)$ 是一个 q 函数, 若对任何 $x \in E$, $A \in \mathscr{E}$, $\tilde{q}(\cdot,x,A)$ 是 t 的连续函数, 则 q 过程恒存在.

证 令

$$q(t,x,A) = \tilde{q}(t,x,A-\{x\}), \quad q(t,x) = -\tilde{q}(t,x,\{x\}),$$

$$P_0(s,s+t,x,A) = I_A(x) \mathrm{e}^{-\int_s^{s+t} q(u,x)\mathrm{d}u}$$

$$P_{n+1}(s,s+t,x,A)$$

$$= \int_0^t \mathrm{d}u \int_E q(s+u,x,\mathrm{d}y) \mathrm{e}^{-\int_s^{s+u} q(v,x)\mathrm{d}v} P_n(s+u,s+t,y,A)$$

$$= \int_s^{s+t} \mathrm{d}u \int_E q(u,x,\mathrm{d}y) \mathrm{e}^{-\int_0^u q(v,x)\mathrm{d}v} P_n(u,s+t,y,A)$$

$$(n \geqslant 0,\ 0 \leqslant s,t < \infty,\ x \in E,\ A \in \mathscr{E}), \qquad (6.1)$$

$$\overline{P}(s,s+t,x,A) = \sum_{n=0}^{\infty} P_n(s,s+t,x,A), \qquad (6.2)$$

可证 $\overline{P}(s,s+t,x,A)$ 就是一个 q 过程.

(1) 显然，固定 s,t,A，$P_0(s,t,\cdot,A)$ 是 x 的 $\mathscr{E}$ 可测函数，$0 \leqslant P_0(s,t,x,A) \leqslant 1$；固定 s,t,x，$P_0(s,t,x,\cdot)$ 是 $\mathscr{E}$ 上的有限测度；固定 t,x,A，$P_0(\cdot,t,x,A)$ 是 s 的连续函数(在 $s \in [0,t]$ 上)；固定 s,x,A，$P_0(s,\cdot,x,A)$ 是 t 的连续函数(在 $t \in [s,\infty)$ 上). 由第一章引理 7.3，对 n 作归纳法可证：对任何 $n \geqslant 0$，定义 $P_n(s,t,x,A)$ 的积分有意义，而且 $P_n(s,t,x,A)$ 亦具有 $P_0(s,t,x,A)$ 所具备的前述 4 条性质.

(2) 可证对一切 $n \geqslant 0$，$0 \leqslant s,t < \infty$，$x \in E$，有

$$0 \leqslant \sum_{k=0}^{n} P_k(s,s+t,x,E) \leqslant 1. \qquad (6.3)$$

对 n 作归纳法. 显然，当 $n = 0$ 时，(6.3) 成立. 设 $n = m$ 时(6.3)成立，往证 $n = m+1$ 时(6.3)亦成立. 事实上，

$$0 \leqslant \sum_{k=0}^{m+1} P_k(s,s+t,x,E)$$

$$\leqslant \mathrm{e}^{-\int_s^{s+t} q(u,x)\mathrm{d}u} + \int_0^t \mathrm{d}u \int_E q(s+u,x,\mathrm{d}y) \mathrm{e}^{-\int_s^{s+u} q(v,x)\mathrm{d}v}$$

$$\leqslant \mathrm{e}^{-\int_s^{s+t} q(u,x)\mathrm{d}u} + \int_0^t q(s+u,x) \mathrm{e}^{-\int_s^{s+u} q(v,x)\mathrm{d}v} \mathrm{d}u = 1,$$

归纳法完成.

由(2)即得

$$0 \leqslant \overline{P}(s,s+t,x,E) \leqslant 1 \quad (s \geqslant 0,\ t \geqslant 0,\ x \in E).$$

(3) 由(1)得知，固定 s,t,A，$\overline{P}(s,s+t,\cdot,A)$ 是 x 的 $\mathscr{E}$ 可测函数.

(4) 显然，固定 s,t,x，$P_n(s,s+t,x,\cdot)$ 是 $\mathscr{E}$ 上的有限测度($n \geqslant 0$)，故 $\overline{P}(s,s+t,x,\cdot)$ 是 $\mathscr{E}$ 上的实值的具有有限可加性的集合函数. 利用控制收敛定理还可证明：

"$A_n \supset A_{n+1}$，$A_n \in \mathscr{E}$，$\bigcap_n A_n = \varnothing \Rightarrow \lim_{n \to \infty} \overline{P}(s, s+t, x, A_n) = 0$"，

所以 $\overline{P}(s, s+t, x, \cdot)$ 是 $\mathscr{E}$ 上的有限测度.

(5) $\overline{P}(s, s+t, x, A)$ 满足 K-C 方程式.

首先，对 n 作归纳法证明：对 $n \geqslant 0$ 有

$$P_n(s, s+t+u, x, A)$$

$$= \sum_{\nu=0}^{n} \int_E P_\nu(s, s+t, x, \mathrm{d}y) P_{n-\nu}(s+t, s+t+u, y, A). \quad (6.4)$$

事实上，$n = 0$ 时 (6.4) 显然成立. 设 $n = k$ 时 (6.4) 成立. 由 (6.1) 有

$$P_{k+1}(s, s+t+u, x, A)$$

$$= \int_0^t \mathrm{d}w \int_E q(s+w, x, \mathrm{d}y) e^{-\int_s^{s+w} q(v, x) \mathrm{d}v} P_k(s+w, s+t+u, y, A)$$

$$+ \int_t^{t+u} \mathrm{d}w \int_E q(s+w, x, \mathrm{d}y) e^{-\int_s^{s+w} q(v, x) \mathrm{d}v} P_k(s+w, s+t+u, y, A).$$

由归纳法假设及 (6.1) 得知，上式右端第一项等于

$$\sum_{\nu=0}^{k} \int_0^t \mathrm{d}w \int_E q(s+w, x, \mathrm{d}y) e^{-\int_s^{s+w} q(v, x) \mathrm{d}v}$$

$$\cdot \int_E P_\nu(s+w, s+t, y, \mathrm{d}z) P_{k-\nu}(s+t, s+t+u, z, A)$$

$$= \sum_{\nu=0}^{k} \int_E P_{\nu+1}(s, s+t, x, \mathrm{d}z) P_{k-\nu}(s+t, s+t+u, z, A).$$

而由 (6.1) 直接计算上式右端第二项等于

$$e^{-\int_s^{s+t} q(v, x) \mathrm{d}v} \int_0^u \mathrm{d}w \int_E q(s+t+w, x, \mathrm{d}y)$$

$$\cdot e^{-\int_{s+t}^{s+t+w} q(v, x) \mathrm{d}v} P_k(s+t+w, s+t+u, y, A)$$

$$= \int_E P_0(s, s+t, x, \mathrm{d}y) P_{k+1}(s+t, s+t+u, y, A).$$

综上三式，发现 $n = k+1$ 时 (6.4) 亦成立. 归纳法完成.

用 (6.4) 得

$$\overline{P}(s, s+t+u, x, A) = \sum_{n=0}^{\infty} P_n(s, s+t+u, x, A)$$

$$= \sum_{n=0}^{\infty} \sum_{\nu=0}^{n} \int_E P_\nu(s, s+t, x, \mathrm{d}y) P_{n-\nu}(s+t, s+t+u, y, A)$$

$$= \sum_{\nu=0}^{\infty} \int_E P_\nu(s, s+t, x, \mathrm{d}y) \overline{P}(s+t, s+t+u, y, A).$$

但是

$$\left| \sum_{\nu=0}^{N} \int_E P_\nu(s, s+t, x, \mathrm{d}y) \overline{P}(s+t, s+t+u, y, A) \right.$$

$$\left. - \int_E \overline{P}(s, s+t, x, \mathrm{d}y) \overline{P}(s+t, s+t+u, y, A) \right|$$

$$\leqslant \overline{P}(s, s+t, x, E) - \sum_{\nu=0}^{N} P_\nu(s, s+t, x, E),$$

令 $N \to \infty$ 即发现 $\overline{P}(s, s+t, x, A)$ 满足 K-C 方程式.

（6）由 $P_n(s, s+t, x, A)$ 和 $\overline{P}(s, s+t, x, A)$ 的定义，以（6.1）代入（6.2）得

$$\overline{P}(s, s+t, x, A) = I_A(x) \mathrm{e}^{-\int_s^{s+t} q(v,x)\mathrm{d}v} + \int_0^t \mathrm{d}u \int_E q(s+u, x, \mathrm{d}y)$$

$$\cdot \mathrm{e}^{-\int_s^{s+u} q(v,x)\mathrm{d}v} \overline{P}(s+u, s+t, y, A). \tag{6.5}$$

而 $q(v, x), q(v, x, A)$ 都是 v 的连续函数，所以由（6.5）得

$$\lim_{\substack{t-s \to 0^+ \\ 0 \leqslant s \leqslant t \leqslant b}} |\overline{P}(s, t, x, A) - I_A(x)| = 0 \quad (b > 0).$$

显然 $\overline{P}(s, s, x, A) = I_A(x)$.

综合（1）～（6），我们证明了 $\overline{P}(s, t, x, A)$ 确是一个标准的准转移函数.

下面我们证明 $\overline{P}(s, t, x, A)$ 是一个 q 过程. 事实上，由（6.5）有

$$\frac{1}{h} (\overline{P}(s, s+h, x, A) - I_A(x)) - \tilde{q}(s, x, A)$$

$$= I_A(x) \frac{1}{h} \left(\mathrm{e}^{-\int_s^{s+h} q(v,x)\mathrm{d}v} - 1 \right)$$

$$+ \frac{1}{h} \int_0^h \mathrm{d}u \int_E q(s+u, x, \mathrm{d}y) \mathrm{e}^{-\int_s^{s+u} q(v,x)\mathrm{d}v}$$

$$\cdot \overline{P}(s+u, s+h, y, A) - \tilde{q}(s, x, A). \tag{6.6}$$

由 $q(v,x)$ 是 v 的连续函数及 $|I_A(x)|\leqslant 1$ 得

$$\lim_{h\to 0^+} I_A(x)\,\frac{1}{h}\Big(e^{-\int_s^{s+h} q(v,x)\mathrm{d}v}-1\Big)=-I_A(x)q(s,x),\qquad(6.7)$$

对 $A\in\mathscr{E}$ 一致成立. 若注意

$$q(s,x,A)=\tilde{q}(s,x,A)+I_A(x)q(s,x),$$

$\tilde{q}(s,x,A)$ 是 s 的连续函数, 则由定理1.2、第一章引理7.3及中值定理有

$$\frac{1}{h}\int_0^h \mathrm{d}u\int_E q(s+u,x,\mathrm{d}y)e^{-\int_s^{s+u} q(v,x)\mathrm{d}v}$$

$$\cdot\overline{P}(s+u,s+h,y,A)-\tilde{q}(s,x,A)-I_A(x)q(s,x)$$

$$=\int_E q(s+\theta,x,\mathrm{d}y)e^{-\int_s^{s+\theta} q(v,x)\mathrm{d}v}\overline{P}(s+\theta,s+h,y,A)$$

$$-q(s,x,A)$$

$$=\int_E (q(s+\theta,x,\mathrm{d}y)-q(s,x,\mathrm{d}y))e^{-\int_s^{s+\theta} q(v,x)\mathrm{d}v}$$

$$\cdot\overline{P}(s+\theta,s+h,y,A)+\int_E q(s,x,\mathrm{d}y)(e^{-\int_s^{s+\theta} q(v,x)\mathrm{d}v}$$

$$\cdot\overline{P}(s+\theta,s+h,y,A)-I_A(y))\quad(0\leqslant\theta\leqslant h).\qquad(6.8)$$

若注意 $\overline{P}(s,t,x,A)$ 是标准准转移函数及

$$|\overline{P}(s,t,x,A)-I_A(x)|\leqslant 1-\overline{P}(s,t,x,\{x\}),\qquad(6.9)$$

再利用控制收敛定理可知, 当 $h\to 0^+$ 时, (6.8)右端第二项对 $A\in\mathscr{E}$ 一致地趋于 0.

由 $q(s,x,A)$ 是 s 的连续函数, 并应用(6.9)及第一章引理7.3有

$$\lim_{h\to 0^+}\int_E q(s+\theta,x,\mathrm{d}y)e^{-\int_s^{s+\theta} q(v,x)\mathrm{d}v}\overline{P}(s+\theta,s+h,y,A)$$

$$=q(s,x,A),\qquad(6.10)$$

对 $A\in\mathscr{E}$ 一致地成立. 由(6.9)及控制收敛定理有

$$\lim_{h\to 0^+}\int_E q(s,x,\mathrm{d}y)e^{-\int_s^{s+\theta} q(v,x)\mathrm{d}v}\overline{P}(s+\theta,s+h,y,A)$$

$$=q(s,x,A),\qquad(6.11)$$

对 $A\in\mathscr{E}$ 一致地成立. 总之, 由(6.10),(6.11)知(6.8)右端第一项当

$h \to 0^+$ 时它对 $A \in \mathscr{E}$ 一致地趋于 0.

这就证明了:

$$\lim_{h \to 0^+} \frac{1}{h} \int_0^h \mathrm{d}u \int_E q(s+u, x, \mathrm{d}y) \mathrm{e}^{-\int_s^{s+u} q(v,x)\mathrm{d}v} \overline{P}(s+u, s+h, y, A)$$

$$= \tilde{q}(s, x, A) + I_A(x) q(s, x) \quad (\text{对 } A \in \mathscr{E} \text{ 一致成立}).$$

(6.12)

由 (6.6), (6.7), (6.12) 得

$$\lim_{h \to 0^+} \frac{1}{h} (\overline{P}(s, s+h, x, A) - I_A(x)) = \tilde{q}(s, x, A) \quad (6.13)$$

对 $A \in \mathscr{E}$ 一致成立.

类似地, 当 $s > 0$, 由 (6.5) 有

$$\frac{1}{h}(\overline{P}(s-h, s, x, A) - I_A(x)) - \tilde{q}(s, x, A)$$

$$= \frac{1}{h}\left(\mathrm{e}^{-\int_{s-h}^s q(v,x)\mathrm{d}v} - 1\right) I_A(x) - \tilde{q}(s, x, A)$$

$$+ \frac{1}{h}\int_0^h \mathrm{d}u \int_E q(s-h+u, x, \mathrm{d}y) \mathrm{e}^{-\int_{s-h}^{s-h+u} q(v,x)\mathrm{d}v}$$

$$\cdot \overline{P}(s-h+u, s, y, A).$$

(6.14)

而

$$\lim_{h \to 0^+} \frac{1}{h}\left(\mathrm{e}^{-\int_{s-h}^s q(v,x)\mathrm{d}v} - 1\right) I_A(x) = -I_A(x) q(s, x) \quad (6.15)$$

对 $A \in \mathscr{E}$ 一致成立.

$$\frac{1}{h}\int_0^h \mathrm{d}u \int_E q(s-h+u, x, \mathrm{d}y) \mathrm{e}^{-\int_{s-h}^{s-h+u} q(v,x)\mathrm{d}v}$$

$$\cdot \overline{P}(s-h+u, s, y, A) - \tilde{q}(s, x, A) - I_A(x) q(s, x)$$

$$= \int_E (q(s-\theta, x, \mathrm{d}y) - q(s, x, \mathrm{d}y))\left(\mathrm{e}^{-\int_{s-h}^{s-\theta} q(v,x)\mathrm{d}v}\right.$$

$$\cdot \overline{P}(s-\theta, s, y, A)\Big) + \int_E q(s, x, \mathrm{d}y)\left(\mathrm{e}^{-\int_{s-h}^{s-\theta} q(v,x)\mathrm{d}v}\right.$$

$$\cdot \overline{P}(s-\theta, s, y, A) - I_y(A)\Big).$$

(6.16)

仿前可证:

$$\lim_{h \to 0^+} \left[\frac{1}{h} \int_0^h \mathrm{d}u \int_E q(s-h+u,x,\mathrm{d}y) \mathrm{e}^{-\int_{s-h}^{s-h+u} q(v,x)\mathrm{d}v} \right.$$

$$\left. \cdot \overline{P}(s-h+u,s,y,A) - \tilde{q}(s,x,A) - I_A(x)q(s,x) \right]$$

$$= 0 \quad (\text{对 } A \in \mathscr{E} \text{一致成立}). \tag{6.17}$$

由 $(6.14) \sim (6.17)$ 得

$$\lim_{h \to 0^+} \frac{\overline{P}(s-h,s,x,A) - I_A(x)}{h} = \tilde{q}(s,x,A) \tag{6.18}$$

对 $A \in \mathscr{E}$ 一致成立.

这就证明了 $\overline{P}(s,t,x,A)$ 是一个 q 过程, 而且 (6.13) 和 (6.18) 中的收敛对 $A \in \mathscr{E}$ 还是一致的. 定理证毕. $\qquad \square$

定理6.2 设 $\tilde{q}(s,x,A)$ 是一个 q 函数, 且 $\tilde{q}(\cdot,x,A)$ (对一切 $x \in E, A \in \mathscr{E}$) 是 s 的连续函数, 则对任何 q 过程 $P(s,t,x,A)$ 来说, 均满足:

(1) $\dfrac{\partial}{\partial s} P(s,t,x,A) = -\displaystyle\int_E \tilde{q}(s,x,\mathrm{d}y) P(s,t,y,A). \qquad (B)$

而且 $\dfrac{\partial}{\partial s} P(s,t,x,A)$ 作为 s 的函数在 $[0,t]$ 上连续, 作为 t 的函数, 在 $[s,\infty)$ 上右连续, 这两种连续对 $A \in \mathscr{E}$ 来说都是等度的.

(2) $P(s,s+t,x,A)$

$$= I_A(x)\mathrm{e}^{-\int_s^{s+t} q(v,x)\mathrm{d}v} + \int_0^t \mathrm{d}u \int_E q(s+u,x,\mathrm{d}y)$$

$$\mathrm{e}^{-\int_s^{s+u} q(v,x)\mathrm{d}v} P(s+u,s+t,y,A). \qquad (B)'$$

证 (1) 由定理 4.1 即得 (B). 由定理 1.2 知 $P(s,t,x,A)$ 是 s 的连续函数 (且对 $A \in \mathscr{E}$ 是等度的), 而 $\tilde{q}(s,x,A)$ 也是 s 的连续函数, 所以由第一章引理 7.3 得知 (B) 的右端是 s 的连续函数, 而且这种连续对 $A \in \mathscr{E}$ 是等度的. 由定理 1.2 还知 $P(s,t,x,A)$ 对 t 来说右连续, 而且对 $A \in \mathscr{E}$ 来说是等度的, 利用控制收敛定理可知 (B) 的右端对 t 来说右连续, 而且这种连续对 $A \in \mathscr{E}$ 来说是等度的. (1) 证毕.

(2) 由 (B) 并应用分部积分法可得

$$\int_0^t \mathrm{d}u \int_E q(s+u,x,\mathrm{d}y) P(s+u,s+t,y,A) \mathrm{e}^{-\int_s^{s+u} q(v,x)\mathrm{d}v}$$

$$= \int_0^t \mathrm{d}u \Big[\Big(-\frac{\partial}{\partial u} P(s+u,s+t,x,A) + q(s+u,x)$$

$$\cdot P(s+u,s+t,x,A) \Big) \mathrm{e}^{-\int_s^{s+u} q(v,x)\mathrm{d}v} \Big]$$

$$= \Big(-P(s+t,s+t,x,A) \mathrm{e}^{-\int_s^{s+t} q(v,x)\mathrm{d}v}$$

$$+ P(s,s+t,x,A) \mathrm{e}^{-\int_s^{s} q(v,x)\mathrm{d}v} \Big)$$

$$+ \int_0^t \Big(\frac{\partial}{\partial u} \mathrm{e}^{-\int_s^{s+u} q(v,x)\mathrm{d}v} \Big) P(s+u,s+t,x,A) \mathrm{d}u$$

$$+ \int_0^t q(s+u,x) P(s+u,s+t,x,A) \mathrm{e}^{-\int_s^{s+u} q(v,x)\mathrm{d}v} \mathrm{d}u$$

$$= -I_A(x) \mathrm{e}^{-\int_s^{s+t} q(v,x)\mathrm{d}v} + P(s,s+t,x,A).$$

此即 $(B)'$. $\qquad\qquad\qquad\qquad\qquad\qquad\qquad\qquad\square$

定理 6.3 设 q 函数 $\tilde{q}(s,x,A)$ 对 s 连续, 则定理 6.1 中所构造的 q 过程 $\overline{P}(s,s+t,x,A)$ 是最小的 q 过程, 即对任何 q 过程 $P(s,s+t,x,A)$, 恒有 $P(s,s+t,x,A) \geqslant \overline{P}(s,s+t,x,A)$.

证 设 $P_n(s,s+t,x,A)$ $(n \geqslant 0)$, $\overline{P}(s,s+t,x,A)$ 如定理 6.1 所定义. 若 $P(s,s+t,x,A)$ 是 q 过程, 则由定理 6.2 得知它满足:

$(B)'$ $P(s,s+t,x,A) = I_A(x) \mathrm{e}^{-\int_s^{s+t} q(v,x)\mathrm{d}v}$

$$+ \int_0^t \mathrm{d}u \int_E q(s+u,x,\mathrm{d}y) \mathrm{e}^{-\int_s^{s+u} q(v,x)\mathrm{d}v} P(s+u,s+t,y,A).$$

由于 $(B)'$ 右端第二项非负, 所以

$$P(s,s+t,x,A) \geqslant I_A(x) \mathrm{e}^{-\int_s^{s+t} q(v,x)\mathrm{d}v} = P_0(s,s+t,x,A).$$

设

$$P(s,s+t,x,A) \geqslant \sum_{k=0}^n P_k(s,s+t,x,A),$$

则由 $(B)'$ 及 (6.1) 得

$$P(s,s+t,x,A)$$

$$\geqslant I_A(x)\mathrm{e}^{-\int_s^{s+t}q(v,x)\mathrm{d}v}$$

$$+\int_0^t \mathrm{d}u\int_E q(s+u,x,\mathrm{d}y)\mathrm{e}^{-\int_s^{s+u}q(v,x)\mathrm{d}v}\sum_{k=0}^n P_k(s+u,s+t,y,A)$$

$$=\sum_{k=0}^{n+1} P_k(s,s+t,x,A).$$

所以

$$P(s,s+t,x,A)\geqslant\sum_{k=0}^m P_k(s,s+t,x,A)\quad(对一切\ m\geqslant 0),$$

从而 $P(s,s+t,x,A)\geqslant\overline{P}(s,s+t,x,A)$.   □

3.7 q 过程的唯一性

本节沿用 3.6 节的符号. 设 $\tilde{q}(s,x,A),P_n(s,s+t,x,A),\overline{P}(s,s+t,x,A)$ 如定理 6.1 所规定. 令

$$R_n(\lambda,s,x,A)=\int_0^\infty \mathrm{e}^{-\lambda t}P_n(s,s+t,x,A)\mathrm{d}t$$

$$(n\geqslant 0,\ \lambda>0),\quad(7.1)$$

$$\overline{R}(\lambda,s,x,A)=\sum_{n=0}^\infty R_n(\lambda,s,x,A)$$

$$=\int_0^\infty \mathrm{e}^{-\lambda t}\overline{P}(s,s+t,x,A)\mathrm{d}t\quad(\lambda>0).\quad(7.2)$$

引理 7.1 对 $R_n(\lambda,s,x,A),\overline{R}(\lambda,s,x,A)$, 恒有

$$R_{n+1}(\lambda,s,x,A)$$

$$=\int_0^\infty \mathrm{d}u\int_E q(s+u,x,\mathrm{d}y)\Big(\mathrm{e}^{-\lambda u}\mathrm{e}^{-\int_s^{s+u}q(v,x)\mathrm{d}v}R_n(\lambda,s+u,y,A)\Big)$$

$$(n\geqslant 0),\quad(7.3)$$

$$\overline{R}(\lambda,s,x,A)=R_0(\lambda,s,x,A)$$

$$+\int_0^\infty \mathrm{d}u\int_E q(s+u,x,\mathrm{d}y)\Big(\mathrm{e}^{-\lambda u}\mathrm{e}^{-\int_s^{s+u}q(v,x)\mathrm{d}v}\overline{R}(\lambda,s+u,x,A)\Big).$$

$$(7.4)$$

证 $R_{n+1}(\lambda,s,x,A)$

$$= \int_0^\infty e^{-\lambda t} P_{n+1}(s,s+t,x,A)dt$$

$$= \int_0^\infty dt \int_0^t du \int_E q(s+u,x,dy)$$

$$\left(P_n(s+u,s+t,y,A) e^{-\int_s^{s+u} q(v,x)dv} e^{-\lambda t} \right)$$

$$= \int_0^\infty du \int_E q(s+u,x,dy)$$

$$\cdot \int_u^\infty dt \left(e^{-\lambda t} P_n(s+u,s+t,y,A) e^{-\int_s^{s+u} q(v,x)dv} \right)$$

$$= \int_0^\infty du \int_E q(s+u,x,dy) e^{-\lambda u} e^{-\int_s^{s+u} q(v,x)dv}$$

$$\cdot R_n(\lambda,s+u,y,A). \tag{7.5}$$

$\square$

引理 7.2   任何 q 过程 $P(s,s+t,x,A)$ 的右拉氏变换 $R(\lambda,s,x,A)$ 恒满足:

(B_λ) $R(\lambda,s,x,A) = R_0(\lambda,s,x,A)$

$$+ \int_0^\infty du \int_E q(s+u,x,dy) \left(e^{-\lambda u} e^{-\int_s^{s+u} q(v,x)dv} R(\lambda,s+u,y,A) \right).$$

证   由于 $P(s,s+t,x,A)$ 满足 $(B)'$, 对 $(B)'$ 两边取拉氏变换即得

$$R(\lambda,s,x,A) = R_0(\lambda,s,x,A) + \int_0^\infty dt \int_0^t du \int_E q(s+u,x,dy)$$

$$\cdot \left[e^{-\int_s^{s+u} q(v,x)dv} P(s+u,s+t,y,A) e^{-\lambda t} \right].$$

与 (7.5) 的推导类似可得 (B_λ). $\square$

定理 7.1   设 $\tilde{q}(s,x,A)$ 是保守的 q 函数, 即 $\tilde{q}(s,x,E) \equiv 0$, $\tilde{q}(s,x,A)$ 对 s 来说连续, 令

$$\bar{y}(\lambda,s,x) = 1 - \lambda\bar{R}(\lambda,s,x,E),$$

$\mathcal{H} = \{z(\cdot): z$ 是 E 上的 $\mathcal{E}$ 可测函数, 且 $0 \leqslant z \leqslant 1\}$, 则 $\bar{y}(\lambda,s,\cdot)$ 是

$$\begin{cases} z(\lambda,s,\cdot) = \int_0^\infty \mathrm{d}u \int_E q(s+u,\cdot,\mathrm{d}y) \\ \qquad \cdot \left(\mathrm{e}^{-\lambda u} \cdot \mathrm{e}^{-\int_s^{s+u} q(v,\cdot)\mathrm{d}v} z(\lambda,s+u,y) \right), \qquad (U_{\lambda,s}) \\ z(\lambda,s,\cdot) \in \mathscr{H} \end{cases}$$

的最大解.

证 显然，$\bar{y}(\lambda,s,\cdot) \in \mathscr{H}$，由引理 7.1 及 $R_0(\lambda,s,x,A)$ 的定义有

$$\bar{y}(\lambda,s,x) = 1 - \lambda R_0(\lambda,s,x,E) - \int_0^\infty \mathrm{d}u \int_E q(s+u,x,\mathrm{d}y)$$

$$\cdot \left[\mathrm{e}^{-\lambda u} \mathrm{e}^{-\int_s^{s+u} q(v,x)\mathrm{d}v} \lambda \overline{R}(\lambda,s+u,y,E) \right]$$

$$= \left(1 - \int_0^\infty \lambda \mathrm{e}^{-\lambda u} \mathrm{e}^{-\int_s^{s+u} q(v,x)\mathrm{d}v} \mathrm{d}u \right) - \int_0^\infty \mathrm{d}u \int_E q(s+u,x,\mathrm{d}y)$$

$$\cdot \left[\mathrm{e}^{-\lambda u} \mathrm{e}^{-\int_s^{s+u} q(v,x)\mathrm{d}v} \lambda \overline{R}(\lambda,s+u,y,E) \right]. \qquad (7.6)$$

由于 $\tilde{q}(s,x,A)$ 保守，所以 $q(s,x,E) \equiv q(s,x)$，再用分部积分法可得

$$1 - \int_0^\infty \lambda \mathrm{e}^{-\lambda u} \mathrm{e}^{-\int_s^{s+u} q(v,x)\mathrm{d}v} \mathrm{d}u$$

$$= \int_0^\infty \left(\mathrm{e}^{-\int_s^{s+u} q(v,x)\mathrm{d}v} - 1 \right) \mathrm{d}\mathrm{e}^{-\lambda u}$$

$$= \int_0^\infty \mathrm{e}^{-\lambda u} q(s+u,x) \mathrm{e}^{-\int_s^{s+u} q(v,x)\mathrm{d}v} \mathrm{d}u$$

$$= \int_0^\infty \mathrm{d}u \int_E q(s+u,x,\mathrm{d}y) \mathrm{e}^{-\lambda u} \mathrm{e}^{-\int_s^{s+u} q(v,x)\mathrm{d}v}. \qquad (7.7)$$

以 (7.7) 代入 (7.6) 发现 $\bar{y}(\lambda,s,\cdot)$ 满足 $(U_{\lambda,s})$.

再证 $\bar{y}(\lambda,s,\cdot)$ 的最大性. 事实上，若有 $y(\lambda,s,\cdot)$ 也是 $(U_{\lambda,s})$ 的解，则由 (7.7) 有

$$y(\lambda,s,x) = \left(1 - \int_0^\infty \lambda \mathrm{e}^{-\lambda u} \mathrm{e}^{-\int_s^{s+u} q(v,x)\mathrm{d}v} \mathrm{d}u \right)$$

$$+ \int_0^\infty \mathrm{d}u \int_E q(s+u,x,\mathrm{d}x^*)$$

$$\cdot \left[\mathrm{e}^{-\lambda u} \mathrm{e}^{-\int_s^{s+u} q(v,x)\mathrm{d}v} (y(\lambda,s+u,x^*) - 1) \right]$$

$$\leqslant \left(1 - \int_0^\infty \lambda \, e^{-\lambda u} \, e^{-\int_s^{s+u} q(v,x)\mathrm{d}v} \, \mathrm{d}u\right)$$

$$= 1 - \lambda R_0(\lambda, s, x, E).$$

设 $y(\lambda, s, x) \leqslant 1 - \lambda \sum_{k=0}^n R_k(\lambda, s, x, E)$，可证：

$$y(\lambda, s, x) \leqslant 1 - \lambda \sum_{k=0}^{n+1} R_k(\lambda, s, x, E).$$

事实上，由归纳法假设及(7.3)有

$$y(\lambda, s, x) = 1 - \lambda R_0(\lambda, s, x, E) + \int_0^\infty \mathrm{d}u \int_E q(s+u, x, \mathrm{d}x^*)$$

$$\cdot \left[e^{-\lambda u} \, e^{-\int_s^{s+u} q(v,x)\mathrm{d}v} (y(\lambda, s+u, x^*) - 1) \right]$$

$$\leqslant 1 - \lambda R_0(\lambda, s, x, E) - \int_0^\infty \mathrm{d}u \int_E q(s+u, x, \mathrm{d}x^*)$$

$$\cdot \left(e^{-\lambda u} \, e^{-\int_s^{s+u} q(v,x)\mathrm{d}v} \cdot \lambda \sum_{k=0}^n R_k(\lambda, s+u, x^*, E) \right)$$

$$= 1 - \lambda \sum_{k=0}^{n+1} R_k(\lambda, s, x, E),$$

归纳法完成，从而

$$y(\lambda, s, x) \leqslant 1 - \sum_{k=0}^\infty R_k(\lambda, s, x, E) = \bar{y}(\lambda, s, x). \qquad \square$$

定理 7.2 设 $\widetilde{q}(s, x, A)$ 满足定理 7.1 的条件，则恰有惟一一个 q 过程且不断的充要条件是：$(U_{\lambda, s})$ 只有零解(对一切 $\lambda > 0$，$s \geqslant 0$).

证 由定理 5.1 及定理 7.1 立即可得此定理. $\qquad \square$

3.8 双参数算子半群

在第一、第二章中，我们曾经有，由时齐的准转移函数 $P(t, x, A)$ 可以产生(单参数)算子半群，反过来算子半群理论用于时齐的准转移函数，又可得到许多新结果. 对于非时齐的准转移函数 $P(s, t, x, A)$，我们试图引进"双参数算子半群". 遗憾的是，无论是非时齐的准转移函数，或双参数算子半群，其结果远比时齐的准转移函数和（单参数）算子半群粗糙. 然而，我们还是试图对这方面的理论进行探索.

定义 8.1　设 **B** 是一 Banach 空间，$f, g, \cdots$ 表其中的元素. 称由 **B** 到 **B** 的有界线性算子族 $\{F_{s,t}: 0 \leqslant s \leqslant t < \infty\}$ 是一个**双参数算子半群**（简称半群），如果

$$F_{s,r} = F_{s,t} \circ F_{t,r}, \quad F_{s,s} = I$$

（$0 \leqslant s \leqslant t \leqslant r < \infty$，$I$ 是恒等算子，$F_{s,t} \circ F_{t,r}$ 表复合算子）.
特别地，若还有 $\|F_{s,t}\| \leqslant 1 \ (0 \leqslant s \leqslant t < \infty)$，则称 $\{F_{s,t}\}$ 是**压缩型的**.
算子范数如通常定义：

$$\|F_{s,t}\| = \sup_{\substack{f \in \mathbf{B} \\ \|f\|=1}} \|F_{s,t}f\|.$$

B 中的依范数收敛称为强收敛，强收敛、强连续、强导数、强积分（即 Bochner 积分）的定义及符号均沿袭第一章 1.2 节.

令

$$\mathbf{B}_0^+(t) = \{f: f \in \mathbf{B}, \ (\mathrm{s}) \lim_{u \to t^+} F_{t,u}f = f\} \quad (t \geqslant 0),$$

$$\mathbf{B}_0^-(t) = \{f: f \in \mathbf{B}, \ (\mathrm{s}) \lim_{u \to t^-} F_{u,t}f = f\} \quad (t > 0),$$

$$\mathbf{B}_0^+ = \bigcap_{t \geqslant 0} \mathbf{B}_0^+(t), \quad \mathbf{B}_0^- = \bigcap_{t > 0} \mathbf{B}_0^-(t), \quad \mathbf{B}_0 = \mathbf{B}_0^- \bigcap \mathbf{B}_0^+.$$

定理 8.1　若 $\{F_{s,t}\}$ 是压缩型半群，则 $\mathbf{B}_0^+(t), \mathbf{B}_0^-(t)$ 是 **B** 的闭线性子空间，从而 $\mathbf{B}_0^+, \mathbf{B}_0^-, \mathbf{B}_0$ 亦然.

证　显然 $\mathbf{B}_0^+(t)$ 是 **B** 的线性子空间. 再任取 $f_n \in \mathbf{B}_0^+(t)$，$(\mathrm{s}) \lim\limits_{n \to \infty} f_n = f$，则

$$\|F_{t,u}f - f\| \leqslant \|F_{t,u}f - F_{t,u}f_n\| + \|F_{t,u}f_n - f_n\| + \|f_n - f\|$$
$$\leqslant 2\|f_n - f\| + \|F_{t,u}f_n - f_n\|,$$

先令 $u \to t^+$，次令 $n \to \infty$，即发现 $f \in \mathbf{B}_0^+(t)$，故 $\mathbf{B}_0^+(t)$ 闭. 仿之可证 $\mathbf{B}_0^-(t)$ 亦为 **B** 的闭线性子空间. □

定理 8.2　设 $\{F_{s,t}\}$ 为压缩型半群，则对任何 $f \in \mathbf{B}_0$，有
$$(\mathrm{s}) \lim_{t \to t_0} F_{s,t}f = F_{s,t_0}f \quad （对 s \geqslant 0 \text{ 一致成立}）.$$

证 (1) 任取 $s \leqslant t \leqslant t_0$，$f \in \mathbf{B}_0$，则
$$\|F_{s,t}f - F_{s,t_0}f\| \leqslant \|F_{s,t}\| \|f - F_{t,t_0}f\| \leqslant \|f - F_{t,t_0}f\|,$$
所以，由 $f \in \mathbf{B}_0$ 知
$$(\mathrm{s}) \lim_{t \to t_0^-} F_{s,t}f = F_{s,t_0}f \quad (\text{对 } s \geqslant 0 \text{ 一致成立}).$$

(2) 任取 $s \leqslant t_0 \leqslant t$，$f \in \mathbf{B}_0$，则
$$\|F_{s,t}f - F_{s,t_0}f\| = \|F_{s,t_0} \circ F_{t_0,t}f - F_{s,t_0}f\| \leqslant \|F_{t_0,t}f - f\|,$$
所以，由 $f \in \mathbf{B}_0$ 知
$$(\mathrm{s}) \lim_{t \to t_0^+} F_{s,t}f = F_{s,t_0}f \quad (\text{对 } s \geqslant 0 \text{ 一致成立}). \qquad \square$$

定义 8.2 若 $\{F_{s,t}\}$ 满足 $\mathbf{B}_0 = \mathbf{B}$，则称之为**标准的**.

定理 8.3 对任何标准半群 $\{F_{s,t}\}$，恒有
$$(\mathrm{s}) \lim_{s \to s_0^-} F_{s,t}f = F_{s_0,t}f \quad (0 < s_0 \leqslant t < \infty, \ f \in \mathbf{B}).$$

证 任取 $0 < s_0 \leqslant t$，$f \in \mathbf{B}$，$0 \leqslant s < s_0$，由
$$F_{s_0,t}f \in \mathbf{B} = \mathbf{B}_0$$
及
$$\|F_{s,t}f - F_{s_0,t}f\| = \|F_{s,s_0} \circ F_{s_0,t}f - F_{s_0,t}f\|$$
可得定理 8.3. $\qquad \square$

定理 8.4 设 $\{F_{s,t}\}$ 是标准的压缩型半群，若对某个 $s_0 \geqslant 0$，有 $\lim\limits_{s \to s_0^+} \|F_{s_0,s} - I\| = 0$，则
$$(\mathrm{s}) \lim_{(s,t) \to (s_0,t_0)} F_{s,t}f = F_{s_0,t_0}f \quad (t_0 \geqslant s_0, \ t \geqslant s, \ f \in \mathbf{B}).$$

证 任取 $t_0 \geqslant s_0 \geqslant 0$，$s \in [s_0, t_0]$，$s \leqslant t$，$f \in \mathbf{B}$，则
$$\|F_{s,t_0}f - F_{s_0,t_0}f\| = \|F_{s,t_0}f - F_{s_0,s} \circ F_{s,t_0}f\|$$
$$\leqslant \|I - F_{s_0,s}\| \|f\|,$$
所以由假设可得
$$(\mathrm{s}) \lim_{s \to s_0^+} F_{s,t_0}f = F_{s_0,t_0}f.$$
再利用定理 8.3 及定理 8.2（注意它对 s 的一致收敛），即得定理 8.4.
$\qquad \square$

定理 8.5 对任何压缩型的半群 $\{F_{s,t}\}$ 来说，若对某一对 $0 \leqslant s_0 \leqslant t_0$，有

$$\lim_{s \to s_0^-} \|F_{s,s_0} - I\| = \lim_{t \to t_0^-} \|F_{t,t_0} - I\| = \lim_{s \to s_0^+} \|F_{s_0,s} - I\|$$
$$= \lim_{t \to t_0^+} \|F_{t_0,t} - I\| = 0,$$

则

(1) $\quad \lim\limits_{(s,t) \to (s_0,t_0)} \|F_{s,t} - F_{s_0,t_0}\| = 0,$

更有

(2) (s) $\lim\limits_{(s,t) \to (s_0,t_0)} F_{s,t} f = F_{s_0,t_0} f \, (f \in \mathbf{B}).$

证 (1) 先设 $s_0 < t_0$. 有 4 种情况：

（ⅰ） $s \leqslant s_0 \leqslant t \leqslant t_0$；　　（ⅱ） $s_0 \leqslant s \leqslant t_0 \leqslant t$；

（ⅲ） $s \leqslant s_0 < t_0 \leqslant t$；　　（ⅳ） $s_0 \leqslant s \leqslant t \leqslant t_0$.

对于（ⅰ），有

$$\begin{aligned}
\|F_{s,t} - F_{s_0,t_0}\| &\leqslant \|F_{s,s_0} \circ F_{s_0,t} - F_{s_0,t}\| + \|F_{s_0,t} - F_{s_0,t} \circ F_{t,t_0}\| \\
&\leqslant \|F_{s,s_0} - I\|\|F_{s_0,t}\| + \|F_{s_0,t}\|\|I - F_{t,t_0}\| \\
&\leqslant \|F_{s,s_0} - I\| + \|I - F_{t,t_0}\|,
\end{aligned}$$

对于（ⅱ），（ⅲ），（ⅳ），亦有类似结果：

$$\|F_{s,t} - F_{s_0,t_0}\| \leqslant \|F_{s \wedge s_0, s \vee s_0} - I\| + \|I - F_{t \wedge t_0, t \vee t_0}\|$$

（其中 $a \wedge b = \min(a,b)$，$a \vee b = \max(a,b)$）.

再设 $s_0 = t_0$，有 3 种情况：

（ⅰ） $s \leqslant s_0 = t_0 \leqslant t$；　　（ⅱ） $s \leqslant t \leqslant s_0 = t_0$；

（ⅲ） $s_0 = t_0 \leqslant s \leqslant t$.

对于（ⅰ），有

$$\begin{aligned}
\|F_{s,t} - F_{s_0,t_0}\| &\leqslant \|F_{s,s_0} \circ F_{t_0,t} - F_{s,s_0}\| + \|F_{s,s_0} - I\| \\
&\leqslant \|F_{t_0,t} - I\| + \|F_{s,s_0} - I\|,
\end{aligned}$$

对于（ⅱ），（ⅲ）亦有类似结果.

综上两步，由定理假设即得 (1). 由 (1) 可得 (2). □

本节及下节，恒用 $\mathscr{D}(\Omega)$，$\mathscr{R}(\Omega)$ 表算子 Ω 的定义域及象域.

定义 8.3 设 $\{F_{s,t}\}$ 是压缩型半群，定义算子 $R_{\lambda,s}$ 如下：

$$R_{\lambda,s}f = (s)\int_0^\infty e^{-\lambda t} F_{s,s+t}f \, dt \quad (\lambda > 0, \, s \geqslant 0, \, f \in \mathbf{B}_0),$$

称 $R_{\lambda,s}$ 为 $\{F_{s,t}\}$ 的**右预解算子**. 注意，由定理 8.2 知，当 $f \in \mathbf{B}_0$ 时，$F_{s,s+t}f$ 对 t 强连续，故上述积分存在.

再定义 $R_{\lambda,s}$ 对 s 的左（右）微分算子 $R_{\lambda,s}^{(-)}$（$R_{\lambda,s}^{(+)}$）如下：

$$\mathscr{D}(R_{\lambda,s}^{(-)}) = \{f: f \in \mathbf{B}_0, \, 存在 \, g \in \mathbf{B}, \, 使$$

$$(s)\lim_{h \to 0^+} \frac{1}{h}(R_{\lambda,s}f - R_{\lambda,s-h}f) = g\},$$

$$R_{\lambda,s}^{(-)}f = (s)\lim_{h \to 0^+} \frac{1}{h}(R_{\lambda,s}f - R_{\lambda,s-h}f), \, f \in \mathscr{D}(R_{\lambda,s}^{(-)}) \, (\lambda > 0, \, s > 0).$$

仿之可定义 $R_{\lambda,s}^{(+)}$ $(\lambda > 0, \, s \geqslant 0)$.

定义 8.4 设 $\{F_{s,t}\}$ 是标准半群，定义算子 $Q_{\lambda,s}$ $(\lambda > 0, \, s \geqslant 0)$ 如下：

$$Q_{\lambda,s}f = (s)\int_0^s e^{-\lambda u} F_{u,s}f \, du \quad (f \in \mathbf{B}),$$

称 $Q_{\lambda,s}$ 为 $\{F_{s,t}\}$ 的**左预解算子**. 注意：由定理 1.3 得知此时 $T_{u,s}f$ 对 u 来说左强连续，故上述积分存在.

再定义 $Q_{\lambda,s}$ 对 s 的左（右）微分算子 $Q_{\lambda,s}^{(-)}$（$Q_{\lambda,s}^{(+)}$）如下：

$$\mathscr{D}(Q_{\lambda,s}^{(-)}) = \Big\{f: f \in \mathbf{B}, \, 存在 \, g \in \mathbf{B}, \, 使$$

$$(s)\lim_{h \to 0^+} \frac{Q_{\lambda,s}f - Q_{\lambda,s-h}f}{h} = g\Big\},$$

$$Q_{\lambda,s}^{(-)}f = (s)\lim_{h \to 0^+} \frac{1}{h}(Q_{\lambda,s}f - Q_{\lambda,s-h}f)$$

$$(s > 0, \, \lambda > 0, \, f \in \mathscr{D}(Q_{\lambda,s}^{(-)})).$$

仿之可定义 $Q_{\lambda,s}^{(+)}$ $(\lambda > 0, \, s \geqslant 0)$.

定义 8.5 设 $\{F_{s,t}\}$ 是任一半群，定义算子 $\Omega_s^{(+)}$ $(s \geqslant 0)$，如下：

$$\mathscr{D}(\Omega_s^{(+)}) = \Big\{f: f \in \mathbf{B}_0, \, 存在 \, g \in \mathbf{B}_0, \, 使$$

$$(s)\lim_{h \to 0^+} \frac{1}{h}(F_{s,s+h}f - f) = g\Big\},$$

$$\Omega_s^{(+)}f = (\text{s})\lim_{h\to 0^+}\frac{1}{h}(F_{s,s+h}f - f) \quad (f\in\mathscr{D}(\Omega_s^{(+)}),\ s\geqslant 0),$$

称 $\Omega_s^{(+)}$ 为 $\{F_{s,t}\}$ 的**右无穷小算子**.

仿之可定义 $\{F_{s,t}\}$ 的**左无穷小算子** $\Omega_s^{(-)}(s > 0)$.

显然 $\Omega_s^{(+)},\Omega_s^{(-)}$ 皆线性（不一定有界）算子.

定理 8.6　设 $\{F_{s,t}\}$ 是压缩型半群，则

(1)　$f\in\mathscr{D}(\Omega_t^{(+)}) \Rightarrow (\text{s})\dfrac{\partial^+}{\partial t}(F_{s,t}f) = F_{s,t}\circ\Omega_t^{(+)}f$；

(2)　$f\in\mathscr{D}(\Omega_t^{(-)})$，且
$$\lim_{h\to 0^+}\|F_{s,s+h} - I\| = \lim_{h\to 0^+}\|F_{t,t+h} - I\| = \lim_{h\to 0^+}\|F_{t-h,t} - I\|$$
$$= \lim_{h\to 0^+}\|F_{s,s-h} - I\| = 0$$
$$\Rightarrow (\text{s})\frac{\partial^-}{\partial t}(F_{s,t}f) = F_{s,t}\circ\Omega_t^{(-)}f.$$

证　(1)　由 $F_{s,t}$ 是有界线性算子（当然连续）及半群性即得(1).

(2)　因为
$$\left\|\frac{1}{h}(F_{s,t}f - F_{s,t-h}f) - F_{s,t}\circ\Omega_t^{(-)}f\right\|$$
$$\leqslant \|F_{s,t-h} - F_{s,t}\|\left\|\frac{1}{h}(F_{t-h,t}f - f)\right\|$$
$$+ \|F_{s,t}\|\left\|\frac{1}{h}(F_{t-h,t}f - f) - \Omega_t^{(-)}f\right\|,$$

而由 $f\in\mathscr{D}(\Omega_t^{(-)})$ 有 $\displaystyle\sup_{h>0}\left\|\frac{1}{h}(F_{t-h,t}f - f)\right\| < \infty$，

$$\lim_{h\to 0^+}\left\|\frac{1}{h}(F_{t-h,t}f - f) - \Omega_t^{(-)}f\right\| = 0,$$

由假设及定理 8.5 有
$$\lim_{h\to 0^+}\|F_{s,t-h} - F_{s,t}\| = 0.$$

综上三点，(2) 得证.　　　　　　　　　　　　　　$\square$

定义 8.6　称半群 $\{F_{s,t}\}$ 是**拟时齐的**，如果对任何 $f\in\mathbf{B}$，$0\leqslant s\leqslant t < \infty$，存在 $g_{s,t}\in\mathbf{B}$，使

$$(s)\lim_{h\to 0^+}\frac{1}{h}(F_{s+h,t+h}-F_{s,t})f=g_{s,t}$$

对 $0\leqslant s\leqslant t<\infty$ 一致成立.

若 $F_{s+h,t+h}=F_{s,t}$ 对一切 $0\leqslant s\leqslant t<\infty$, $h>0$ 成立, 则称 $\{F_{s,t}\}$ 是**时齐的**. 显然时齐的半群一定是拟时齐的.

定理 8.7 设 $\{F_{s,t}\}$ 是拟时齐的压缩型半群, 则

$$\mathscr{D}(R_{\lambda,s}^{(-)})=\mathscr{D}(R_{\lambda,s}^{(+)})=\mathbf{B}_0,\ R_{\lambda,s}^{(-)}=R_{\lambda,s}^{(+)}\quad (\lambda>0,\ s\geqslant 0).$$

证 任取 $f\in\mathbf{B}_0$, 由 $\{F_{s,t}\}$ 的拟时齐性有

$$(s)\lim_{h\to 0}\frac{1}{h}(F_{s+h,s+t+h}-F_{s,s+t})f=g_{s,s+t}\in\mathbf{B}$$

对 $0\leqslant s,t<\infty$ 一致成立. 而由定理 8.2, $F_{s,s+t}f$ 对 t 强连续, 故 $g_{s,s+t}$ 亦然. 所以 $(s)\displaystyle\int_0^\infty \mathrm{e}^{-\lambda t}g_{s,s+t}\mathrm{d}t\in\mathbf{B}$ 存在. 因此,

$$(s)\lim_{h\to 0}\frac{1}{h}(R_{\lambda,s+h}-R_{\lambda,s})f$$

$$=(s)\lim_{h\to 0}\int_0^\infty \mathrm{e}^{-\lambda t}\frac{1}{h}(F_{s+h,s+t+h}-F_{s,s+t})f\mathrm{d}t$$

$$=(s)\int_0^\infty \mathrm{e}^{-\lambda t}g_{s,s+t}\mathrm{d}t\in\mathbf{B}.\qquad\Box$$

定理 8.8 设 $\{F_{s,t}\}$ 是压缩型半群, 则

(1) $R_{\lambda,s}$ 是 $\mathbf{B}_0$ 上的有界线性算子, 且

$$\|R_{\lambda,s}\|\leqslant\frac{1}{\lambda}\quad (s\geqslant 0,\ \lambda>0);$$

(2) $\lim_{\lambda\to\infty}\sup_{s\geqslant 0}\|\lambda R_{\lambda,s}f-f\|=0\ (f\in\mathbf{B}_0)$.

证 (1) 显然 $R_{\lambda,s}$ 是 $\mathbf{B}_0$ 上的线性算子, 而且

$$\|R_{\lambda,s}\|\leqslant\sup_{\|f\|=1,\ f\in\mathbf{B}_0}\int_0^\infty \mathrm{e}^{-\lambda t}\|F_{s,s+t}f\|\mathrm{d}t$$

$$\leqslant\sup_{\|f\|=1,\ f\in\mathbf{B}_0}\int_0^\infty \mathrm{e}^{-\lambda t}\mathrm{d}t=\frac{1}{\lambda}.$$

(2) $\|\lambda R_{\lambda,s}f-f\|\leqslant\displaystyle\int_0^\infty \lambda\,\mathrm{e}^{-\lambda t}\|(F_{s,s+t}-I)f\|\mathrm{d}t$

$$\leqslant \int_0^\infty \mathrm{e}^{-u} \| (F_{s,s+\frac{u}{\lambda}} - I) \| \mathrm{d}u,$$

但是，由 $f \in \mathbf{B}_0$ 及定理 8.2 有

$$\lim_{\lambda \to \infty} \lim_{s \geqslant 0} \| (F_{s,s+\frac{u}{\lambda}} - I)f \| = 0.$$

又因为

$$\| (F_{s,s+\frac{u}{\lambda}} - I)f \| \leqslant 2\|f\|,$$

所以由控制收敛定理立得(2).　　□

定理 8.9　若压缩型半群 $\{F_{s,t}\}$ 满足

$$\lim_{h \to 0^+} \| F_{s,s+h} - I \| = \lim_{h \to 0^+} \| F_{s-h,s} - I \| = 0 \quad (\text{对一切 } s \geqslant 0),$$

则有

(1)　$\mathbf{B}_0 = \mathbf{B}$;

(2)　$\lim_{u \to s} \| R_{\lambda,u} - R_{\lambda,s} \| = 0 \ (s \geqslant 0, \lambda > 0),$

更有，对任何 $f \in \mathbf{B}, \lambda > 0, R_{\lambda,s}f$ 对 s 强连续.

证　由定理 8.5 即得(1). 至于(2)，只须注意

$$\| R_{\lambda,u} - R_{\lambda,s} \| \leqslant \int_0^\infty \mathrm{e}^{-\lambda t} \| F_{u,u+t} - F_{s,s+t} \| \mathrm{d}t$$

及定理 8.5，并应用控制收敛定理即可得.　　□

定理 8.10　在定理 8.9 的条件下，对任何 $f \in \mathbf{B}$，均有

$$R_{\lambda,s}f \in \mathscr{D}(\Omega_s^{(-)}) \Leftrightarrow f \in \mathscr{D}(R_{\lambda,s}^{(-)});$$

而且这时有

$$\Omega_s^{(-)} \circ R_{\lambda,s}f = \lambda R_{\lambda,s}f - f - R_{\lambda,s}^{(-)}f.$$

证　由定理 8.9 有 $\mathbf{B}_0 = \mathbf{B}, \mathscr{D}(R_{\lambda,s}) = \mathbf{B}$. 任取 $f \in \mathbf{B}$，有

$$\frac{1}{h}(F_{s-h,s} \circ R_{\lambda,s}f - R_{\lambda,s}f)$$

$$= \frac{1}{h}\left((s)\int_s^\infty \mathrm{e}^{-\lambda(t-s)} F_{s-h,t}f \, \mathrm{d}t - R_{\lambda,s}f \right)$$

$$= \frac{1}{h}\left(R_{\lambda,s-h}f \, \mathrm{e}^{-h\lambda} - (s)\int_{s-h}^s \mathrm{e}^{-\lambda(t-s)} F_{s-h,t}f \, \mathrm{d}t - R_{\lambda,s}f \right).$$

但是，由定理假设及定理 8.5 得知 $F_{s,t}f$ 对 (s,t) 二元强连续，所以任给 $\varepsilon > 0$，存在 $\delta = \delta(\varepsilon) > 0$，使得

$$h < \delta \Rightarrow \| \mathrm{e}^{-\lambda(t-s)} F_{s-h,t}f - f \| < \varepsilon \quad (s-h \leqslant t \leqslant s).$$

故

$$(\mathrm{s})\lim_{h \to 0^+} \frac{1}{h}(\mathrm{s})\int_{s-h}^{s} \mathrm{e}^{-\lambda(t-s)} F_{s-h,t}f\,\mathrm{d}t = f.$$

所以 $(\mathrm{s})\lim\limits_{h \to 0^+} \dfrac{1}{h}(F_{s-h,s} \circ R_{\lambda,s}f - R_{\lambda,s}f)$ 存在且属于 $\mathbf{B}$ 的充要条件是

$$(\mathrm{s})\lim_{h \to 0^+} \frac{1}{h}(R_{\lambda,s-h}\mathrm{e}^{h\lambda}f - R_{\lambda,s}f)$$

存在且属于 $\mathbf{B}$. 但是

$$(\mathrm{s})\lim_{h \to 0^+} \frac{1}{h}(R_{\lambda,s-h}\mathrm{e}^{h\lambda}f - R_{\lambda,s}f)$$

$$= (\mathrm{s})\lim_{h \to 0^+} R_{\lambda,s-h}\left(\frac{\mathrm{e}^{h\lambda}f - f}{h}\right) + (\mathrm{s})\lim_{h \to 0^+} \frac{(R_{\lambda,s-h} - R_{\lambda,s})f}{h},$$

而由定理 8.9 有 $\lim\limits_{s \to s_0}\| R_{\lambda,s} - R_{\lambda,s_0} \| = 0$（对一切 $s_0 \geqslant 0$），所以

$$\lim_{h \to 0^+}\sup\left\| R_{\lambda,s-h}\left(\frac{\mathrm{e}^{h\lambda}f - f}{h}\right) - \lambda R_{\lambda,s}f \right\|$$

$$\leqslant \lim_{h \to 0^+}\sup\| R_{\lambda,s-h} - R_{\lambda,s} \|\left\| \frac{\mathrm{e}^{h\lambda}f - f}{h} \right\|$$

$$+ \lim_{h \to 0^+}\sup\| R_{\lambda,s} \|\left\| \frac{\mathrm{e}^{h\lambda}f - f}{h} - \lambda f \right\| = 0.$$

此即

$$(\mathrm{s})\lim_{h \to 0^+} R_{\lambda,s-h}\left(\frac{\mathrm{e}^{h\lambda}f - f}{h}\right) = \lambda R_{\lambda,s}f$$

存在. 因此，$(\mathrm{s})\lim\limits_{h \to 0^+} \dfrac{1}{h}(F_{s-h,s} \circ R_{\lambda,s}f - R_{\lambda,s}f)$ 存在且属于 $\mathbf{B}$ 的充要条件是

$$(\mathrm{s})\lim_{h \to 0^+} \frac{1}{h}(R_{\lambda,s-h}f - R_{\lambda,s}f)$$

存在且属于 $\mathbf{B}$. 此即

$$R_{\lambda,s}f \in \mathscr{D}(\Omega_s^{(-)}) \Leftrightarrow f \in \mathscr{D}(R_{\lambda,s}^{(-)}).$$

显然,此时有 $\Omega_s^{(-)} \circ R_{\lambda,s} f = \lambda R_{\lambda,s} f - f - R_{\lambda,s}^{(-)} f$. □

系 1 $\mathscr{D}(\Omega_s^{(-)})$ 在 $\bigcap\limits_{n=1}^{\infty} \mathscr{D}(R_{n,s}^{(-)})$ 中稠.

证 任取 $f \in \bigcap\limits_{n=1}^{\infty} \mathscr{D}(R_{n,s}^{(-)})$,则 $nR_{n,s} f \in \mathscr{D}(\Omega_s^{(-)})$ 而由定理8.8有

$$f = (s) \lim_{n \to \infty} nR_{n,s} f,$$

此即 $\mathscr{D}(\Omega_s^{(-)})$ 在 $\bigcap\limits_{n=1}^{\infty} \mathscr{D}(R_{n,s}^{(-)})$ 中稠. □

定理 8.11 若拟时齐的压缩型的半群 $\{F_{s,t}\}$ 满足:

$$\lim_{h \to 0^+} \|F_{s,s+h} - I\| = \lim_{h \to 0^+} \|F_{s-h,s} - I\| = 0 \quad (s \geqslant 0),$$

则有

(1) $\mathscr{D}(R_{\lambda,s}^{(-)}) = \mathscr{D}(R_{\lambda,s}^{(+)}) = \mathbf{B}$, $R_{\lambda,s}^{(-)} = R_{\lambda,s}^{(+)} (\lambda > 0, s \geqslant 0)$;

(2) $\mathscr{D}(\Omega_s^{(-)})$ 在 $\mathbf{B}$ 中稠 $(s \geqslant 0)$;

(3) $\Omega_s^{(-)} \circ R_{\lambda,s} f = \lambda R_{\lambda,s} f - f - R_{\lambda,s}^{(-)} f = \lambda R_{\lambda,s} f - f - R_{\lambda,s}^{(+)} f$ $(s \geqslant 0, \lambda > 0, f \in \mathbf{B})$.

证 由定理8.7、定理8.10及系1即得此定理. □

定理 8.12 在定理8.9的条件下,有

$$\mathscr{D}(\Omega_s^{(+)}) \subset \bigcap_{\lambda > 0} \mathscr{D}(Q_{\lambda,s}^{(+)});$$

$$Q_{\lambda,s} \circ \Omega_s^{(+)} f = Q_{\lambda,s}^{(+)} f - f \quad (f \in \mathscr{D}(\Omega_s^{(+)})).$$

证 $Q_{\lambda,s} \circ F_{s,s+h} f - Q_{\lambda,s} f$

$$= (s) \int_0^s e^{-\lambda u} F_{u,s} \circ F_{s,s+h} f \, du - Q_{\lambda,s} f$$

$$= Q_{\lambda,s+h} f - (s) \int_0^{s+h} e^{-\lambda u} F_{u,s+h} f \, du - Q_{\lambda,s} f,$$

而由 $F_{s,t} f$ 对 (s,t) 二元强连续得

$$(s) \lim_{h \to 0^+} \frac{1}{h} (s) \int_s^{s+h} e^{-\lambda u} F_{u,s+h} f \, du = f$$

存在,所以,由 $Q_{\lambda,s}$ 是有界线性算子即得定理8.12. □

3.9　标准准转移函数所产生的双参数算子半群

本节恒设 $P(s,t,x,A)$ 为可测空间 $(E,\mathscr{E})$ 上的标准的准转移函数，$\mathscr{M}$ 为 $(E,\mathscr{E})$ 上的一切有界实值 $\mathscr{E}$ 可测函数，按通常的线性运算并定义范数为 $\|f\|=\sup\limits_{x\in E}|f(x)|$（$f\in\mathscr{M}$），则成 Banach 空间. 定义一族由 $\mathscr{M}$ 到 $\mathscr{M}$ 的算子如下：

$$(P_{s,t}f)(x)=\int_E P(s,t,x,\mathrm{d}y)f(y)$$

$$(f\in\mathscr{M},\,0\leqslant s\leqslant t<\infty,\,x\in E),$$

易证：$\{P_{s,t}:0\leqslant s\leqslant t<\infty\}$ 是一个压缩型的半群，称之为 $P(s,t,x,A)$ 在 $\mathscr{M}$ 上所产生的**半群**.

设 $\mathscr{L}$ 是 $(E,\mathscr{E})$ 上的一切实值的完全可加的集合函数，按通常的线性运算，并定义范数为

$$\|\varphi\|=\sup\Big\{\sum_{i=1}^n|\varphi(A_i)|:\bigcup_{i=1}^n A_i=E,\,A_iA_j=\varnothing\,(i\neq j),$$

$$A_i\in\mathscr{E}\Big\}$$

（$\varphi\in\mathscr{L}$），则 $\mathscr{L}$ 亦成一 Banach 空间. 定义一族由 $\mathscr{L}$ 到 $\mathscr{L}$ 的算子如下：

$$(V_{s,t}\varphi)(A)=\int_E\varphi(\mathrm{d}x)P(s,t,x,A)$$

$$(\varphi\in\mathscr{L},\,0\leqslant s\leqslant t<\infty,\,A\in\mathscr{E}),$$

易证：当 $P_{s,s+t+u}=P_{s+t,s+t+u}\circ P_{s,s+t}$ 时 $\{V_{s,t}:0\leqslant s\leqslant t<\infty\}$ 亦为压缩型半群，称之为 $P(s,t,x,A)$ **在 $\mathscr{L}$ 上产生之半群**.

注意：由 Hahn 分解有 $\varphi=\varphi^+-\varphi^-$，$|\varphi|=\varphi^++\varphi^-$，$\varphi^+,\varphi^-$，$|\varphi|$ 均为有限测度，且 $\|\varphi\|=|\varphi|(E)$.

定理 9.1　若 $P(s,t,x,A)$ 满足

$$\lim_{t\to s^+}\sup_{x\in E}(1-P(s,t,x,\{x\}))$$

$$=\lim_{s\to t^-}\sup_{x\in E}(1-P(s,t,x,\{x\}))$$

$$=0\quad(s\geqslant 0,\,t>0),$$

则有

(1) $\lim\limits_{(s,t)\to(s_0,t_0)}\|P_{s,t}-P_{s_0,t_0}\|=\lim\limits_{(s,t)\to(s_0,t_0)}\|V_{s,t}-V_{s_0,t_0}\|$

$$=0\quad(0\leqslant s_0\leqslant t_0);$$

(2) (s) $\lim\limits_{(s,t)\to(s_0,t_0)}P_{s,t}f=P_{s_0,t_0}f\quad(f\in\mathcal{M},0\leqslant s_0\leqslant t_0),$

(s) $\lim\limits_{(s,t)\to(s_0,t_0)}V_{s,t}\varphi=V_{s_0,t_0}\varphi\quad(\varphi\in\mathcal{L},0\leqslant s_0\leqslant t_0).$

证 (1) 任取 $s_0>0$, $s<s_0$, 记 $\delta(x,A)=I_A(x)$, 有

$$\|P_{s,s_0}-I\|=\sup_{\|f\|=1}\left\|\iint_E(P(s,s_0,x,\mathrm{d}y)-\delta(x,\mathrm{d}y))f(y)\right\|$$

$$=\sup_{\|f\|=1}\sup_{x\in E}\left|(P(s,s_0,x,\{x\})-1)f(x)\right.$$

$$\left.+\int_{E-\{x\}}P(s,s_0,x,\mathrm{d}y)f(y)\right|$$

$$\leqslant\sup_{x\in E}|P(s,s_0,x,\{x\})-1|$$

$$+\sup_{x\in E}P(s,s_0,x,E-\{x\})$$

$$\leqslant 2\sup_{x\in E}|P(s,s_0,x,\{x\})-1|,$$

所以, 由假设即得

$$\lim_{s\to s_0^-}\|P_{s,s_0}-I\|=0\quad(s_0>0).$$

仿之可证: $\lim\limits_{s\to s_0^+}\|P_{s_0,s}-I\|=0\ (s_0\geqslant0)$. 由定理 8.5 即得第一式.

由定理假设易证:

$$\lim_{s\to s_0^-}\sup_{\substack{x\in E\\A\in\mathscr{E}}}|P(s,s_0,x,A)-\delta(x,A)|=0\quad(s_0>0),$$

$$\lim_{s\to s_0^-}\sup_{\substack{x\in E\\A\in\mathscr{E}}}|P(s_0,s,x,A)-\delta(x,A)|=0\quad(s_0\geqslant0),$$

所以, 任给 $\varepsilon>0$, 存在 $\delta=\delta(\varepsilon)>0$, 当 $|s-s_0|<\delta$ 时有

$$\sup_{\substack{x\in E\\A\in\mathscr{E}}}|P(s\wedge s_0,s\vee s_0,x,A)-\delta(x,A)|\leqslant\varepsilon.\tag{9.1}$$

今任取 $s_0>0$ 固定, $s\leqslant s_0$, 则

$$\|V_{s,s_0}-I\|\leqslant\sup_{\|\varphi\|=1}\left\|\iint_E\varphi(\mathrm{d}x)(P(s,s_0,x,A)-\delta(x,A))\right\|$$

159

$$\leqslant \sup_{\|\varphi\|=1} \Big(\Big\| \int_E \varphi^+(\mathrm{d}x)(P(s,s_0,x,A) - \delta(x,A)) \Big\|$$

$$+ \Big\| \int_E \varphi^-(\mathrm{d}x)(P(s,s_0,x,A) - \delta(x,A)) \Big\| \Big).$$

令

$$\psi_{s,s_0}^{(1)}(A) = \int_E \varphi^+(\mathrm{d}x)(P(s,s_0,x,A) - \delta(x,A)),$$

则

$$|\psi_{s,s_0}^{(1)}(A)| \leqslant \int_A \varphi^+(\mathrm{d}x)(1 - P(s,s_0,x,A))$$

$$+ \int_{E-A} \varphi^+(\mathrm{d}x)P(s,s_0,x,A)$$

$$= \int_E \varphi^+(\mathrm{d}x)[2\delta(x,A)(\delta(x,A) - P(s,s_0,x,A))$$

$$+ P(s,s_0,x,A) - \delta(x,A))].$$

所以，任取 $A_i \in \mathscr{E}$，$A_i A_j = \varnothing$ $(i \neq j)$，$\bigcup_{i=1}^n A_i = E$，有

$$\sum_{i=1}^n |\psi_{s,s_0}^{(1)}(A_i)| \leqslant \int_E \varphi^+(\mathrm{d}x) \sum_{i=1}^n [2\delta(x,A_i)(\delta(x,A_i)$$

$$- P(s,s_0,x,A_i)) + P(s,s_0,x,A_i) - \delta(x,A_i))]$$

$$= \int_E \varphi^+(\mathrm{d}x) \Big[\sum_{i=1}^n 2\delta(x,A_i)(\delta(x,A_i)$$

$$- P(s,s_0,x,A_i)) + P(s,s_0,x,E) - 1 \Big].$$

因此，当 $|s - s_0| < \delta$ 时，由 (9.1) 有

$$\sum_{i=1}^n |\psi_{s,s_0}^{(1)}(A_i)| \leqslant \int_E \varphi^+(\mathrm{d}x) \Big(\sum_{i=1}^n 2\delta(x,A_i)\varepsilon + \varepsilon \Big)$$

$$= 3\varepsilon \|\varphi^+\| \leqslant 3\varepsilon \|\varphi\|,$$

从而 $\|\psi_{s,s_0}^{(1)}\| \leqslant 3\varepsilon \|\varphi\|$，故

$$\sup_{\|\varphi\|=1} \Big\| \int_E \varphi^+(\mathrm{d}x)(P(s,s_0,x,A) - \delta(x,A)) \Big\| \leqslant 3\varepsilon$$

$$(|s - s_0| < \delta).$$

仿之可证：

$$\sup_{\|\varphi\|=1}\left\|\iint_E \varphi^-(\mathrm{d}x)(P(s,s_0,x,A)-\delta(x,A))\right\|\leqslant 3\varepsilon$$
$$(\,|s-s_0|<\delta).$$

由 $\varepsilon>0$ 可以任意小得知

$$\lim_{s\to s_0^-}\|V_{s,s_0}-I\|=0\quad(s_0>0).$$

仿之可证:

$$\lim_{s\to s_0^+}\|V_{s_0,s}-I\|=0\quad(s_0\geqslant 0).$$

再用定理 8.5 即得 (1) 之第二式.

(2) 由 (1) 即得 (2). □

定义 9.1 设 $P(s,t,x,A)$ 是任一标准准转移函数, 若

$$\lim_{h\to 0}\frac{1}{h}(P(s+h,t+h,x,A)-P(s,t,x,A))=g(s,t,x,A)$$

对一切 $0\leqslant s\leqslant t<\infty$, $x\in E$, $A\in\mathcal{E}$ 一致成立, g 是 s,t,x,A 的 4 元有界实值函数, 则称 $P(s,t,x,A)$ 是**拟时齐的**. 显然时齐的标准准转移函数必为拟时齐的.

易见: 固定 s,t,A, $g(s,t,\cdot,A)\in\mathcal{M}$; 固定 s,t,x, $g(s,t,x,\cdot)\in\mathcal{L}$.

定理 9.2 设 $\{P_{s,t}\}$, $\{V_{s,t}\}$ 分别为 $P(s,t,x,A)$ 在 $\mathcal{M}$ 及 $\mathcal{L}$ 上所产生的半群, 如果 $P(s,t,x,A)$ 具有拟时齐性, 则 $\{P_{s,t}\}$, $\{V_{s,t}\}$ 也具有拟时齐性.

先证明:

引理 9.1 设 $\mu_{n,t},\mu_t\in\mathcal{L}$, $f\in\mathcal{M}$, 若对任何 $A\in\mathcal{E}$, 有

$$\lim_{n\to\infty}\mu_{n,t}(A)=\mu_t(A)\quad(在 t\in\Gamma 上一致成立),$$

且 $\sup_{t\in\Gamma,A\in\mathcal{E}}|\mu_t(A)|\leqslant M<\infty$, 则

$$\lim_{n\to\infty}\int_E f\,\mathrm{d}\mu_{n,t}=\int_E f\,\mathrm{d}\mu_t\quad(在 t\in\Gamma 上一致成立).$$

证 由于 $f\in\mathcal{M}$, 所以存在一串简单函数 $\{g_m\}$, 在 E 上一致收敛到 f. 而

$$\left| \int_E f \, \mathrm{d}\mu_{n,t} - \int_E f \, \mathrm{d}\mu_t \right|$$

$$\leqslant \left| \int_E f \, \mathrm{d}\mu_{n,t} - \int_E g_m \, \mathrm{d}\mu_{n,t} \right| + \left| \int_E g_m \, \mathrm{d}\mu_{n,t} - \int_E g_m \, \mathrm{d}\mu_t \right|$$

$$+ \left| \int_E g_m \, \mathrm{d}\mu_t - \int_E f \, \mathrm{d}\mu_t \right|, \tag{9.2}$$

由 g_m 是简单函数及引理假设有

$$\lim_{n \to \infty} \sup_{t \in \Gamma} \left| \int_E g_m \, \mathrm{d}\mu_{n,t} - \int_E g_m \, \mathrm{d}\mu_t \right| = 0 \quad (m \geqslant 1).$$

由 $\{g_m\}$ 一致收敛到 f 及 $\sup_{t \in \Gamma, A \in \mathscr{E}} |\mu_t(A)| \leqslant M$ 有

$$\lim_{m \to \infty} \sup_{t \in \Gamma} \left| \int_E g_m \, \mathrm{d}\mu_t - \int_E f \, \mathrm{d}\mu_t \right| = 0.$$

由引理假设知：存在 N_0，使

$$|\mu_{n,t}(A)| \leqslant M + 1 \quad (\text{对一切 } n \geqslant N_0, \, t \in \Gamma, \, A \in \mathscr{E}),$$

再注意 $\{g_m\}$ 一致收敛到 f 即可得

$$\lim_{m \to \infty} \sup_{t \in \Gamma} \left| \int_E g_m \, \mathrm{d}\mu_{n,t} - \int_E f \, \mathrm{d}\mu_{n,t} \right| = 0 \quad (n \geqslant N_0).$$

总之，在 (9.2) 中，先令 $n \to \infty$，次令 $m \to \infty$，即得引理 9.1. $\qquad \square$

下面利用引理来证明定理.

定理 9.2 的证明 先证 $\{P_{s,t}\}$ 的拟时齐性. 令

$$\mu(s,t,x,A) = g(s,t,x,A),$$

$$\mu_h(s,t,x,A) = \frac{1}{h}(P(s+h,t+h,x,A) - P(s,t,x,A)),$$

取 $f \in \mathscr{M}$，则 $\mu_h(s,t,x,\cdot), \mu(s,t,x,\cdot), f$ 均满足引理 9.1 的条件，所以

$$\lim_{h \to 0} \sup_{0 \leqslant s \leqslant t < \infty} \left\| \left(\frac{P_{s+h,t+h} - P_{s,t}}{h} \right) f - \int_E g(s,t,\cdot,\mathrm{d}y) f(y) \right\|$$

$$= \lim_{h \to 0} \sup_{\substack{0 \leqslant s \leqslant t < \infty \\ x \in E}} \left| \int_E \mu_h(s,t,x,\mathrm{d}y) f(y) - \int_E \mu(s,t,x,\mathrm{d}y) f(y) \right|$$

$$= 0.$$

此即 $\{P_{s,t}\}$ 具有拟时齐性.

最后证明 $\{V_{s,t}\}$ 具有拟时齐性. 任取 $\varphi \in \mathscr{L}$，令

$$\psi_{h,s,t}(A) = \int_E \varphi(\mathrm{d}x)\left[\frac{1}{h}(P(s+h,t+h,x,A)\right.$$

$$\left. - P(s,t,x,A)) - g(s,t,x,A)\right],$$

再令 $A^+_{h,s,t}, A^-_{h,s,t}$ 分别为 $\psi_{h,s,t}$ 的 Hahn 分解的正、负集. 由定理假设有

$$\lim_{h\to 0} \sup_{\substack{0\leqslant s\leqslant t<\infty \\ A\in\mathscr{E}}} |\psi_{h,s,t}(A)| = 0,$$

所以

$$\lim_{h\to 0} \sup_{0\leqslant s\leqslant t<\infty} \left\|\frac{V_{s+h,t+h}-V_{s,t}}{h}\varphi - \int_E \varphi(\mathrm{d}x)g(s,t,x,\cdot)\right\|$$

$$= \lim_{h\to 0} \sup_{0\leqslant s\leqslant t<\infty} \|\psi_{h,s,t}\| = \lim_{h\to 0^+} \sup_{0\leqslant s\leqslant t<\infty} |\psi_{h,s,t}|(E)$$

$$= \lim_{h\to 0^+} \sup_{0\leqslant s\leqslant t<\infty} (\psi_{h,s,t}(A^+_{h,s,t}) - \psi_{h,s,t}(A^-_{h,s,t})) = 0.$$

此即 $\{V_{s,t}\}$ 具有拟时齐性. 定理证毕. □

定理 9.3　设 $P(s,t,x,A)$ 具有拟时齐性且满足定理 9.1 中的条件, $\{P_{s,t}\},\{V_{s,t}\}$ 分别为 $P(s,t,x,A)$ 在 $\mathscr{M}$ 及 $\mathscr{L}$ 中所产生的半群, $R_{\lambda,s}[P],\Omega_s^{(-)}[P]$ 分别为 $\{P_{s,t}\}$ 的右预解算子及左无穷小算子, $R_{\lambda,s}[V],\Omega_s^{(-)}[V]$ 分别为 $\{V_{s,t}\}$ 的右预解算子及左无穷小算子, 则

(1)　$\mathscr{D}(R^{(-)}_{\lambda,s}[P]) = \mathscr{D}(R^{(+)}_{\lambda,s}[P]) = \mathscr{M}\quad(\lambda>0,\ s\geqslant 0),$

$\mathscr{D}(R^{(-)}_{\lambda,s}[V]) = \mathscr{D}(R^{(+)}_{\lambda,s}[V]) = \mathscr{L}\quad(\lambda>0,\ s\geqslant 0),$

$R^{(-)}_{\lambda,s}[P] = R^{(+)}_{\lambda,s}[P],\ R^{(-)}_{\lambda,s}[V] = R^{(+)}_{\lambda,s}[V]\quad(\lambda>0,\ s\geqslant 0)$

$(R^{(-)}_{\lambda,s}, R^{(+)}_{\lambda,s}$ 仍表 $R_{\lambda,s}$ 对 s 的左、右微分算子);

(2)　$\mathscr{D}(\Omega_s^{(-)}[P])$ 和 $(\mathscr{D}(\Omega_s^{(-)}[V])$ 分别在 $\mathscr{M}$ 和 $\mathscr{L}$ 中稠 $(s\geqslant 0)$;

(3)　$\Omega_s^{(-)}[P]\circ R_{\lambda,s}[P]f = \lambda R_{\lambda,s}[P] - f - R^{(-)}_{\lambda,s}[P]f$

$$= \lambda R_{\lambda,s}[P]f - f - R^{(+)}_{\lambda,s}[P]f$$

$$(\lambda>0,\ s\geqslant 0,\ f\in\mathscr{M});$$

$\Omega_s^{(-)}[V]\circ R_{\lambda,s}[V]\varphi = \lambda R_{\lambda,s}[V]\varphi - \varphi - R^{(-)}_{\lambda,s}[V]\varphi$

$$= \lambda R_{\lambda,s}[V]\varphi - \varphi - R^{(+)}_{\lambda,s}[V]\varphi$$

$$(\lambda>0,\ s\geqslant 0,\ \varphi\in\mathscr{L}).$$

证 由定理 9.1、定理 9.2 和定理 8.11 即得此定理. □

3.10　准转移函数的强遍历性

J. L. Doob 在 [39] 中对时齐的准转移函数 $P(t,x,A)$ 的遍历性理论,作了系统的研究. 本节着重讨论非时齐的准转移函数 $P(s,t,x,A)$ 的强遍历性.

设 $(E,\mathscr{E}),\mathscr{M},\mathscr{L}$ 如 3.9 节所定义.

定义 10.1　称某数域 $\mathscr{K}$(下面多取为实数域或复数域)上的线性空间 $\mathscr{A}$ 为一个**代数**, 如果对任意 $f,g \in \mathscr{A}$, 存在唯一一个乘积 $fg \in \mathscr{A}$ 具有下列性质:

(1)　结合性: $(fg)h = f(gh)$, $f,g,h \in \mathscr{A}$;

(2)　分配性:

$$f(g+h) = fg + fh, \quad (g+h)f = gf + hf, \quad f,g,h \in \mathscr{A};$$

(3)　$\alpha\beta(fg) = (\alpha f)(\beta g)$, $\alpha,\beta \in \mathscr{K}$, $f,g \in \mathscr{A}$;

(4)　有单位元素 e, 使 $ef = fe = f$, $f \in \mathscr{A}$.

称代数 $\mathscr{A}$ 是一个 **Banach 代数**, 如果 $\mathscr{A}$ 还是一个 Banach 空间, 且满足

(5)　$\|fg\| \leqslant \|f\|\|g\|$, $f,g \in \mathscr{A}$;

(6)　$\|e\| = 1$.

注意: 由 (5) 和范数的三角不等式得

$$\|f_n g_n - fg\| \leqslant \|f_n(g_n - g)\| + \|(f_n - f)g\|$$
$$\leqslant \|f_n\|\|g_n - g\| + \|f_n - f\|\|g\|,$$

所以 fg 对 f 和 g 连续(依范数).

令

$$\widetilde{\mathscr{A}} = \{\mu(x,A): 对任意 x \in E, \mu(x,\cdot) \in \mathscr{L};$$
$$对任意 A \in \mathscr{E}, \mu(\cdot,A) \in \mathscr{M},$$
$$\sup_{x \in E}\|\mu(x,\cdot)\| < \infty\}, \tag{10.1}$$

在 $\widetilde{\mathscr{A}}$ 中依通常习惯定义加法与数量乘法, 并定义 $\widetilde{\mathscr{A}}$ 中二元素 μ_1,μ_2 的乘法如下:

$$(\mu_1 \otimes \mu_2)(x, A) = \int_E \mu_1(x, \mathrm{d}y)\mu_2(y, A)$$

$$(x \in E,\, A \in \mathscr{E}), \qquad (10.2)$$

再在 $\widetilde{\mathscr{A}}$ 中定义范数如下：

$$\|\mu\| = \sup_{x \in E}\|\mu(x, \cdot)\|, \qquad (10.3)$$

则有 $\|I_A(x)\| = 1$，$I_A(x)$ 是 $\widetilde{\mathscr{A}}$ 中的单位元素，记之为 I，且

$$\|\mu_1 \otimes \mu_2\| \leqslant \|\mu_1\|\|\mu_2\|, \quad \mu_1, \mu_2 \in \widetilde{\mathscr{A}}.$$

若注意 $\mathscr{L}$ 是 Banach 空间，且应用下面的命题 10.1，则易证 $\widetilde{\mathscr{A}}$ 是一个 Banach 代数.

命题 10.1 若 $f_n \in \mathscr{M}$，$\lim\limits_{n \to \infty} f_n(x) = f(x)$ $(x \in E)$，则

$$\lim_{m,n \to \infty}\|f_n - f_m\| = 0 \Leftrightarrow \lim_{n \to \infty}\|f - f_n\| = 0.$$

证 只证"$\Rightarrow$". 谬设 $\lim\limits_{n \to \infty}\|f_n - f\| \neq 0$，则存在 $\varepsilon_0 > 0$ 及 $\{n_k\}$，$\{x_k\}$，使 $n_k \uparrow \infty$，

$$|f_{n_k}(x_k) - f(x_k)| > \varepsilon_0 \quad (k \geqslant 1).$$

但是，由 $\lim\limits_{m,n \to \infty}\|f_m - f_n\| = 0$ 得知，存在 N（不依赖 $x \in E$）使

$$m, n \geqslant N \Rightarrow |f_m(x) - f_n(x)| < \frac{\varepsilon_0}{2}.$$

选取一个固定的 k，使 $n_k \geqslant N$，则存在一个 K，使 $n \geqslant K$ 时有

$$|f_n(x_k) - f(x_k)| < \frac{\varepsilon_0}{2}.$$

因此

$$|f_{n_k}(x_k) - f(x_k)|$$

$$\leqslant |f_{n_k}(x_k) - f_n(x_k)| + |f_n(x_k) - f(x_k)| \leqslant \varepsilon_0,$$

矛盾. 命题得证. $\qquad\qquad\qquad\qquad\qquad\qquad\square$

定义 10.2 设 $\mathscr{A}$ 是实数域 $\mathbf{R}^1$ 上的一个代数，令

$$\mathscr{A}_c = \mathscr{A} \times \mathscr{A} = \{(f, g)\colon f, g \in \mathscr{A}\},$$

在 $\mathscr{A}_c$ 中定义代数运算如下：

$$(f, g) + (f', g') = (f + f', g + g'),$$

$$(\alpha + \beta \mathrm{i})(f,g) = (\alpha f - \beta g, \alpha g + \beta f),$$
$$(f,g)(f',g') = (ff' - gg', fg' + f'g)$$
$$(\alpha, \beta \in \mathbf{R}^1, \ f, g, f', g' \in \mathscr{A}),$$

则 $\mathscr{A}_c$ 是复数域 $\mathscr{K}$ 上的一个代数, $\mathscr{A}_c$ 称为 $\mathscr{A}$ 的**"复化"代数**.

熟知(参看[24]定理 1.3.2): 若 $\mathscr{A}$ 是实数域 $\mathbf{R}^1$ 上的一个 Banach 代数, 其中范数用 $\|\cdot\|_A$ 记之, 则在 $\mathscr{A}_c$ 中可定义一个范数 $\|\cdot\|_{A_c}$, 使 $\mathscr{A}_c$ 成 Banach 代数, 且 $\|f\|_A = \|(f,0)\|_{A_c}$. $\mathscr{A}_c$ 亦称为 Banach 代数 $\mathscr{A}$ 的 **"复化"**.

定义 10.3 称 Banach 代数 $\mathscr{A}$ 中的元素 f 是**正则的**, 如果存在 $g \in \mathscr{A}$, 使

$$fg = gf = e \quad (e \text{ 是 } \mathscr{A} \text{ 中的单位元素}).$$

g 称为 f 之**逆元素**, 记之为 $g = f^{-1}$. 反之称 f 是**奇异的**.

易见, 若 f 是正则的, 其逆必唯一.

定义 10.4 设 $\mathscr{A}$ 是复数域 $\mathscr{K}$ 上的 Banach 代数, $f \in \mathscr{A}$, 称

$$\sigma_A(f) = \{\lambda : \lambda e - f \text{ 奇异}, \lambda \in \mathscr{K}\}$$

为 f 的**谱**.

若 $\mathscr{A}$ 是实数域 $\mathbf{R}^1$ 上的 Banach 代数, $f \in \mathscr{A}$, 则定义 f 的谱为 $(f,0)$ 作为 $\mathscr{A}_c$ 中的元素的谱, 即

$$\sigma_A(f) = \sigma_{A_c}((f,0)) = \{\lambda : \lambda(e,0) - (f,0) \text{ 奇异}, \lambda \in \mathscr{K}\}.$$

称 $r_A(f) \equiv \sup\{|x| : \lambda \in \sigma_A(f)\}$ 为 f 的**谱半径**.

对任意 Banach 代数 $\mathscr{A}$ (实数域上或复数域上的), 任意 $f \in \mathscr{A}$, $\sigma_A(f)$ 是非空有界闭集且 $r(f) = \lim\limits_{n \to \infty} \|f^n\|^{\frac{1}{n}} = \inf\limits_{n \geqslant 1} \|f^n\|^{\frac{1}{n}}$ (参看[24]定理 1.4.1 及定理 1.6.4). 简记 $\sigma_A(f), r_A(f)$ 为 $\sigma(f), r(f)$.

命题 10.2 对任何 $f \in \mathscr{A}$, 总有 $r(f^k) = r(f)^k$ $(k \geqslant 1)$.

证 用 Banach 代数的范数的乘法不等式有

$$r(f^k) = \lim\limits_{n \to \infty} \|f^{nk}\|^{\frac{1}{n}} \leqslant \lim\limits_{n \to \infty} (\|f^n\|^{\frac{k}{n}}) = r(f)^k.$$

但是

$$r(f^k) = \inf_{n \geqslant 1} \| f^{nk} \|^{\frac{1}{n}} = \left(\inf_{n \geqslant 1} \| f^{nk} \|^{\frac{1}{nk}} \right)^k$$

$$\geqslant \left(\inf_{n \geqslant 1} \| f^n \|^{\frac{1}{n}} \right)^k = r(f)^k. \qquad \square$$

下面我们研究(10.1)所定义的 Banach 代数 $\widetilde{\mathscr{A}}$.

对任何 $\mu \in \widetilde{\mathscr{A}}$, 令

$$\mu^n = \underbrace{\mu \otimes \mu \otimes \cdots \otimes \mu}_{n\text{个}}, \tag{10.4}$$

$$\delta(\mu) = \frac{1}{2} \sup_{x, y \in E} \| \mu(x, \cdot) - \mu(y, \cdot) \|, \tag{10.5}$$

再令

$$\mathscr{M}^+ = \{ f \colon f \in \mathscr{M}, f \geqslant 0 \};$$

$$\mathscr{L}^+ = \{ \psi \colon \psi \in \mathscr{L}, \psi \geqslant 0 \} \quad (\psi^+, \psi^-, |\psi| \text{ 如常义});$$

$$\widetilde{\mathscr{A}}^+ = \{ \mu \colon \mu \in \widetilde{\mathscr{A}}, \mu \geqslant 0 \}.$$

显然当 $\psi \in \mathscr{L}$ 时, ψ 亦可视为 $\widetilde{\mathscr{A}}$ 中的元素, 且 ψ 在 $\mathscr{L}$ 中的范数与在 $\widetilde{\mathscr{A}}$ 中的范数一样, 而且 $\mathscr{L}$ 是 $\widetilde{\mathscr{A}}$ 的闭线性子空间.

命题 10.3 设 $\mu_i \in \widetilde{\mathscr{A}}$, $\mu_i(x, E) \equiv c_i$ 不依赖 $x \in E$ $(i = 1, 2)$, $\mu = \mu_1 \otimes \mu_2$, 则 $\delta(\mu) \leqslant \delta(\mu_1)\delta(\mu_2)$.

证 因为 $\mu_i(x, E) \equiv c_i$, 所以 $\mu(x, E) \equiv c_1 c_2$, 因此

$$(\mu_i(x, \cdot) - \mu_i(y, \cdot))^+(E) = (\mu_i(x, \cdot) - \mu_i(y, \cdot))^-(E),$$

$$(\mu(x, \cdot) - \mu(y, \cdot))^+(E) = (\mu(x, \cdot) - \mu(y, \cdot))^-(E).$$

所以

$$\delta(\mu_i) = \sup_{x, y \in E} ((\mu_i(x, \cdot) - \mu_i(y, \cdot)^+(E)).$$

令 $E_i^+(x, y), E^+(x, y)$ $(E_i^-(x, y), E^-(x, y))$ 分别为 $\mu_i(x, \cdot) - \mu_i(y, \cdot)$ 和 $\mu(x, \cdot) - \mu(y, \cdot)$ 的正(负)集合, 则

$$(\mu(x, \cdot) - \mu(y, \cdot))^+(E)$$

$$= (\mu(x, \cdot) - \mu(y, \cdot))(E^+(x, y))$$

$$= \int_E (\mu_1(x, dz) - \mu_1(y, dz))\mu_2(z, E^+(x, y))$$

$$\leqslant \int_E (\mu_1(x,dz) - \mu_1(y,dz))^+ \sup_{z \in E} \mu_2(z, E^+(x,y))$$

$$- \int_E (\mu_1(x,dz) - \mu_1(y,dz))^- \inf_{z \in E} \mu_2(z, E^+(x,y))$$

$$= (\mu_1(x,\cdot) - \mu_1(y,\cdot))^+(E)(\sup_{z \in E} \mu_2(z, E^+(x,y))$$

$$- \inf_{z \in E} \mu_2(z, E^+(x,y)))$$

$$\leqslant (\mu_1(x,\cdot) - \mu_1(y,\cdot))^+(E)$$

$$\cdot \sup_{u,v \in E} (\mu_2(u,\cdot) - \mu_2(v,\cdot))^+(E).$$

把上式两边对 $x, y \in E$ 取 sup, 得到 $\delta(\mu) \leqslant \delta(\mu_1)\delta(\mu_2)$. □

命题 10.4 设 $\mu_i \in \widetilde{\mathscr{A}}$ $(i = 1, 2)$, $\mu_1(x, E) \equiv c$, $\mu_2(x, E) \equiv 0$, $\mu = \mu_2 \otimes \mu_1$, 则 $\|\mu\| \leqslant \delta(\mu_1)\|\mu_2\|$.

证 令 $E^+(x)$ 表 $\mu(x,\cdot)$ 之正集合. 因为 $\mu_2(x, E) \equiv 0$, 所以
$$\mu_2^+(x, E) \equiv \mu_2^-(x, E).$$
但是 $\mu(x, E) = (\mu_2 \otimes \mu_1)(x, E) \equiv 0$, 所以

$$\|\mu\| = 2 \sup_{x \in E} \mu^+(x, E) = 2 \sup_{x \in E} \int_E \mu_2(x, dy)\mu_1(y, E^+(x))$$

$$\leqslant 2 \sup_{x \in E} \Big[\int_E \mu_2^+(x, dy) \sup_{y \in E} \mu_1(y, E^+(x))$$

$$- \int_E \mu_2^-(x, dy) \inf_{y \in E} \mu_1(y, E^+(x)) \Big]$$

$$\leqslant 2 \sup_{x \in E} [\mu_2^+(x, E) \sup_{u,v \in E} (\mu_1(u, E^+(x)) - \mu_1(v, E^+(x)))]$$

$$\leqslant 2 \sup_{x \in E} (\mu_2^+(x, E) \sup_{u,v \in E} ([\mu_1(u, \cdot) - \mu_1(v, \cdot)]^+(E))$$

$$= \delta(\mu_1)\|\mu_2\|. \quad\square$$

命题 10.5 设 $\mu \in \widetilde{\mathscr{A}}$, $\mu(x, E) \equiv c$, 则
$$\lim_{n \to \infty} [\delta(\mu^n)]^{\frac{1}{n}} = \inf_{n \geqslant 1} [\delta(\mu^n)]^{\frac{1}{n}}.$$

证 由命题 10.3 有

$$\delta(\mu^{l+m}) \leqslant \delta(\mu^l)\delta(\mu^m).$$

令 $\rho = \inf_{n \geqslant 1}[\delta(\mu^n)]^{\frac{1}{n}}$，对任何 $\varepsilon > 0$，取 m，使

$$[\delta(\mu^m)]^{\frac{1}{m}} < \rho + \varepsilon.$$

对任意正整数 n，表 $n = pm + q\ (p \geqslant 0,\ 0 \leqslant q < m)$，则有

$$[\delta(\mu^n)]^{\frac{1}{n}} \leqslant (\delta(\mu^m))^{\frac{p}{n}}\delta(\mu)^{\frac{q}{n}} \leqslant (\rho+\varepsilon)^{\frac{mp}{n}}\delta(\mu)^{\frac{q}{n}}.$$

因为 $\lim\limits_{n\to\infty} \dfrac{mp}{n} = 1,\ \lim\limits_{n\to\infty} \dfrac{q}{n} = 0$，所以

$$\limsup_{n\to\infty}[\delta(\mu^n)]^{\frac{1}{n}} \leqslant \rho + \varepsilon.$$

因此，$\lim\limits_{n\to\infty}[\rho(\mu^n)]^{\frac{1}{n}} = \inf\limits_{n\geqslant 1}[\delta(\mu^n)]^{\frac{1}{n}}.$ □

命题 10.6　设 $\mu, p \in \widetilde{\mathscr{A}}$，$p(x,E) \equiv \mu(x,E) \equiv c$（对一切 $x \in E$），

$$\mu \otimes p = p \otimes \mu = \mu^2 = \mu,$$

$\mu(x,A) \equiv \mu(A)$ 不依赖 $x \in E\ (A \in \mathscr{E})$，则

(1)　$\delta(p) \leqslant \|p - \mu\|$；

(2)　$r(p-\mu) = \lim\limits_{n\to\infty}\delta(p^n)^{\frac{1}{n}} = \inf\limits_{n\geqslant 1}\delta(p^n)^{\frac{1}{n}}$；

(3)　$\lim\limits_{n\to\infty}r(p^n - \mu) = 0 \Leftrightarrow \lim\limits_{n\to\infty}\delta(p^n) = 0 \Leftrightarrow$ 存在 N，使 $\delta(p^N) <$ $1 \Leftrightarrow r(p-\mu) < 1.$

证　(1)　$\delta(p) = \dfrac{1}{2}\sup\limits_{x,y\in E}\|p(x,\cdot) - p(y,\cdot)\|$

$$\leqslant \frac{1}{2}\sup_{x,y\in E}(\|(p(x,\cdot) - \mu(x,\cdot)\|$$
$$+ \|(\mu(y,\cdot) - p(y,\cdot)\|)$$
$$= \|p - \mu\|.$$

(2)　$r(p-\mu) = \lim\limits_{n\to\infty}\|(p-\mu)^n\|^{\frac{1}{n}} = \lim\limits_{n\to\infty}\|p^n - \mu\|^{\frac{1}{n}}$

$$= \lim_{n\to\infty}\|p^n - \mu \otimes p^n\|^{\frac{1}{n}}$$

$$\leqslant \lim_{n\to\infty} \inf(\|I-\mu\|\delta(p^n))^{\frac{1}{n}} \quad (\text{命题 } 10.4)$$

$$\leqslant \lim_{n\to\infty} \inf \delta(p^n)^{\frac{1}{n}} \leqslant \lim_{n\to\infty} \sup \delta(p^n)^{\frac{1}{n}}$$

$$\leqslant \lim_{n\to\infty} \sup\|p^n-\mu\|^{\frac{1}{n}} = \lim_{n\to\infty}(\|(p-\mu)^n\|^{\frac{1}{n}})$$

$$= r(p-\mu).$$

定义 10.5 对任意 $\mu \in \widetilde{\mathscr{A}}$，定义

$$(\mu f)(x) = \int_E \mu(x,\mathrm{d}y) f(y) \quad (f \in \mathscr{M},\ x \in E),$$

$$\sigma_\pi(\mu) = \{\lambda: \lambda \in \mathscr{K},\ \text{存在 } f_n \in \mathscr{M},\ \|f_n\| = 1,\ 且$$

$$\lim_{n\to\infty}\|(-\mu+\lambda I)f_n\| = 0\},$$

$\sigma_\pi(\mu)$ 称为 μ 的**渐近点谱**.

容易证明：

(1) $\sigma_\pi(\mu) \subset \sigma(\mu)$； $\qquad\qquad\qquad\qquad\qquad\qquad$ (10.6)

(2) $\sigma(\mu)^b \subset \sigma_\pi(\mu)$ $(\sigma(\mu)^b$ 为 $\sigma(\mu)$ 之边界). $\qquad\quad$ (10.7)

证 (1) 谬设存在 $\lambda \in \sigma_\pi(\mu)$，$\lambda \in \sigma(\mu)$，则存在 $f_n \in \mathscr{M}$，$\|f_n\| = 1$，$\nu_\lambda \in \widetilde{\mathscr{A}}$，使

$$\lim_{n\to\infty}\|(\lambda I-\mu)f_n\| = 0, \quad 但是 \nu_\lambda(\lambda I-\mu) = I,$$

所以

$$1 = \lim_{n\to\infty}\|f_n\| = \lim_{n\to\infty}\|\nu_\lambda(\lambda I-\mu)f_n\|$$

$$\leqslant \|\nu_\lambda\| \lim_{n\to\infty}\|(\lambda I-\mu)f_n\| = 0,$$

矛盾.

(2) 首先我们注意：对任一 Banach 代数 $\mathscr{A}$，任取 $\mu \in \mathscr{A}$，再设 e 为其单位元素，若 $\|\mu-e\| < 1$，则 μ 必为正则元素，且

$$\mu^{-1} = \sum_{k=0}^{\infty}(e-\mu)^k.$$

事实上，令 $\mu_n = \sum_{k=0}^{n}(e-\mu)^k$，则当 $m < n$ 时

$$\|\mu_n - \mu_m\| \leqslant \sum_{k=m+1}^{n} \|(e-\mu)^k\|$$

$$\leqslant \sum_{k=m+1}^{n} \|(e-\mu)\|^k \to 0 \quad (\text{当 } m \to \infty).$$

此即 $\{\mu_n, n \geqslant 0\}$ 是基本列, 由于 $\mathscr{A}$ 是 Banach 空间, 由完备性得知存在 $\nu \in \mathscr{A}$, 使

$$\mu_n \to \nu = \sum_{k=0}^{\infty} (e-\mu)^k \quad (n \to \infty),$$

但是

$$\mu\mu_n = (e - (e-\mu)) \sum_{k=0}^{n} (e-\mu)^k = (e - (e-\mu)^{n+1}),$$

所以

$$\|\mu\mu_n - e\| \leqslant \|(e-\mu)^{n+1}\| \leqslant \|e-\mu\|^{n+1} \to 0 \quad (n \to \infty),$$

即是 $\mu\mu_n \to e$. 仿之可证

$$\mu_n \mu \to e.$$

而由 Banach 代数的范数乘法不等式及 $\mu_n \to \nu$ 知

$$\mu_n \mu \to \nu\mu, \quad \mu\mu_n \to \mu\nu,$$

所以 $\mu\nu = \nu\mu = e$, 此即 μ 是正则元素.

现在我们利用此事实来证明 $\sigma(\mu)^b \subset \sigma_\pi(\mu)$. 任取 $\lambda \in \sigma(\mu)^b$, 则存在 $\lambda_n \in \sigma(\mu)$, $|\lambda_n - \lambda| \downarrow 0$.

令 $\nu_n = \lambda_n I - \mu$, $\nu = \lambda I - \mu$, 则由 $\lambda_n \in \sigma(\mu)$ 知 ν_n 有逆元素 ν_n^{-1}. 往证

$$\|\nu_n^{-1} \otimes \nu - I\| \geqslant 1 \quad (\text{对一切 } n \geqslant 1).$$

谬设有 k_m 使 $\|\nu_{k_m}^{-1} \otimes \nu - I\| < 1$, 所以 $\nu_{k_m}^{-1} \otimes \nu$ 有逆元素 ν_m^*, 从而

$$\nu_m^* \otimes (\nu_{k_m}^{-1} \otimes \nu) = I, \quad (\nu_{k_m}^{-1} \otimes \nu) \otimes \nu_m^* = I,$$

把第二式左乘 ν_{k_m}, 右乘 $\nu_{k_m}^{-1}$ 得

$$\nu \otimes (\nu_m^* \otimes \nu_{k_m}^{-1}) = I,$$

此即 ν 是正则元素, 矛盾. 所以

$$\|\nu_n^{-1} \otimes \nu - I\| \geqslant 1 \quad (\text{对一切 } n \geqslant 1).$$

所以, 若令

$$g_n = \frac{|\lambda - \lambda_n|}{\| \nu_n^{-1} \otimes \nu - I \|}, \quad f_n = \nu_n^{-1} g_n,$$

即

$$\| \nu_n^{-1} g_n \| = \frac{\| \nu_n^{-1}(\lambda - \lambda_n) \|}{\| \nu_n^{-1} \otimes \nu - I \|} = \frac{\| \nu_n^{-1}((\lambda I - \mu) - (\lambda_n I - \mu)) \|}{\| \nu_n^{-1} \otimes \nu - I \|}$$

$$= \frac{\| \nu_n^{-1} \otimes \nu - I \|}{\| \nu_n^{-1} \otimes \nu - I \|} = 1,$$

$\lim\limits_{n \to \infty} \| g_n \| = 0$. 而

$$\lim_{n \to \infty} \| (\lambda I - \mu) f_n \| = \lim_{n \to \infty} \| (\lambda_n I - \mu) f_n \| = \lim_{n \to \infty} \| \nu_n \otimes \nu_n^{-1} g_n \|$$

$$= \lim_{n \to \infty} \| g_n \| = 0.$$

所以 $\lambda \in \sigma_\pi(\mu)$. $\qquad\qquad\qquad\qquad\qquad\qquad \square$

命题 10.7 设 $P, \mu \in \widetilde{\mathscr{A}}$, $\mu(x, A) \equiv \mu(A)$, $P \otimes \mu = \mu \otimes P = \mu^2 = \mu$, 则

(1) $\sigma_\pi(P - \mu) - \{0, 1\} = \sigma_\pi(P) - \{0, 1\}$;

(2) $r(P - \mu) < 1 \Rightarrow r^*(P) = r(P - \mu)$,

其中 $r^*(P) = \sup\{ |\lambda| : \lambda \neq 1, \lambda \in \sigma(P) \}$.

证 (1) 设 $\alpha \in \sigma_\pi(P)$, $\alpha \neq 1$, 则存在 $f_n \in \mathscr{M}$, $\| f_n \| = 1$, 使

$$\lim_{n \to \infty} \| (P - \alpha I) f_n \| = 0,$$

而且

$$\lim_{n \to \infty} \| \mu f_n \| = \lim_{n \to \infty} \| \mu \otimes (P - \alpha I) f_n \| \frac{1}{|1 - \alpha|}$$

$$\leqslant \lim_{n \to \infty} \| \mu \| \| (P - \alpha I) f_n \| \frac{1}{|1 - \alpha|} = 0.$$

所以 $\lim\limits_{n \to \infty} \| (P - \alpha I - \mu) f_n \| = 0$, 从而

$$\alpha \in \sigma_\pi(P - \mu).$$

反之, 若 $\alpha \in \sigma_\pi(P - \mu)$, $\alpha \neq 0$, 则存在 $f_n \in \mathscr{M}$, $\| f_n \| = 1$, 使

$$\lim_{n \to \infty} \| (P - \mu - \alpha I) f_n \| = 0, \qquad\qquad (10.8)$$

因此

$$\lim_{n \to \infty} \| \mu \otimes (P - \mu - \alpha I) f_n \| = 0. \tag{10.9}$$

由上式，并利用 $\mu \otimes P = \mu^2$ 得 $\lim\limits_{n \to \infty} \| \alpha \mu f_n \| = 0$. 而 $\alpha \neq 0$，所以

$$\lim_{n \to \infty} \| \mu f_n \| = 0, \tag{10.10}$$

从而由 (10.10),(10.8) 得

$$\lim_{n \to \infty} \| (P - \alpha I) f_n \| = 0,$$

而 $\| f_n \| = 1$，所以 $\alpha \in \sigma_\pi(P)$. (1) 证毕.

(2) 设 $r(P - \mu) < 1$，则 $1 \overline{\in} \sigma(P - \mu)$. 故由 (10.6) 得 $1 \overline{\in}$ $\sigma_\pi(P - \mu)$. 由 (1) 及 (10.6),(10.7) 得

$$
\begin{aligned}
r(P - \mu) &= \sup\{ |\lambda| : \lambda \in \sigma(P - \mu) \} \\
&= \sup\{ |\lambda| : \lambda \in \sigma_\pi(P - \mu) \} \\
&= \sup\{ |\lambda| : \lambda \in \sigma_\pi(P - \mu), \lambda \neq 1, \lambda \neq 0 \} \\
&= \sup\{ |\lambda| : \lambda \in \sigma_\pi(P), \lambda \neq 1, \lambda \neq 0 \} \\
&= \sup\{ |\lambda| : \lambda \in \sigma(P), \lambda \neq 1, \lambda \neq 0 \} \\
&= r^*(P). \qquad \square
\end{aligned}
$$

定义 10.6 称转移函数 $P(s,t,x,A)$ $(-\infty < s \leqslant t < \infty, x \in E,$ $A \in \mathscr{E})$ 属于 $\mathscr{G}^+$（对应地，$\mathscr{G}^-$），如果对任何 $s \in \mathbf{R}^1$，存在 $\mu_s \in \mathscr{L}^+$，$\mu \in \mathscr{L}^+$，$\mu_s(E) \equiv 1$，使 $\lim\limits_{s \to \infty} \| \mu_s - \mu \| = 0$，且

$$\int_E \mu_s(\mathrm{d}x) P(u,s,x,A) = \mu_s(A)$$

$$(-\infty < u \leqslant s, A \in \mathscr{E}) \tag{10.11}$$

（对应地，$\lim\limits_{s \to -\infty} \| \mu_s - \mu \| = 0$，且

$$\int_E \mu_s(\mathrm{d}x) P(s,t,x,A) = \mu_s(A)$$

$$(s \leqslant t < \infty, A \in \mathscr{E}) \tag{10.11$'$}),$$

称 $P(s,t,x,A)$ 属于 $\mathscr{G}$，如果对任何 $s \in \mathbf{R}^1$，存在 $\mu_s \in \mathscr{L}^+$，$\mu \in \mathscr{L}^+$，$\mu_s(E) \equiv 1$，使 $\lim\limits_{|s| \to \infty} \| \mu_s - \mu \| = 0$，且

$$\int_E \mu_s(\mathrm{d}x) P(s,t,x,A) = \int_E \mu_s(\mathrm{d}x) P(u,s,x,A) = \mu_s(A)$$

$$(-\infty < u \leqslant s \leqslant t < \infty, A \in \mathscr{E}). \tag{10.12}$$

称 μ 为 $P(s,t,x,A)$ 的**伴随测度**.

定义 10.7　称转移函数 $P(s,t,x,A)$ 有**非常返集** B, 如果 $P(s,\cdot,x,A), P(\cdot,t,x,A)$ 皆为 Borel 可测函数, 且

$$\int_0^\infty P(t-s,t,x,B)\mathrm{d}s < \infty,$$

$$\int_0^\infty P(t,t+s,x,B)\mathrm{d}s < \infty \quad (t \in (-\infty,\infty),\ x \in E).$$

称 $P(s,t,x,A)$ 是**弱遍历的**(对应地, **右弱遍历的**), 如果存在 $\mu \in \mathscr{L}^+$, $\mu(E)=1$, 使

$$\lim_{t\to\infty} P(s,t,x,A) = \lim_{s\to-\infty} P(s,t,x,A) = \mu(A) \quad (10.13)$$

(对应地,

$$\lim_{t\to\infty} P(s,t,x,A) = \mu(A), \qquad (10.13)',$$

称 μ 为其**遍历极限**.

称 $P(s,t,x,A)$ 是**强遍历的**(对应地, **右强遍历的**), 如果存在 $\mu \in \mathscr{L}^+$, $\mu(E)=1$, 使

$$\lim_{t\to\infty} \| P(s,t,\cdot,\cdot) - \mu(\cdot) \| = \lim_{s\to-\infty} \| P(s,t,\cdot,\cdot) - \mu(\cdot) \|$$
$$= 0 \qquad (10.14)$$

(对应地,

$$\lim_{t\to\infty} \| P(s,t,\cdot,\cdot) - \mu(\cdot) \| = 0 \qquad (10.14)',$$

称 μ 为其**遍历极限**.

称 $P(s,t,x,A)$ 是**一致强遍历的**(对应地, **一致右强遍历的**), 如果存在 $\mu \in \mathscr{L}^+$, $\mu(E)=1$, 使

$$\lim_{|s-t|\to\infty} \| P(s,t,\cdot,\cdot) - \mu(\cdot) \| = 0 \qquad (10.15)$$

(对应地, 使

$$\lim_{\substack{|s-t|\to\infty \\ s\geqslant b}} \| P(s,t,\cdot,\cdot) - \mu(\cdot) \| = 0, \text{对一切实数 } b \quad (10.15)',$$

称 μ 为其**遍历极限**.

定理 10.1　设转移函数 $P(s,t,x,A)$ 属于 $\mathscr{G}$, μ 是其伴随测度, 则下列陈述等价:

（1）存在 $M(t)$ 和 $N(s)$ 及 $\alpha < 1$，使得对一切 $t \geqslant N(s)$ 或者 $s \leqslant M(t)$ 有 $\delta(P(s,t,\bullet,\bullet)) \leqslant \alpha < 1$；

（2）$\lim\limits_{t \to \infty} \delta(P(s,t,\bullet,\bullet)) = \lim\limits_{s \to -\infty} \delta(P(s,t,\bullet,\bullet)) = 0$；

（3）$P(s,t,x,A)$ 是强遍历的；

（4）存在 $A \in \mathscr{E}$，使 $\mu(A) > 0$，而且
$$\lim_{s \to -\infty} \sup_{x \in E} |P(s,t,x,\bullet) - \mu(\bullet)|(A))$$
$$= \lim_{t \to \infty} \sup_{x \in E} (|P(s,t,x,\bullet) - \mu(\bullet)|(A)) = 0.$$

证　（1）$\Rightarrow$（2）. 设（1）成立. 可以假定 $N(s) \geqslant s+1$，$M(t) \leqslant t-1$. 令
$$N(s)^{k*} = \underbrace{N(N(\cdots N(s)\cdots))}_{k\text{个}}$$
表 $N(s)$ 的 k 重复合函数，则由命题 10.3 有
$$\delta(P(s,N(s)^{k*},\bullet,\bullet))$$
$$\leqslant \delta(P(s,N(s),\bullet,\bullet))\delta(P(N(s),N(N(s)),\bullet,\bullet))\cdots$$
$$\delta(P(N(s)^{(k-1)*},N(s)^{k*},\bullet,\bullet))$$
$$\leqslant \alpha^k,$$
因此，$\lim\limits_{k \to \infty} \delta(P(s,N(s)^{k*},\bullet,\bullet)) = 0$. 但是
$$N(s)^{k*} \geqslant k+s \to \infty \quad (\text{当 } k \to \infty),$$
$$\delta(P(s,t+\varepsilon,\bullet,\bullet)) \leqslant \delta(P(s,t,\bullet,\bullet)) \quad (\varepsilon > 0),$$
所以 $\lim\limits_{t \to \infty} \delta(P(s,t,\bullet,\bullet)) = 0$. 仿之可证：
$$\lim_{s \to -\infty} \delta(P(s,t,\bullet,\bullet)) = 0.$$
（1）$\Rightarrow$（2）获证.

（2）$\Rightarrow$（3）. 设（2）成立. 令 $\tau > 0$，则
$$\|P(s,s+\tau,\bullet,\bullet) - \mu(\bullet)\|$$
$$\leqslant \|P(s,s+\tau,\bullet,\bullet) - \mu_{s+\tau}(\bullet)\| + \|\mu_{s+\tau}(\bullet) - \mu(\bullet)\|$$
$$\leqslant \|P(s,s+\tau,\bullet,\bullet) - \mu_{s+\tau} \otimes P(s,s+\tau,\bullet,\bullet)\|$$
$$+ \|\mu_{s+\tau}(\bullet) - \mu(\bullet)\|$$
$$\leqslant \|I - \mu_{s+\tau}\|\delta(P(s,s+\tau,\bullet,\bullet)) + \|\mu_{s+\tau} - \mu\|.$$

令 $\tau \to \infty$，并注意(2)成立及 $\lim\limits_{s \to \infty} \|\mu_s - \mu\| = 0$ 即得

$$\lim_{t \to \infty} \|P(s,t,\cdot,\cdot) - \mu(\cdot)\| = 0.$$

仿之可证：$\lim\limits_{s \to -\infty} \|P(s,t,\cdot,\cdot) - \mu(\cdot)\| = 0.$

(3)$\Rightarrow$(4). 这是显然的.

(4)$\Rightarrow$(1). 设(4)成立. 我们可以选取 $N = N(s)$，使

$$P(s,N(s),x,A) > \frac{1}{2}\mu(A) > 0 \quad (\text{对一切 } x \in E).$$

$$\left| P(s,N(s),x,\cdot) - P(s,N(s),y,\cdot) \right|(A) < \frac{1}{2}\mu(A)$$

$$(\text{对一切 } x,y \in E).$$

所以

$$\delta(P(s,N(s),\cdot,\cdot))$$

$$= \frac{1}{2} \sup_{x,y \in E} \|P(s,N(s),x,\cdot) - P(s,N(s),y,\cdot)\|$$

$$= \frac{1}{2} \sup_{x,y \in E} \left(\left| P(s,N(s),x,\cdot) - P(s,N(s),y,\cdot) \right|(E-A) \right.$$

$$\left. + \left| P(s,N(s),x,\cdot) - P(s,N(s),y,\cdot) \right|(A) \right)$$

$$\leqslant \frac{1}{2} \sup_{x,y \in E} \left(P(s,N(s),x,E-A) + P(s,N(s),y,E-A) \right.$$

$$\left. + \left| P(s,N(s),x,\cdot) - P(s,N(s),y,\cdot) \right|(A) \right)$$

$$\leqslant \frac{1}{2} \sup_{x,y \in E} \left(2 - P(s,N(s),x,A) - P(s,N(s),y,A) \right.$$

$$\left. + \left| P(s,N(s),x,\cdot) - P(s,N(s),y,\cdot) \right|(A) \right)$$

$$\leqslant \frac{1}{2} \sup_{x,y \in E} \left(2 - \mu(A) + \frac{1}{2}\mu(A) \right) < 1.$$

若注意命题 10.3 及转移函数的 K-C 方程式，则定理得证. $\qquad\square$

附注1 若 E 是可数集，则(4)化为：存在 $z \in E$，使 $\mu(\{z\}) > 0$，而且

$$\lim_{s \to -\infty} \sup_{x \in E} \left| P(s,t,x,\{z\}) - \mu(\{z\}) \right|$$

$$= \lim_{s \to \infty} \sup_{x \in E} \left| P(s,t,x,\{z\}) - \mu(\{z\}) \right| = 0.$$

附注 2 若转移函数 $P(s,t,x,A)$ 是弱遍历的，则它属于 $\mathscr{G}$.
由第一章引理 7.3 可得附注 2.

定理 10.2 在定理 10.1 的条件下，下列陈述等价：

(1) 存在 $M>0$ 及 $\alpha<1$，使得

$$\text{“}|s-t|\geqslant M\Rightarrow\delta(P(s,t,\cdot,\cdot))\leqslant\alpha<1\text{”};$$

(2) $\lim\limits_{|s-t|\to\infty}\delta(P(s,t,\cdot,\cdot))=0$；

(3) $P(s,t,x,A)$ 是一致强遍历的；

(4) 存在 $A\in\mathscr{E}$，使 $\mu(A)>0$，而且

$$\lim\limits_{|s-t|\to\infty}\sup\limits_{x\in E}(|P(s,t,x,\cdot)-\mu(\cdot)|(A))=0.$$

证 仿定理 10.1 可证：$(1)\Rightarrow(2)$，$(3)\Rightarrow(4)\Rightarrow(1)$. 所以为证定理 10.2，只须证 $(2)\Rightarrow(3)$. 设 (2) 成立. 令

$$\tau(s,t)=\begin{cases}t,&\text{当 }|t|>|s|,\\s,&\text{反之},\end{cases}$$

则有 $|\tau(s,t)|=|s|\vee|t|$，$\mu_{\tau(s,t)}\otimes P(s,t,\cdot,\cdot)=\mu_{\tau(s,t)}$，而且

$$|s-t|\to\infty\Rightarrow|\tau(s,t)|\to\infty\Rightarrow\|\mu_{\tau(s,t)}-\mu\|\to0.$$

但是

$$\begin{aligned}&\|P(s,t,\cdot,\cdot)-\mu\|\\&\leqslant\|P(s,t,\cdot,\cdot)-\mu_{\tau(s,t)}\|+\|\mu_{\tau(s,t)}-\mu\|\\&=\|P(s,t,\cdot,\cdot)-\mu_{\tau(s,t)}\otimes P(s,t,\cdot,\cdot)\|+\|\mu_{\tau(s,t)}-\mu\|\\&\leqslant2\delta(P(s,t,\cdot,\cdot))+\|\mu_{\tau(s,t)}-\mu\|.\end{aligned}$$

令 $\tau\to\infty$，由 (2) 得 (3). □

定理 10.3 设转移函数 $P(s,t,x,A)$ 属于 $\mathscr{G}^{+}$，μ 为其伴随测度，则下列陈述等价：

(1) 存在 $N(s)$ 及 $\alpha<1$，使得

$$\text{“}t\geqslant N(s)\Rightarrow\delta(P(s,t,\cdot,\cdot))\leqslant\alpha<1\text{”};$$

(2) $\lim\limits_{t\to\infty}\delta(P(s,t,\cdot,\cdot))=0$；

(3) $P(s,t,x,A)$ 是右强遍历的；

(4) 存在 $A \in \mathscr{E}$，使 $\mu(A) > 0$，而且

$$\lim_{t \to \infty} \sup_{x \in E} (|P(s,t,x,\cdot) - \mu(\cdot)|(A)) = 0.$$

证 仿定理 10.1 可证定理 10.3. □

定理 10.4 在定理 10.3 的条件下，下列陈述等价：

(1) 对任何实数 b，存在 $M = M(b) > 0$ 及 $\alpha < 1$，使得
"$|s-t| \geq M$, $s \geq b \Rightarrow \delta(P(s,t,\cdot,\cdot)) \leq \alpha < 1$"；

(2) $\lim_{\substack{|s-t| \to \infty \\ s \geq b}} \delta(P(s,t,\cdot,\cdot)) = 0$（对一切实数 b）；

(3) $P(s,t,x,A)$ 是右一致强遍历的；

(4) 存在 $A \in \mathscr{E}$，$\mu(A) > 0$，而且

$$\lim_{\substack{|s-t| \to \infty \\ s \geq b}} \sup_{x \in E} (|P(s,t,x,\cdot) - \mu(\cdot)|(A)) = 0$$

（对一切实数 b）.

证 仿定理 10.2 可证定理 10.4. □

下面我们研究时齐的情况. 设 $P(t,x,A)$ ($t \geq 0$, $x \in E$, $A \in \mathscr{E}$) 是时齐的转移函数. 称 $P(t,x,A)$ 属于 $\mathscr{G}^h$，如果对每一个 $t \geq 0$，存在 $\mu_t \in \mathscr{L}^+$，使 $\mu_t(E) \equiv 1$, $\lim_{t \to \infty} \|\mu_t - \mu\| = 0$, $\mu \in \mathscr{L}^+$,

$$\int_E \mu_t(\mathrm{d}x) P(s,x,A) = \mu_t(A) \quad (s \geq 0, t \geq 0, A \in \mathscr{E}),$$

这时称 μ 是 $P(t,x,A)$ 的**伴随测度**.

定理 10.5 设 $P(t,x,A)$ 属于 $\mathscr{G}^h$，μ 为其伴随测度，则下列陈述等价：

(1) 存在 $M > 0$，使得
"$t \geq M \Rightarrow \delta(P(t,\cdot,\cdot)) \leq \alpha < 1$"；

(2) $\lim_{t \to \infty} \delta(P(t,\cdot,\cdot)) = 0$；

(3) $P(t,x,A)$ 是（右）强遍历的；

(4) 存在 $A \in \mathscr{E}$，使 $\mu(A) > 0$，而且

$$\lim_{t \to \infty} \sup_{x \in E} (|P(t,x,\cdot) - \mu(\cdot)|(A)) = 0；$$

(5)　$r(P(t,\cdot,\cdot)-\mu(\cdot))<1$（对一切 $t>0$）.

证　应用定理 10.3，为证本定理，只须证明(1)⇔(5). 而这由命题 10.6 立即可得.　　　　　　　　　　　　　　　　　□

3.11　遍历极限的收敛速度

沿用 3.10 节的符号.

定理 11.1　设转移函数 $P(s,t,x,A)$ 属于 $\mathscr{G}^+$ 且是右一致强遍历的，μ 是其遍历极限，则对任何实数 b，存在 $\lambda=\lambda(b)>0$，$k>0$，使
$$\|P(s,t,\cdot,\cdot)-\mu(\cdot)\|\leqslant k\,\mathrm{e}^{-(t-s)\lambda}\quad(b\leqslant s\leqslant t).$$

证　因为 $P(s,t,x,A)$ 属于 $\mathscr{G}^+$ 且是右一致强遍历的，应用定理 10.4 和命题 10.3 及第一章引理 7.3 可得
$$\|P(s,t,\cdot,\cdot)-\mu(\cdot)\|$$
$$=\|P(s,t,\cdot,\cdot)\otimes(I(\cdot,\cdot)-\mu(\cdot))\|$$
$$\leqslant\delta(P(s,t,\cdot,\cdot))\delta(I(\cdot,\cdot)-\mu(\cdot))$$
$$\leqslant 2\delta(P(s,t,\cdot,\cdot))$$
$$\leqslant 2\prod_{i=0}^{[\frac{t-s}{M}]-1}\delta(P(s+iM,s+(i+1)M,\cdot,\cdot))$$
$$\leqslant 2\alpha^{[\frac{t-s}{M}]}\leqslant 2\alpha^{\frac{t-s}{M}-1}\quad(b\leqslant s\leqslant t),$$
其中 α 和 $M=M(b)$ 如定理 10.4 所定义，$[\alpha]$ 表不大于 α 的最大整数.
取 $\lambda=\log\alpha^{-\frac{1}{M}}$，$k=\dfrac{2}{\alpha}$ 即可.　　　　　　　　　　□

定理 11.2　设转移函数 $P(s,t,x,A)$ 是一致强遍历的，μ 是其遍历极限，则存在 $\lambda>0$，$k>0$（均不依赖 s,t），使
$$\|P(s,t,\cdot,\cdot)-\mu(\cdot)\|\leqslant k\,\mathrm{e}^{-(t-s)\lambda}\quad(-\infty<s\leqslant t<\infty).$$

证　仿定理 11.1，只不过在应用定理 10.4 的地方改为应用定理 10.2. 注意：$P(s,t,x,A)$ 是一致强遍历的，故 $P(s,t,x,A)$ 必属于 $\mathscr{G}$，

从而定理 10.2 的条件满足.   □

定理 11.3 设时齐的转移函数 $P(t,x,A)$ 是强遍历的，而且满足：

$$\lim_{t \to 0^+} \sup_{x \in E} |P(t,x,A) - I_A(x)| = 0, \tag{11.1}$$

则 $\delta(P(t,\cdot,\cdot)) = e^{-\lambda t}$ $(t > 0)$ 的充要条件是

$$\delta(P(t,\cdot,\cdot)) = r(P(t,\cdot,\cdot) - \mu(\cdot)) \quad (t > 0), \tag{11.2}$$

其中 $\lambda > 0$, μ 是 $P(t,x,A)$ 的遍历极限.

注意：由于 $P(t,x,A)$ 是强遍历的，所以 $P(t,x,A)$ 属于 $\mathscr{G}^h$，因此，由定理 10.5 知，

$$r(P(t,\cdot,\cdot) - \mu(\cdot)) < 1.$$

此处 $\lambda = -\log[r(P(1,\cdot,\cdot) - \mu(\cdot))]$.

证 由(11.1) 有

$$\lim_{t \to s} \sup_{x \in E, A \in \mathscr{E}} |P(t,x,A) - P(s,x,A)| = 0. \tag{11.3}$$

令 $E_{s,t,x}^+, E_{s,t,x}^-$ 分别为 $P(s,x,\cdot) - P(t,x,\cdot)$ 的正、负集，则

$$\lim_{t \to s} \|P(t,\cdot,\cdot) - P(s,\cdot,\cdot)\|$$

$$= \lim_{t \to s} \sup_{x \in E} \|P(t,x,\cdot) - P(s,x,\cdot)\|$$

$$= \lim_{t \to s} \sup_{x \in E} [(P(t,x,E_{s,t,x}^+) - P(s,x,E_{s,t,x}^+))$$

$$- (P(t,x,E_{s,t,x}^-) - P(s,x,E_{s,t,x}^-))]$$

$$= 0.$$

因此，$r(P(t,\cdot,\cdot) - \mu(\cdot))$ 是 t 的连续函数(参见[24] p.36). 应用命题 10.2 及

$$P(t,\cdot,\cdot) \otimes \mu(\cdot) = \mu(\cdot) \otimes P(t,\cdot,\cdot) = \mu(\cdot) \otimes \mu(\cdot) = \mu(\cdot)$$

有

$$r(P(t,\cdot,\cdot) - \mu(\cdot)) = [r(P(1,\cdot,\cdot) - \mu(\cdot))]^t \quad (t > 0).$$

设

$$\delta(P(t,\cdot,\cdot)) = e^{-\lambda t} \quad (\lambda > 0, t \geqslant 0),$$

因为命题 10.6

$$r(P(1, \cdot, \cdot) - \mu(\cdot)) = \lim_{n \to \infty} (\delta(P(n, \cdot, \cdot)))^{\frac{1}{n}} = \mathrm{e}^{-\lambda},$$

所以 $r(P(t, \cdot, \cdot) - \mu(\cdot)) = \mathrm{e}^{-\lambda t} = \delta(P(t, \cdot, \cdot))$ $(t > 0)$.

反之,设

$$\delta(P(t, \cdot, \cdot)) = r(P(t, \cdot, \cdot) - \mu(\cdot)),$$

令 $\lambda = -\log(r(P(1, \cdot, \cdot) - \mu(\cdot)))$, 则有

$$\begin{aligned}
\delta(P(t, \cdot, \cdot)) &= r(P(t, \cdot, \cdot) - \mu(\cdot)) \\
&= (r(P(1, \cdot, \cdot) - \mu(\cdot)))^t \\
&= \mathrm{e}^{-\lambda t}.
\end{aligned}$$
$\square$

定理 11.4 设 $P(t, x, A)$ 是时齐的强遍历的转移函数, μ 是其遍历极限, 则

$$\|P(t, \cdot, \cdot) - \mu(\cdot)\| \leqslant k \mathrm{e}^{-\lambda t} \quad (t > 0),$$

其中 $k > 0, \lambda > 0$ 不依赖于 t, $\lambda \leqslant \lambda^* = -\log(r^*(P(1, \cdot, \cdot)))$.

这就是说, $\|P(t, \cdot, \cdot) - \mu(\cdot)\|$ 以指数速度收敛, 但其指数 $\lambda \leqslant \lambda^*$. 当 (11.1) 成立时, 且

$$\delta(P(s+t, \cdot, \cdot)) = \delta(P(s, \cdot, \cdot))\delta(P(t, \cdot, \cdot))$$

时, 收敛速度是最佳的, 即是 $\lambda = \lambda^*$.

证 由定理 11.2, 有

$$\|P(t, \cdot, \cdot) - \mu(\cdot)\| \leqslant k \mathrm{e}^{-\lambda t}$$

$$(k > 0, \lambda > 0, \text{不依赖 } t > 0).$$

又因为 $P(t, x, A)$ 是强遍历的, 由定理 10.5, 有

$$r(P(t, \cdot, \cdot) - \mu(\cdot)) < 1 \quad (t > 0).$$

因此, 由命题 10.7 有

$$r(P(t, \cdot, \cdot) - \mu(\cdot)) = r^*(P(t, \cdot, \cdot)) \quad (t > 0).$$

但是, 由命题 10.2 得

$$r(P(1, \cdot, \cdot) - \mu(\cdot)) = \inf_{n \geqslant 1} \|P(n, \cdot, \cdot) - \mu(\cdot)\|^{\frac{1}{n}},$$

所以

$$\|P(n, \cdot, \cdot) - \mu(\cdot)\| \geqslant r^*(P(1, \cdot, \cdot))^n \quad (n \geqslant 1).$$

在证明 $\lambda \leqslant \lambda^*$ 中不妨设 $r^*(P(1, \cdot, \cdot)) > 0$, 否则 $\lambda^* = +\infty$, $\lambda \leqslant \lambda^*$

自然成立. 反证法. 若存在

$$\lambda \geqslant \lambda^* + \varepsilon = - \log(r^*(P(1, \cdot, \cdot))) - \varepsilon \quad (\varepsilon > 0),$$

使

$$\| P(t, \cdot, \cdot) - \mu(\cdot) \| \leqslant k \mathrm{e}^{-\lambda t} \quad (t > 0),$$

则

$$\| P(n, \cdot, \cdot) - \mu(\cdot) \| \leqslant k \mathrm{e}^{n \log(r^*(P(1, \cdot, \cdot))) - n\varepsilon}$$
$$< r^*(P(1, \cdot, \cdot))^n \quad (\text{当 } n \text{ 充分大}),$$

而这是不可能的, 所以 $\lambda \leqslant \lambda^*$.

如果 (11.1) 成立, 而且

$$\delta(P(s+t, \cdot, \cdot)) = \delta(P(s, \cdot, \cdot))\delta(P(t, \cdot, \cdot)),$$

则 $\delta(P(t, \cdot, \cdot)) = \mathrm{e}^{-\lambda t}$. 根据定理 11.3 有

$$\mathrm{e}^{-\lambda t} = r(P(t, \cdot, \cdot) - \mu(\cdot)) = (r(P(1, \cdot, \cdot) - \mu(\cdot)))^t$$
$$= (r^*(P(1, \cdot, \cdot)))^t = \mathrm{e}^{-\lambda^* t}.$$

所以 $\lambda = \lambda^*$,

$$\| P(t, \cdot, \cdot) - \mu(\cdot) \| \leqslant 2\delta(P(t, \cdot, \cdot)) \leqslant 2\mathrm{e}^{-\lambda^* t}.$$

定理证毕. □

3.12　q 过程的遍历位势

在这一节中, 我们将利用前两节的结果, 证明在强遍历的条件下, q 过程 $P(t, x, A)$ 的遍历位势核的存在性及其性质. 并用此来改善马尔可夫过程的 Riesz 分解定理, 此外, 还将讨论如何从 q 函数出发来寻找 q 过程的遍历极限 (不通过 q 过程作中介).

令 $(E, \mathscr{E})$, $\mathscr{M}$, $\mathscr{L}$ 如 3.9 节所定义, $\widetilde{\mathscr{A}}$ 如 (10.1) 所定义的 Banach 代数, $\mathscr{M}^+ = \{ f: f \geqslant 0, f \in \mathscr{M} \}$, $\mathscr{L}^+$, $\widetilde{\mathscr{A}}^+$ 类似. $\| \cdot \|$ 表 $\widetilde{\mathscr{A}}$ 中的范数.

设 $q(x) - q(x, A)$ $(x \in E, A \in \mathscr{E})$ 为 q 函数对, 或者说

$$\widetilde{q}(x, A) = q(x, A) - I_A(x) q(x)$$

为 q 函数 (定义请见第二章定义 1.1). $\overline{P}(t, x, A)$ 为最小的 q 过程 (参见第二章定理 1.1), $\overline{\Psi}(\lambda, x, A)$ 为 $\overline{P}(t, x, A)$ 的拉氏变换.

条件（甲） 设 $P(t,x,A)$ 是一个标准的转移函数，而且

$$\lim_{t\to\infty} P(t,x,A) = \Pi(x,A) \quad (x\in E,\ A\in\mathscr{E})$$

存在，$\Pi\in\widetilde{\mathscr{A}}.$

定义 12.1 在条件（甲）下，称

$$Z(t,x,A) = P(t,x,A) - \Pi(x,A) \tag{12.1}$$

为 $P(t,x,A)$ 的**误差函数**.

命题 12.1 对于误差函数 $Z(t,x,A)$，有

(1) $Z(t,\bullet,\bullet)\in\widetilde{\mathscr{A}}$ $(t\geqslant 0)$；

(2) $\lim\limits_{t\to 0^+} Z(t,x,A) = Z(0,x,A) = I_A(x) - \Pi(x,A)$

$$(x\in E,\ A\in\mathscr{E});$$

(3) $\lim\limits_{t\to\infty} Z(t,x,A) = 0 \ (x\in E,\ A\in\mathscr{E})$；

(4) $\displaystyle\int_E Z(s,x,\mathrm{d}y)Z(t,y,A) = Z(s+t,x,A)$

$$(s,t\geqslant 0,\ x\in E,\ A\in\mathscr{E});$$

(5) $\displaystyle\int_E Z(t,x,\mathrm{d}y)\Pi(y,A) = \int_E \Pi(x,\mathrm{d}y)Z(t,y,A) = 0$

$$(t\geqslant 0,\ x\in E,\ A\in\mathscr{E});$$

若 $P(t,x,A)$ 还是 q 过程，则更有

(6) $\dfrac{\mathrm{d}}{\mathrm{d}t}P(t,x,A) = \dfrac{\mathrm{d}}{\mathrm{d}t}Z(t,x,A) = \displaystyle\int_E \tilde{q}(x,\mathrm{d}y)Z(t,y,A)$

$$= \int_E \tilde{q}(x,\mathrm{d}y)P(t,y,A) \quad (t\geqslant 0,\ x\in E,\ A\in\mathscr{E});$$

(7) $\lim\limits_{t\to\infty}\dfrac{\mathrm{d}}{\mathrm{d}t}Z(t,x,A) = \lim\limits_{t\to\infty}\dfrac{\mathrm{d}}{\mathrm{d}t}P(t,x,A) = 0 \ (x\in E,\ A\in\mathscr{E}).$

证 (1) $\sim$ (3) 是明显的. (4) 和(5) 可由 $Z(t,x,A)$ 的定义及

$$\int_E P(t,x,\mathrm{d}y)\Pi(y,A) = \int_E \Pi(x,\mathrm{d}y)P(t,y,A)$$

$$= \int_E \Pi(x,\mathrm{d}y)\Pi(y,A) = \Pi(x,A)$$

得到.

（6） 可由

$$\int_E \tilde{q}(x,\mathrm{d}y)\Pi(y,A)$$

$$= \int_{E-\{x\}} \tilde{q}(x,\mathrm{d}y)\Pi(y,A) - q(x)\Pi(x,A)$$

$$= \lim_{t\to 0^+} \int_{E-\{x\}} \frac{P(t,x,\mathrm{d}y)\Pi(y,A)}{t} - q(x)\Pi(x,A)$$

$$= \lim_{t\to 0^+} \frac{1}{t}\left(\int_E P(t,x,\mathrm{d}y)\Pi(y,A) - \Pi(x,A)\right) = 0$$

及 $\dfrac{\mathrm{d}}{\mathrm{d}t}P(t,x,A) = \displaystyle\int_E \tilde{q}(x,\mathrm{d}y)P(t,y,A)$ 得到.

（7） 可由（3）和（6）以及控制收敛定理得到. □

定义 12.2 在条件（甲）下，令

$$\Phi(\alpha,x,A) = \int_0^\infty \mathrm{e}^{-\alpha t}Z(t,x,A)\mathrm{d}t$$

$$(\alpha > 0,\ x \in E,\ A \in \mathscr{E}) \qquad (12.2)$$

为误差函数 $Z(t,x,A)$ 的拉氏变换.

命题 12.2 若 $P(t,x,A)$ 为一不断的 q 过程，则 $\Phi(\alpha,x,A)$ 恒满足：

（1） $\displaystyle\int_E \Phi(\alpha,x,\mathrm{d}y)\Pi(y,A) = \int_E \Pi(x,\mathrm{d}y)\Phi(\alpha,y,A) = 0$

$$(\alpha > 0,\ x \in E,\ A \in \mathscr{E});$$

（2） $\displaystyle\int_E \tilde{q}(x,\mathrm{d}y)\Phi(\alpha,y,A) = \int_E \tilde{q}(x,\mathrm{d}y)\Psi(\alpha,y,A)$ $(\alpha > 0,\ x \in$

$E,\ A \in \mathscr{E},\ \Psi(\alpha,x,A)$ 为 q 过程 $P(t,x,A)$ 的拉氏变换);

（3） $\displaystyle\int_E (\alpha I(x,\mathrm{d}y) - \tilde{q}(x,\mathrm{d}y))\Phi(\alpha,y,A)$

$$= I_A(x) - \Pi(x,A) \qquad\qquad (\beta_\alpha^*)$$

$(\alpha > 0,\ x \in E,\ A \in \mathscr{E},\ I(x,A) = I_A(x)$ 是 A 上的示性函数);

（4） $\Phi(\alpha,x,A) - \Phi(\beta,x,A) = (\beta - \alpha)\displaystyle\int_E \Phi(\alpha,x,\mathrm{d}y)\Phi(\beta,y,A)$

$$(\alpha > 0,\ \beta > 0,\ x \in E,\ A \in \mathscr{E}); \qquad (R^*)$$

(5) $\lim\limits_{\alpha\to\infty}\|\alpha\mu\otimes\Phi(\alpha,\cdot,\cdot)-\mu\otimes Z(0,\cdot,\cdot)\|=0$（对一切 $\mu\in\mathcal{L}$）.

证 由命题 12.1 (5) 可得(1). 由

$$\int_E\widetilde{q}(x,\mathrm{d}y)\varPi(y,A)=0\qquad\qquad(12.3)$$

可得(2).

由 $\Psi(\alpha,x,A)$ 满足倒退方程式 (B_α)（参见第二章命题 1.1）及 (12.3) 可得(3).

由 $\Psi(\alpha,x,A)=\Phi(\alpha,x,A)+\dfrac{1}{\alpha}\varPi(x,A)$ 及 $\Psi(\alpha,x,A)$ 满足预解方程式（参见第二章定理 2.1）和本命题的 (1) 可得(4).

最后证明(5). 因为由第一章定理 5.1 知,

$$\lim\limits_{t\to 0^+}P(t,x,A)=P(0,x,A)=I_A(x)$$

对 $A\in\mathcal{E}$ 一致成立，所以，若令 $E_{t,x}^+,E_{t,x}^-$ 分别为 $Z(t,x,\cdot)-Z(0,x,\cdot)$ 的正、负集，则有

$$\lim\limits_{t\to 0^+}\|Z(t,x,\cdot)-Z(0,x,\cdot)\|$$

$$=\lim\limits_{t\to 0^+}\big[(Z(t,x,E_{t,x}^+)-Z(0,x,E_{t,x}^+))$$

$$-(Z(t,x,E_{t,x}^-)-Z(0,x,E_{t,x}^-))\big]=0.$$

因此

$$\lim\limits_{\alpha\to\infty}\sup\|\alpha\mu\otimes\Phi(\alpha,\cdot,\cdot)-\mu\otimes Z(0,\cdot,\cdot)\|$$

$$\leqslant\lim\limits_{\alpha\to\infty}\sup\int_E|\mu|(\mathrm{d}x)\int_0^\infty\mathrm{d}t(\alpha\mathrm{e}^{-\alpha t}\|Z(t,x,\cdot)-Z(0,x,\cdot)\|)$$

$$=\lim\limits_{\alpha\to\infty}\sup\int_E|\mu|(\mathrm{d}x)\int_0^\infty\mathrm{d}s\Big(\mathrm{e}^{-s}\Big\|Z\Big(\frac{s}{\alpha},x,\cdot\Big)-Z(0,x,\cdot)\Big\|\Big)$$

$$=0.\qquad\qquad\qquad\qquad\qquad\qquad\Box$$

定义 12.3 在条件(甲)下，令

$$\Phi(x,A)=\int_0^\infty Z(t,x,A)\mathrm{d}t\quad(x\in E,\ A\in\mathcal{E}),\qquad(12.4)$$

称 Φ 为 $P(t,x,A)$ 的**遍历位势核**.

命题 12.3　在条件(甲)下，若 $P(t,x,A)$ 是强遍历的，则遍历位势核 $\Phi(x,A)$ 存在，且 $\Phi \in \widetilde{\mathscr{A}}$，还有

$$\lim_{x \to 0^+} \| \Phi(\alpha, \cdot, \cdot) - \Phi(\cdot, \cdot) \| = 0.$$

证　因为 $P(t,x,A)$ 是强遍历的，所以，由定理 11.4 得知，存在 $\lambda > 0, k > 0$，使

$$\| Z(t, \cdot, \cdot) \| \leqslant k \, \mathrm{e}^{-\lambda t} \quad (t \geqslant 0)$$

所以

$$\Phi(x,A) = \int_0^\infty Z(t,x,A)\mathrm{d}t$$

存在. 又因为对任何 $A_n \in \mathscr{E}$，$A_n \bigcap A_m = \varnothing \ (n \neq m)$，有

$$\sum_{n=1}^\infty | Z(t,x,A_n) | \leqslant \| Z(t,x, \cdot) \| \leqslant \| Z(t, \cdot, \cdot) \| \leqslant k \, \mathrm{e}^{-\lambda t},$$

所以

$$\sum_{n=1}^\infty \Phi(x,A_n) = \int_0^\infty \sum_{n=1}^\infty Z(t,x,A_n)\mathrm{d}t = \int_0^\infty Z(t,x, \bigcup_{n=1}^\infty A_n)\mathrm{d}t$$

$$= \Phi\left(x, \bigcup_{n=1}^\infty A_n\right) \quad (x \in E).$$

显然，$\Phi(\cdot,A) \in \mathscr{M} (A \in \mathscr{E})$，所以 $\Phi \in \widetilde{\mathscr{A}}$. 而由

$$\| \Phi(\cdot, \cdot) - \Phi(\alpha, \cdot, \cdot) \| \leqslant \int_0^\infty \| (\mathrm{e}^{-\alpha t} - 1)Z(t, \cdot, \cdot) \|\mathrm{d}t$$

$$\leqslant \int_0^\infty | \mathrm{e}^{-\alpha t} - 1 | K \, \mathrm{e}^{-\lambda t}\mathrm{d}t$$

可得 $\lim\limits_{\alpha \to 0} \| \Phi(\cdot, \cdot) - \Phi(\alpha, \cdot, \cdot) \| = 0$. 命题证毕.　　　□

对于遍历位势核 $\Phi(x,A)$，我们定义两个算子如下：

$$(\Phi^* f)(x) = \int_E \Phi(x,\mathrm{d}y) f(y) \quad (f \in \mathscr{M}, x \in E);$$

$$({}^* \Phi \mu)(A) = \int_E \mu(\mathrm{d}x) \Phi(x,A) \quad (\mu \in \mathscr{L} \subset \widetilde{\mathscr{A}}, A \in \mathscr{E}).$$

显然，$\Phi^* ({}^* \Phi)$ 是由 $\mathscr{M}(\mathscr{L})$ 到 $\mathscr{M}(\mathscr{L})$ 的有界线性算子. $\Phi^* f ({}^* \Phi \mu)$ 称为 $f(\mu)$ 的**遍历位势**.

对于 q 函数对 $q(x)$-$q(x,A)$，令

$$\mathscr{L}_q = \{\mu: \mu \in \mathscr{L}, \int_E |\mu|(\mathrm{d}x)q(x) < \infty\},$$

$$\mathscr{L}_q^+ = \{\mu: \mu \in \mathscr{L}_q, \mu \geqslant 0\}.$$

下面我们研究 q 过程的遍历极限的求法.

命题 12.4　设 $P(t,x,A)$ 是任一 q 过程，$\Psi(\alpha,x,A)$ 是其拉氏变换，且

$$\lim_{t \to \infty} P(t,x,A) = \lim_{\alpha \to 0^+} \Psi(\alpha,x,A) = \Pi(x,A)$$

存在，$\Pi \in \widetilde{\mathscr{A}}$，则

(1)　对任何 $f \in \mathscr{M}$，只要 $\int_E \Pi(x,\mathrm{d}y)f(y) \equiv f(x)$，就有

$$\int_E \widetilde{q}(x,\mathrm{d}y)f(y) \equiv 0,$$

更有 $\int_E \widetilde{q}(x,\mathrm{d}y)\Pi(y,A) \equiv 0$.

(2)　若 $\Psi(\alpha,x,A)$ 满足前进方程 (F_α)（定义可参见第二章命题 1.2），则对任何 $\mu \in \mathscr{L}_q^+$，只要

$$\int_E \mu(\mathrm{d}x)\Pi(x,A) \equiv \mu(A),$$

就有 $\int_E \mu(\mathrm{d}x)\widetilde{q}(x,A) \equiv 0$，$\int_E \Pi(x,\mathrm{d}y)\widetilde{q}(y,A) \equiv 0$.

证　(1)　因为

$$f(x) = \int_E \Pi(x,\mathrm{d}y)f(y) = \int_E P(t,x,\mathrm{d}y)\int_E \Pi(y,\mathrm{d}z)f(z)$$

$$= \int_E P(t,x,\mathrm{d}y)f(y),$$

所以，取拉氏变换得

$$f(x) = \alpha\int_E \Psi(\alpha,x,\mathrm{d}y)f(y) \quad (\alpha > 0).$$

但是，若简记 $|\widetilde{q}(x,\cdot)|(\mathrm{d}y)$ 为 $|\widetilde{q}(x,\mathrm{d}y)|$，则有

$$\int_E |\tilde{q}(x,\mathrm{d}y)| \left(\int_E \Psi(\alpha,y,\mathrm{d}z)|f(z)| \right)$$

$$\leqslant \frac{2}{\alpha}q(x)\sup_{x\in E}|f(x)| < \infty,$$

所以，用 Fubini 定理及倒退方程式 (B_α) 得

$$f(x) = \int_E \int_E (\alpha I(x,\mathrm{d}y) - \tilde{q}(x,\mathrm{d}y))\Psi(\alpha,y,\mathrm{d}z)f(z)$$

$$= \int_E (\alpha I(x,\mathrm{d}y) - \tilde{q}(x,\mathrm{d}y)) \left(\int_E \Psi(\alpha,y,\mathrm{d}z)f(z) \right)$$

$$= \int_E (\alpha I(x,\mathrm{d}y) - \tilde{q}(x,\mathrm{d}y)) \frac{1}{\alpha}f(y)$$

$$= f(x) - \frac{1}{\alpha}\int_E \tilde{q}(x,\mathrm{d}y)f(y),$$

因此 $\int_E \tilde{q}(x,\mathrm{d}y)f(y) = 0 \ (x \in E)$.

(2) 因为

$$\mu(A) = \int_E \mu(\mathrm{d}x)\Pi(x,A) = \int_E \mu(\mathrm{d}x)P(t,x,A),$$

所以，取拉氏变换即得

$$\mu(A) = \alpha\int_E \mu(\mathrm{d}x)\Psi(\alpha,x,A).$$

因此

$$\int_E \mu(\mathrm{d}x)\int_E \Psi(\alpha,x,\mathrm{d}y)q(y) = \frac{1}{\alpha}\int_E \mu(\mathrm{d}x)q(x) < \infty.$$

仿(1)，用 Fubini 定理及前进方程式 (F_α) 得

$$\mu(A) = \int_E \mu(\mathrm{d}x) \left(\int_E \Psi(\alpha,x,\mathrm{d}y)(\alpha I_A(y) - \tilde{q}(y,A)) \right)$$

$$= \int_E \left(\int_E \mu(\mathrm{d}x)\Psi(\alpha,x,\mathrm{d}y) \right)(\alpha I_A(y) - \tilde{q}(y,A))$$

$$= \mu(A) - \frac{1}{\alpha}\int_E \mu(\mathrm{d}x)\tilde{q}(x,A).$$

所以

$$\int_E \mu(\mathrm{d}x)\tilde{q}(x,A) = 0 \quad (A \in \mathscr{E}). \qquad \square$$

命题 12.5　设 $\Psi(\alpha,x,A)$ 为任一 q 过程 $P(t,x,A)$ 的拉氏变换，满足倒退方程式 (B_α) 及前进方程式 (F_α)，且

$$\lim_{\alpha\to 0^+}\alpha\Psi(\alpha,x,A)=\Pi(x,A)\quad(x\in E,\ A\in\mathscr{E}),$$

$$\int_E\Psi(\alpha,x,\mathrm{d}y)q(y)<\infty,\quad\Pi\in\widetilde{\mathscr{A}},$$

则

(1)　对任何 $f\in\mathscr{M}$，有

$$\int_E\Pi(x,\mathrm{d}y)f(y)\equiv f(x)\Leftrightarrow\int_E\widetilde{q}(x,\mathrm{d}y)f(y)\equiv 0.$$

(2)　对任何 $\mu\in\mathscr{L}_q^+$，有

$$\int_E\mu(\mathrm{d}x)\Pi(x,A)\equiv\mu(A)\Leftrightarrow\int_E\mu(\mathrm{d}x)\widetilde{q}(x,A)\equiv 0.$$

证　(1)　由命题 12.4，只须证明

$$f\in\mathscr{M},\ \int_E\widetilde{q}(x,\mathrm{d}y)f(y)\equiv 0\Rightarrow\int_E\Pi(x,\mathrm{d}y)f(y)\equiv f(x).$$

事实上，由 $f\in\mathscr{M}$，$\displaystyle\int_E\widetilde{q}(x,\mathrm{d}y)f(y)\equiv 0$，以及倒退方程式 (B_α)、前进方程式 (F_α) 可得

$$\int_E\widetilde{q}(x,\mathrm{d}y)\Psi(\alpha,y,A)\equiv\int_E\Psi(\alpha,x,\mathrm{d}y)\widetilde{q}(y,A)$$
$$=\alpha\Psi(\alpha,x,A)+I_A(x).$$

所以

$$f(x)=\alpha\int_E\Psi(\alpha,x,\mathrm{d}y)f(y)-\int_E\left(\int_E\widetilde{q}(x,\mathrm{d}y)\Psi(\alpha,y,\mathrm{d}z)\right)f(z)$$
$$=\alpha\int_E\Psi(\alpha,x,\mathrm{d}y)f(y)-\int_E\left(\int_E\Psi(\alpha,x,\mathrm{d}y)\widetilde{q}(y,\mathrm{d}z)\right)f(z).$$

但是，

$$\int_E\Psi(\alpha,x,\mathrm{d}y)\int_E|\widetilde{q}(y,\mathrm{d}z)|\,|f(z)|$$

$$\leqslant\sup_{x\in E}|f(x)|\cdot 2\int_E\Psi(\alpha,x,\mathrm{d}y)q(y)<\infty,$$

因此，用 Fubini 定理得

$$f(x) = \alpha \int_E \Psi(\alpha, x, \mathrm{d}y) f(y) - \int_E \Psi(\alpha, x, \mathrm{d}y) \left(\int_E \tilde{q}(y, \mathrm{d}z) f(z) \right)$$

$$= \alpha \int_E \Psi(\alpha, x, \mathrm{d}y) f(y).$$

令 $\alpha \to 0^+$ 得 $f(x) = \int_E \Pi(x, \mathrm{d}y) f(y)$.

(2) 假定 $\mu \in \mathscr{L}_q^+$, $\int_E \mu(\mathrm{d}x) \tilde{q}(x, A) \equiv 0$. 类似地，有

$$\mu(A) = \alpha \int_E \mu(\mathrm{d}x) \Psi(\alpha, x, A) - \int_E \mu(\mathrm{d}x) \left(\int_E \tilde{q}(x, \mathrm{d}y) \Psi(\alpha, y, A) \right).$$

但是，

$$\int_E \mu(\mathrm{d}x) \int_E |\tilde{q}(x, \mathrm{d}y)| \Psi(\alpha, y, A) \leqslant \frac{2}{\alpha} \int_E \mu(\mathrm{d}x) q(x) < \infty,$$

再用 Fubini 定理有

$$\mu(A) = \alpha \int_E \mu(\mathrm{d}x) \Psi(\alpha, x, A) - \int_E \left(\int_E \mu(\mathrm{d}x) \tilde{q}(x, \mathrm{d}y) \Psi(\alpha, y, A) \right)$$

$$= \alpha \int_E \mu(\mathrm{d}x) \Psi(\alpha, x, A).$$

令 $\alpha \to 0^+$ 得 $\mu(A) = \int_E \mu(\mathrm{d}x) \Pi(x, A) \quad (A \in \mathscr{E})$. □

命题 12.6 对任何 q 函数对 $q(x)$-$q(x, A)$, 令

$$\rho_\alpha^{(0)}(x, A) = I_A(x), \quad \rho_\alpha^{(1)}(x, A) = \frac{q(x, A)}{\alpha + q(x)},$$

$$\rho_\alpha^{(n+1)}(x, A) = \int_E \rho_\alpha^{(n)}(x, \mathrm{d}y) \rho_\alpha^{(1)}(y, A) \quad (n \geqslant 1)$$

$$(\alpha > 0, \ x \in E, \ A \in \mathscr{E}),$$

$$\psi_\alpha^{(0)}(x; A) = \frac{I_A(x)}{\alpha + q(x)},$$

$$\psi_\alpha^{(n)}(x, A) = \int_E \rho_\alpha^{(n)}(x, \mathrm{d}y) \psi_\alpha^{(0)}(y, A) \quad (n \geqslant 1)$$

$$(\alpha > 0, \ x \in E, \ A \in \mathscr{E}),$$

如果

$$\sum_{n=0}^{\infty} \int_E \rho_\alpha^{(n)}(x, \mathrm{d}y) \frac{q(y)}{\alpha + q(y)} < \infty, \qquad (12.5)$$

则有

(1) $\int_E \overline{\Psi}(\alpha,x,\mathrm{d}y)q(y) < \infty$;

(2) $\overline{\Psi}(\alpha,x,A)$ 满足前进方程式 (F_α), 其中 $\overline{\Psi}(\alpha,x,A)$ 是最小 q 过程 $\overline{P}(t,x,A)$ 的拉氏变换.

证 (1) 直接计算可知(参见第二章命题 2.1)

$$\overline{\Psi}(\alpha,x,A) = \sum_{n=0}^{\infty} \psi_\alpha^{(n)}(x,A) = \sum_{n=0}^{\infty} \int_E \rho_\alpha^{(n)}(x,\mathrm{d}y) \frac{I_A(y)}{\alpha+q(y)},$$

所以 $\int_E \overline{\Psi}(\alpha,x,\mathrm{d}y)q(y) < \infty$.

(2) $\int_E \overline{\Psi}(\alpha,x,\mathrm{d}y)((\alpha+q(y))I_A(y)$

$$= \sum_{n=0}^{\infty} \int_E \rho_\alpha^{(n)}(x,\mathrm{d}y) \frac{1}{\alpha+q(y)}((\alpha+q(y))I_A(y)$$

$$= \sum_{n=0}^{\infty} \rho_\alpha^{(n)}(x,A)$$

$$= I_A(x) + \sum_{n=0}^{\infty} \int_E \rho_\alpha^{(n)}(x,\mathrm{d}y) \frac{q(y,A)}{\alpha+q(y)}$$

$$= I_A(x) + \int_E \overline{\Psi}(\alpha,x,\mathrm{d}y)q(y),$$

此即 $\overline{\Psi}(\alpha,x,A)$ 满足 (F_α). $\qquad\square$

定理 12.1 设保守的 q 函数对 $q(x)$-$q(x,A)$ 满足

$$\sup_{x\in E} q(x) \leqslant M < \infty$$

(从而 q 过程唯一, 它就是最小 q 过程 $\overline{P}(t,x,A)$, 且 $\overline{P}(t,x,E) \equiv 1$, 满足 (12.5) 及倒退方程式 (B) 和前进方程式 (F)). 则 $\overline{P}(t,x,A)$ 是强遍历的(π 为其强遍历极限) 充要条件是

$$\langle Q \rangle \quad \begin{cases} \iint_E \mu(\mathrm{d}x)\tilde{q}(x,A) = 0, \\ \mu \in \mathscr{L}^+, \ \mu(E) = 1 \end{cases}$$

恰有唯一解 π, 且 π 满足

191

$$\sum_{n=0}^{\infty}\int_{E}\pi(\mathrm{d}x)\int_{E}\rho_{\alpha}^{(n)}(x,\mathrm{d}y)\psi_{\alpha}^{(0)}(y,A)=\frac{\pi(A)}{\alpha}, \qquad (12.6)$$

$$r(\mathrm{e}^{t\widetilde{q}}-\pi)<1, \qquad (12.7)$$

其中 $\rho_{\alpha}^{(n)},\psi_{\alpha}^{(n)}$ 如命题 12.6 所定义，$r(\mu)$ 表 Banach 代数 $\widetilde{\mathcal{A}}$ 中的元素 μ 的谱半径，

$$\mathrm{e}^{t\widetilde{q}}\equiv\sum_{n=0}^{\infty}\frac{t^{n}\widetilde{q}^{n}}{n!}.$$

注意：由于 $\sup_{x\in E}q(x)\leqslant M<\infty$，所以 $\widetilde{q}\in\widetilde{\mathcal{A}}$，故 $\widetilde{q}^{n}$ 有定义，又 $\|\widetilde{q}\|\leqslant 2M$，故 $\sum_{n=0}^{\infty}\frac{t^{n}\widetilde{q}^{n}}{n!}$ 在 $\widetilde{\mathcal{A}}$ 中依范数收敛到 $\overline{P}(t,x,A)=\mathrm{e}^{t\widetilde{q}}$.

此定理不但给出了强遍历性的充要条件（从 q 函数对出发，条件全部加在 q 函数对上），而且给出了求强遍历极限的一种方法，那就是解方程式 $\langle Q\rangle$. 若 $\langle Q\rangle$ 无解或解不唯一，或者 $\langle Q\rangle$ 的解虽唯一，但不同时满足 (12.6)，(12.7)，则 $\overline{P}(t,x,A)$ 不是强遍历的，因而不须求强遍历极限. 若 $\langle Q\rangle$ 的解唯一且满足 (12.6)，(12.7)，则 $\langle Q\rangle$ 的唯一解就是强遍历极限.

证 必要性 设 $\overline{P}(t,x,A)$ 是强遍历的，π 是其强遍历极限，即是

$$\lim_{t\to\infty}\|\overline{P}(t,\cdot,\cdot)-\pi\|=0.$$

则由定理 10.5 知，$\overline{P}(t,x,A)$ 属于 $\mathcal{G}^{h}$（定义可参见定理 10.5 前的说明），π 是其伴随测度，且 (12.7) 成立. 再由

$$\pi(A)=\int_{E}\pi(\mathrm{d}x)\overline{P}(t,x,A)$$

取拉氏变换并利用命题 12.6 可得

$$\sum_{n=0}^{\infty}\int_{E}\pi(\mathrm{d}x)\int_{E}\rho_{\alpha}^{(n)}(x,\mathrm{d}y)\psi_{\alpha}^{(0)}(y,A)$$

$$=\int_{E}\pi(\mathrm{d}x)\overline{\Psi}(\alpha,x,A)=\frac{1}{\alpha}\pi(A).$$

此即 (12.6) 成立，又由于 $\sup_{x\in E}q(x)\leqslant M$，所以 $\pi\in\mathcal{L}_{q}^{+}$. 显然

$$\int_E \pi(\mathrm{d}x)\pi(A) = \pi(A),$$

所以由命题 12.5 得

$$\int_E \pi(\mathrm{d}x)\widetilde{q}(x,A) = 0.$$

而 $\pi \in \mathscr{L}^+$，$\pi(E) = 1$ 是显然的，故 π 是 $\langle Q \rangle$ 的一个解.

设 $\langle Q \rangle$ 还有另一解 π^*，仍用命题 12.5，必有

$$\pi^*(A) = \int_E \pi^*(\mathrm{d}x)\pi(A) = \pi(A) \quad (A \in \mathscr{E}),$$

所以 $\langle Q \rangle$ 的解唯一.

充分性　设 $\langle Q \rangle$ 有唯一解 π 且满足 (12.6)，(12.7). 由 (12.6) 知

$$\int_E \pi(\mathrm{d}x)\overline{\varPsi}(\alpha,x,A) = \frac{\pi(A)}{\alpha},$$

所以

$$\int_0^\infty \mathrm{d}t \Big[\mathrm{e}^{-\alpha t}\Big(\int_E \pi(\mathrm{d}x)\overline{P}(t,x,A) - \pi(A) \Big) \Big] = 0.$$

但是 $\int_E \pi(\mathrm{d}x)\overline{P}(t,x,A) - \pi(A)$ 是 t 的连续函数，因此，由拉氏变换的唯一性得知

$$\int_E \pi(\mathrm{d}x)\overline{P}(t,x,A) = \pi(A).$$

这说明 $\overline{P}(t,x,A)$ 属于 $\mathscr{G}^h$，π 是其伴随测度. 因此，由 (12.7)，再用定理 10.5 得知 $\overline{P}(t,x,A)$ 是强遍历的，而且

$$\lim_{t \to \infty} \|\overline{P}(t,\cdot,\cdot) - \pi\| = 0. \qquad \square$$

下面我们改变研究主题. 研究空间 $\mathscr{L}_q$ 的分解.

定义 12.4　设 $P(t,x,A)$ 是任一标准准转移函数，$\mu \in \mathscr{L}$. 称 μ 是 $P(t,x,A)$ 的**赋号盈测度**，如果

$$\int_E \mu(\mathrm{d}x)P(t,x,A) \leqslant \mu(A) \quad (t \geqslant 0,\ A \in \mathscr{E}). \qquad (12.8)$$

若改 (12.8) 中的"$\leqslant$"为"$=$"，则称 μ 是 $P(t,x,A)$ 的**赋号谐测度**（或者**调和测度**）.

若 $\mu \in \mathscr{L}^+$，且 (12.8) 成立，则称 μ 是 $P(t,x,A)$ 的**盈测度**，类似

地，可定义 $P(t,x,A)$ 的**谐（调和）测度**.

若 $\mu \in \mathscr{L}$，且

$$\lim_{t \to \infty} \int_E \mu(\mathrm{d}x) P(t,x,A) \equiv 0, \qquad (12.9)$$

则称 μ 是 $P(t,x,A)$ 的**广义的纯盈赋号测度**.

若 μ 既是 $P(t,x,A)$ 的盈测度又满足(12.9)，则称 μ 是 $P(t,x,A)$ 的**纯盈测度**.

设 $\Psi(\alpha,x,A)$ 是 $P(t,x,A)$ 的拉氏变换，$\mu,\nu \in \mathscr{L}$，如果

$$\mu(A) = \lim_{\alpha \to 0^+} \int_E \nu(\mathrm{d}x) \Psi(\alpha,x,A) \quad (A \in \mathscr{E}), \qquad (12.10)$$

则称 μ 是 ν 的**位势测度**.

定理 12.2 设 q 函数对 $q(x)\text{-}q(x,A)$ 保守，$P(t,x,A)$ 为任一不断的 q 过程，且

$$\lim_{t \to \infty} P(t,x,A) = \pi(x,A)$$

存在，$\pi \in \widetilde{\mathscr{A}}$，则对任何 $\mu \in \mathscr{L}_q$，存在唯一的分解如下：

$$\mu = \mu_1 + \mu_2,$$

其中 μ_1 是 $P(t,x,A)$ 的赋号谐测度，μ_2 是广义的纯盈赋号测度，而且 μ_2 还是某一赋号测度的位势测度，更明确地说，

$$\mu_1(A) = \int_E \mu(\mathrm{d}x)\pi(x,A) \quad (A \in \mathscr{E}),$$

$$\mu_2(A) = \lim_{\alpha \to 0^+} \int_E \sigma(\mathrm{d}x)\Psi(\alpha,x,A) \quad (A \in \mathscr{E}),$$

$$\sigma(A) = -\int_E \mu(\mathrm{d}x)\widetilde{q}(x,A) \quad (A \in \mathscr{E}),$$

$\overline{\Psi}(\alpha,x,A)$ 是 $P(t,x,A)$ 的拉氏变换.

(1) 若 A 是 $P(t,x,A)$ 的一个非常返集，即是

$$\int_0^\infty P(t,x,A)\mathrm{d}t < \infty \quad (x \in E),$$

则还有 $\mu_1(A) = 0$；

(2) 若 (t,x,A) 是弱遍历的，则 $\mu_1(A) = \mu(E)\pi(A)$；

(3) 若 $P(t,x,A)$ 是强遍历的，则 $\mu_1(A) = \mu(E)\pi(A)$，且

$$\mu_2(A) = \lim_{\alpha \to 0^+} \int_E \sigma(\mathrm{d}x)\Phi(\alpha,x,A) = \int_E \sigma(\mathrm{d}x)\Phi(x,A),$$

其中 $\Phi(\alpha,x,A),\Phi(x,A)$ 如 $(12.2),(12.4)$ 所定义.

注意：由定理假设，条件（甲）显然成立，所以若 $P(t,x,A)$ 还是强遍历的，则 $P(t,x,A)$ 的遍历位势核 $\Phi(x,A)$ 必存在.

证　由于任一 q 过程皆满足倒退方程式 (B_α)，所以

$$\mu(A) = \int_E \mu(\mathrm{d}x)\alpha\Psi(\alpha,x,A) - \int_E \mu(\mathrm{d}x)\Big(\int_E \tilde{q}(x,\mathrm{d}y)\Psi(\alpha,y,A)\Big).$$

令

$$\mu_1(A) = \lim_{\alpha \to 0^+} \int_E \mu(\mathrm{d}x)\alpha\Psi(\alpha,x,A) = \int_E \mu(\mathrm{d}x)\pi(x,A),$$

则易证：μ_1 是 $P(t,x,A)$ 的赋号谐测度. 再令

$$\mu_2 = \mu - \mu_1,$$

因为 $\mu \in \mathscr{L}_q$，$\|\Psi(\alpha,\cdot,\cdot)\| \leqslant \dfrac{1}{\alpha}$，所以，用 Fubini 定理，有

$$\mu_2(A) = -\lim_{\alpha \to 0^+} \int_E \mu(\mathrm{d}x)\Big(\int_E \tilde{q}(x,\mathrm{d}y)\Psi(\alpha,y,A)\Big)$$

$$= \lim_{\alpha \to 0^+} \int_E \sigma(\mathrm{d}x)\Psi(\alpha,x,A).$$

又因为 μ_1 是 $P(t,x,A)$ 的赋号谐测度，所以

$$\lim_{t \to \infty} \int_E \mu_2(\mathrm{d}x)P(t,x,A)$$

$$= \lim_{t \to \infty} \Big(\int_E \mu(\mathrm{d}x)P(t,x,A) - \int_E \mu_1(\mathrm{d}x)P(t,x,A)\Big)$$

$$= \int_E \mu(\mathrm{d}x)\pi(x,A) - \mu_1(A) = 0 \quad (A \in \mathscr{E}),$$

此即 μ_2 是 σ 的位势，且 μ_2 是 $P(t,x,A)$ 的广义的纯盈赋号测度.

（1）若 A 是 $P(t,x,A)$ 的一个非常返集，则由

$$\int_0^\infty P(t,x,A)\mathrm{d}t < \infty, \quad \lim_{t \to \infty} P(t,x,A) = \pi(x,A)$$

得 $\mu_1(A) = 0$.

（2）若 $P(t,x,A)$ 是弱遍历的，则 $\pi(x,A) \equiv \pi(A)$，所以

$$\mu_1(A) = \mu(E)\pi(A).$$

（3）若 $P(t,x,A)$ 是强遍历的，由于 $q(x)\text{-}q(x,A)$ 保守，即 $\tilde{q}(x,E) \equiv 0$，所以 $\sigma(E) = 0$. 因此

$$
\begin{aligned}
\mu_2(A) &= \lim_{\alpha \to 0^+} \int_E \sigma(\mathrm{d}x)\Psi(\alpha,x,A) \\
&= \lim_{\alpha \to 0^+}\left[\iint_E \sigma(\mathrm{d}x)\Big(\Psi(\alpha,x,A) - \frac{1}{\alpha}\pi(A)\Big)\right] \\
&= \lim_{\alpha \to 0^+}\int_E \sigma(\mathrm{d}x)\Phi(\alpha,x,A).
\end{aligned}
$$

但是，

$$
\lim_{\alpha \to 0^+}\|\Phi(\alpha,\cdot,\cdot) - \Phi(\cdot,\cdot)\| = 0, \quad |\sigma|(E) < \infty,
$$

所以 $\mu_2(A) = \int_E \sigma(\mathrm{d}x)\Phi(x,A)$.

最后我们证明分解的唯一性，若存在另一组满足定理要求的分解，即是

$$
\mu = \mu_1^* + \mu_2^*.
$$

μ_1^* 是 $P(t,x,A)$ 的赋号谐测度，μ_2^* 是广义的纯盈赋号测度，且是某一赋号测度 ν 的位势，则有

$$
\begin{aligned}
\mu_1^*(A) &= \int_E \mu_1^*(\mathrm{d}x)P(t,x,A) \\
&= \int_E \mu(\mathrm{d}x)P(t,x,A) - \int_E \mu_2^*(\mathrm{d}x)P(t,x,A), \\
&\quad \lim_{t \to \infty}\int_E \mu_2^*(\mathrm{d}x)P(t,x,A) = 0.
\end{aligned}
$$

从上述两等式有

$$
\begin{aligned}
\mu_1^*(A) &= \lim_{t \to \infty}\int_E \mu_1^*(\mathrm{d}x)P(t,x,A) \\
&= \lim_{t \to \infty}\int_E \mu(\mathrm{d}x)P(t,x,A) \\
&= \int_E \mu(\mathrm{d}x)\pi(x,A) = \mu_1(A) \quad (A \in \mathscr{E}).
\end{aligned}
$$

唯一性获证. $\qquad\qquad\qquad\qquad\qquad\qquad\qquad\qquad\qquad\qquad$ □

附注 在此定理中并不要求 μ 是盈测度，而一般的 Riesz 分解定

理要求 μ 是盈测度. 如果 μ 是盈测度, 则本定理中的 μ_2 是盈测度.

3.13 对 称 性

设 $(E, \mathscr{E}), \mathscr{M}, \mathscr{L}, \widetilde{\mathscr{A}}, \mathscr{M}^+, \mathscr{L}^+, \widetilde{\mathscr{A}}$ 如 3.12 节所定义.

定义 13.1 设 $K(\cdot, \cdot) \in \widetilde{\mathscr{A}}$, 称 K 是**对称的**, 如果存在 $\mu \in \mathscr{L}^+$, $\mu(E) > 0$, 使

$$\int_B \mu(\mathrm{d}x) K(x, A) = \int_A \mu(\mathrm{d}x) K(x, B) \quad (A, B \in \mathscr{E}). \quad (13.1)$$

这时, 称 μ 是 K 的**对称测度**, 或者说 K 关于 μ 是对称的. 记

$$Kf(x) = \int_E K(x, \mathrm{d}y) f(y) \quad (f \in \mathscr{M}, \ x \in E),$$

$$[\mu, K](A, B) = \int_A \mu(\mathrm{d}x) K(x, B),$$

则 (13.1) 即是

$$[\mu, K](A, B) = [\mu, K](B, A).$$

显然 $\mu \otimes K = [\mu, K](E, \cdot)$, 其中 $\otimes$ 为 Banach 代数 $\widetilde{\mathscr{A}}$ 的乘法符号.

命题 13.1 设 $K \in \widetilde{\mathscr{A}}, \mu \in \mathscr{L}^+$, K 关于 μ 是对称的, 则 K^n 亦然, K^n 表 $\widetilde{\mathscr{A}}$ 中的元素 K 自乘 n 次.

证 任取 $A, B \in \mathscr{E}$, 我们有

$$\int_A \mu(\mathrm{d}x) K^n(x, B) = \int_A \mu(\mathrm{d}x) \int_E K(x, \mathrm{d}y) K^{n-1}(y, B)$$

$$= \int_E [\mu, K](A, \mathrm{d}y) K^{n-1}(y, B)$$

$$= \int_E [\mu, K](\mathrm{d}y, A) K^{n-1}(y, B)$$

$$= \int_E \mu(\mathrm{d}y) K(y, A) K^{n-1}(y, B), \quad (13.2)$$

仿之

$$\int_A \mu(\mathrm{d}x) K^n(x, B) = \int_E \mu(\mathrm{d}y) K^{n-1}(y, A) K(y, B), \quad (13.3)$$

所以由(13.2),(13.3) 得

$$\int_B \mu(\mathrm{d}x) K^n(x,A) = \int_E \mu(\mathrm{d}y) K(y,B) K^{n-1}(y,A)$$

$$= \int_A \mu(\mathrm{d}x) K^n(x,B). \qquad \Box$$

定理 13.1 设 $K \in \widetilde{\mathscr{A}}$, $\mu \in \mathscr{L}^+$, $\mu(E) > 0$, 则下列陈述等价:

(1) K 关于 μ 是对称的;

(2) $\displaystyle\int_E \mu(\mathrm{d}x) f(x) K(x,B) = \int_B \mu(\mathrm{d}x) \int_E K(x,\mathrm{d}y) f(y)$

$$(B \in \mathscr{E}, f \in \mathrm{b}\mathscr{E} \ (\text{或} \ \mathscr{E}^+));$$

(3) $\displaystyle\int_E \mu(\mathrm{d}x) f(x) K g(x) = \int_E \mu(\mathrm{d}x) g(x) K f(x)$

$$(f,g \in \mathrm{b}\mathscr{E} \ (\text{或} \ \mathscr{E}^+));$$

(4) $\displaystyle\int_E \mu(\mathrm{d}x) (K^n h(x))(K^m g(x))$

$$= \int_E \mu(\mathrm{d}x) (K^s h(x))(K^t g(x))$$

$$(m+n = s+t, h,g \in \mathrm{b}\mathscr{E} \ (\text{或} \ \mathscr{E}^+)).$$

证 应用单调类定理(参看[20] 第 0 章)易证: (1)⇒(2)⇒(3). 而(4)⇒(1) 是显然的.

(3)⇒(4). 若(3)成立, 则由命题13.1得知 $K^u(u=0,1,2,\cdots)$ 也是关于 μ 对称的, 因此

$$\int_E \mu(\mathrm{d}x)(K^n h(x))(K^m g(x)) = \int_E \mu(\mathrm{d}x) g(x) K^m (K^n h(x))$$

$$= \int_E \mu(\mathrm{d}x) g(x)(K^{m+n} h)(x),$$

此即(4) 成立. $\qquad \Box$

定理 13.2 设 $K \in \widetilde{\mathscr{A}}^+$, $\mu \in \mathscr{L}^+$, K 关于 μ 是对称的, $K \leqslant 1$, 则 μ 是 K 的盈测度(即 $\mu \otimes K \leqslant \mu$), 若还有 $K(\cdot, E) \equiv 1$, 则 μ 是 K 的谐测度(即 $\mu \otimes K = \mu$).

证　因为 K 关于 μ 对称，$K \leqslant 1$，所以

$$\mu(A) \geqslant \int_A \mu(\mathrm{d}x) K(x,E) = \int_E \mu(\mathrm{d}x) K(x,A) \quad (A \in \mathscr{E}),$$

此即 μ 是 K 的盈测度. 若 $K(x,E) \equiv 1$，则上式中的"$\geqslant$"可代之以"$=$"，此即 μ 是 K 的谐测度.　　□

定理 13.3　若 $K \in \widetilde{\mathscr{A}}^+$，$\mu \in \mathscr{L}^+$，$K$ 关于 μ 是对称的，且

$$\lim_{n \to \infty} K^n(x,A) = \widetilde{K}(x,A) \quad (x \in E, A \in \mathscr{E}),$$

$\widetilde{K} \in \widetilde{\mathscr{A}}$，$\sup\limits_{n \geqslant 1,\, x \in E} K^n(x,E) < \infty$，则

(1)　$\widetilde{K}$ 关于 μ 是对称的；

(2)　$\displaystyle\int_E \mu(\mathrm{d}x)(\widetilde{K}h(x))(K^m g(x) - K^n g(x)) = 0$

$$(m,n \geqslant 0,\ g,h \in \mathrm{b}\mathscr{E});$$

(3)　$\widetilde{K} \otimes K = K \otimes \widetilde{K} = \widetilde{K}$.

证　因 K 关于 μ 对称，所以 K^n 亦然，用第一章引理 7.3 得

$$\int_E \mu(\mathrm{d}x) f(x) \int_E \widetilde{K}(x,\mathrm{d}y) g(y)$$

$$= \lim_{n \to \infty} \int_E \mu(\mathrm{d}x) f(x) \int_E K^n(x,\mathrm{d}y) g(y)$$

$$= \lim_{n \to \infty} \int_E \mu(\mathrm{d}x) g(x) \int_E K^n(x,\mathrm{d}y) f(y)$$

$$= \int_E \mu(\mathrm{d}x) g(x) \int_E \widetilde{K}(x,\mathrm{d}y) f(y) \quad (f,g \in \mathrm{b}\mathscr{E}).$$

用定理 13.1 得知(1)成立.

再用定理 13.1 (4)，有

$$\int_E \mu(\mathrm{d}x)(K^{t-m}h(x))(K^m g(x))$$

$$= \int_E \mu(\mathrm{d}x)(K^{t-n}h(x))(K^n g(x)),$$

令 $t \to \infty$ 并应用控制收敛定理即得(2).

由第一章引理 7.3 及控制收敛定理立得(3).　　□

定理 13.4　若 $K_n \in \widetilde{\mathscr{A}}$, $\mu \in \mathscr{L}^+$, K_n 关于 μ 是对称的, $n = 1$, $2, \cdots, m$, 且

$$K_1 \otimes K_2 \otimes \cdots \otimes K_m = K_m \otimes K_{m-1} \otimes \cdots \otimes K_1,$$

则 $K_1 \otimes K_2 \otimes \cdots \otimes K_m$ 关于 μ 是对称的.

证　反复应用定理 13.1 有

$$\int_B \mu(\mathrm{d}x) \int_E K_1(x, \mathrm{d}x_1) \int_E K_2(x_1, \mathrm{d}x_2) \cdots \int_E K_m(x_{m-1}, \mathrm{d}x_m) I_A(x_m)$$

$$= \int_E \mu(\mathrm{d}x) \left(\int_E K_2(x, \mathrm{d}x_2) \int_E K_3(x_2, \mathrm{d}x_3) \cdots \right.$$

$$\left. \int_E K_m(x_{m-1}, \mathrm{d}x_m) I_A(x_m) \right) \int_E K_1(x, \mathrm{d}x_1) I_B(x_1)$$

$$= \int_E \mu(\mathrm{d}x) \left(\int_E K_3(x, \mathrm{d}x_3) \cdots \int_E K_m(x_{m-1}, \mathrm{d}x_m) I_A(x_m) \right)$$

$$\cdot \left(\int_E K_2(x, \mathrm{d}x_2) \int_E K_1(x_2, \mathrm{d}x_1) I_B(x_1) \right)$$

$$= \cdots$$

$$= \int_E \mu(\mathrm{d}x) \left[\int_E K_m(x, \mathrm{d}x_m) I_A(x_m) \right] \left[\int_E K_{m-1}(x, \mathrm{d}x_{m-1}) \right.$$

$$\left. \int_E K_{m-2}(x_{m-1}, \mathrm{d}x_{m-2}) \cdots \int_E K_1(x_2, \mathrm{d}x_1) \cdot I_B(x_1) \right]$$

$$= \int_E \mu(\mathrm{d}x) I_A(x) \int_E K_m(x, \mathrm{d}x_m) \int_E K_{m-1}(x_m, \mathrm{d}x_{m-1})$$

$$\cdots \int_E K_1(x_2, \mathrm{d}x_1) I_B(x_1)$$

$$= \int_A \mu(\mathrm{d}x) \int_E K_1(x, \mathrm{d}x_1) \int_E K_2(x_1, \mathrm{d}x_2)$$

$$\cdots \int_E K_m(x_{m-1}, \mathrm{d}x_m) I_B(x_m) \quad (A, B \in \mathscr{E}),$$

此即 $K_1 \otimes K_2 \otimes \cdots \otimes K_m$ 关于 μ 是对称的.　　□

下面我们将利用 Banach 代数 $\widetilde{\mathscr{A}}$ 中的元素 K 的对称性概念, 来研究马尔夫过程及其转移函数的对称性问题.

定义 13.2　设 $(\Omega, \mathscr{F}, P)$ 是一完备概率空间, $\{\mathscr{F}_t : t \in [0, \infty)\}$ 是 $\mathscr{F}$ 中一族单调非降子 σ 代数即是 $\mathscr{F}_t \supset \mathscr{F}_s$ $(0 \leqslant s \leqslant t)$, $(E, \mathscr{E})$ 为可测空

200

间，对任何 $t \in [0, \infty)$，有 $X_t: \Omega \to E$，如果

$$X_t \in \mathscr{F}_t / \mathscr{E} \quad (t \in [0, \infty)),$$

则称 $X = \{X_t: t \in [0, \infty)\}$ 是 $\{\mathscr{F}_t\}$ 适应随机过程. 若还有 $(E, \mathscr{E})$ 上的概率测度 μ 及转移函数 $P(s, t, x, A)$，使

(1) $P(X_0 \in A) = \mu(A) \ (A \in \mathscr{E})$；

(2) $\boldsymbol{E}(f(X_{s+t}) \mid \mathscr{F}_s) = P(s, s+t, X_s, f)$

$$(0 \leqslant s, t < \infty, \ f \in \mathrm{b}\mathscr{E}),$$

其中 $\boldsymbol{E}(Y \mid \mathscr{F}_s)$ 表 Y 对 $\mathscr{F}_s$ 的条件期望，

$$P(s, s+t, x, f) = \int_E P(s, s+t, x, \mathrm{d}y) f(y),$$

则称 X 是适应于 $\{\mathscr{F}_t\}$ 的以 μ 为初始分布的以 $P(s, t, x, A)$ 为转移函数的马尔可夫过程. 如果 $\{\mathscr{F}_t\}$ 未特别指明，就意味着

$$\mathscr{F}_t = \sigma(X_s, \ s \leqslant t) = \sigma\Big(\bigcup_{s \leqslant t} X_s^{-1}(\mathscr{E})\Big)$$

是由 $X_s (s \leqslant t)$ 所产生的 σ 代数，$\sigma(\mathscr{G})$ 表示由集合系 $\mathscr{G}$ 所产生的 σ 代数.

马尔可夫过程 X 是时齐的即其转移函数是时齐的.

定义 13.3 称马尔可夫过程 $X = \{X_t: t \in [0, \infty)\}$ 是对称的，如果

$$P(X_s \in A, \ X_t \in B) = P(X_t \in A, \ X_s \in B)$$

$$(0 \leqslant s < t < \infty, \ A, B \in \mathscr{E}).$$

称准转移函数 $P(s, t, x, A)$ 是对称的，如果存在概率测度 μ，使

$$\int_A u_s(\mathrm{d}x) P(s, t, x, B) = \int_B u_s(\mathrm{d}x) P(s, t, x, A)$$

$$(A, B \in \mathscr{E}, \ 0 \leqslant s < t < \infty),$$

此处

$$u_s(A) = \int_E \mu(\mathrm{d}x) P(0, s, x, A).$$

此时，称 $P(s, t, x, A)$ 关于 μ 是对称的，而 μ 称为 $P(s, t, x, A)$ 的对称测度.

显然，若 $P(s, t, x, A)$ 是对称的，则对任何 $0 \leqslant s \leqslant t < \infty$，$P(s, t, \cdot, \cdot)$ 作为 Banach 代数 $\widetilde{\mathscr{A}}$ 中的元素是对称的.

定理 13.5 设 X 是以 $P(s,t,x,A)$ 为转移函数的马尔可夫过程，则 X 对称的充要条件是 $P(s,t,x,A)$ 是对称的.

证 由定义即得. □

定理 13.6 设 X 是以 μ 为初始分布以 $P(t,x,A)$ 为转移函数的时齐的马尔可夫过程，$P(t,x,A)$ 关于 μ 对称. 如果

$$0 \leqslant t_1 < t_2 < \cdots < t_n < \infty,$$

$$t_n - t_{n-1} = t_2 - t_1, \ t_{n-1} - t_{n-2} = t_3 - t_2, \ \cdots,$$

$f: E^n \to \mathbf{R}^1$，$f \in b\mathscr{E}^n$（此处 E^n 表 E 的 n 重笛卡儿积，$\mathscr{E}^n$ 是 $\mathscr{E}$ 的 n 重乘积 σ 代数），则

$$\mathbf{E}(f(X_{t_1}, X_{t_2}, \cdots, X_{t_n})) = \mathbf{E}(f(X_{t_n}, X_{t_{n-1}}, \cdots, X_{t_1})),$$

特别地，对于任何 $A_1, A_2, \cdots, A_n \in \mathscr{E}$，有

$$P(X_{t_1} \in A_1, \ \cdots, \ X_{t_n} \in A_n) = P(X_{t_1} \in A_n, \ \cdots, \ X_{t_n} \in A_1),$$

此处 $\mathbf{E}$ 是期望算子，即是 $\mathbf{E}(Y) = \int_{\Omega} Y \mathrm{d}P.$

证 令 $s_m = t_{m+1} - t_m$，$\mu_t(A) = \int_E \mu(\mathrm{d}x)P(t,x,A)$，$f_i \in b\mathscr{E}$，

$$h_m^n(x) = \int_E P(s_m, x, \mathrm{d}x_{n-m})\int_E P(s_{m+1}, x_{n-m}, \mathrm{d}x_{n-m-1})\cdots$$

$$\int_E P(s_{n-1}, x_2, \mathrm{d}x_1)f_{n-m}(x_{n-m})\cdots f_1(x_1)$$

$$= \int_E P(s_{n-m}, x, \mathrm{d}x_{n-m})\int_E P(s_{n-m-1}, x_{n-m}, \mathrm{d}x_{n-m-1})\cdots$$

$$\int_E P(s_1, x_2, \mathrm{d}x_1)f_{n-m}(x_{n-m})\cdots f_1(x_1),$$

$$(P_t f)(x) = \int_E P(t,x,\mathrm{d}y)f(y), \quad (\mu, f) = \int_E \mu(\mathrm{d}x)f(x),$$

则有

$$h_m^n(x) = P_{s_{n-m}}(f_{n-m}h_{m+1}^n)(x).$$

又因为由定理 13.1 有

$$(\mu_{t_1}, g_1 P_t g_2) = (\mu_{t_1}, g_2 P_t g_1) \quad (t_1, t \geqslant 0, \ g_i \in b\mathscr{E}),$$

所以

$$E(f_n(X_{t_1})f_{n-1}(X_{t_2})\cdots f_1(X_{t_n}))$$

$$= \int_E \mu_{t_1}(\mathrm{d}x_n)\int_E P(s_1,x_n,\mathrm{d}x_{n-1})\cdots\int_E P(s_{n-1},x_2,\mathrm{d}x_1)$$

$$\cdot [f_n(x_n)f_{n-1}(x_{n-1})\cdots f_1(x_1)]$$

$$= (\mu_{t_1},f_n h_1^n) = (\mu_{t_1},f_n P_{s_{n-1}}(f_{n-1}h_2^n))$$

$$= (\mu_{t_1},f_{n-1}h_2^n P_{s_{n-1}}f_n)$$

$$= (\mu_{t_1},f_{n-1}(P_{s_{n-1}}f_n)\cdot P_{s_{n-2}}(f_{n-2}h_3^n))$$

$$= (\mu_{t_1},f_{n-2}\cdot h_3^n P_{s_{n-2}}(f_{n-1}P_{s_{n-1}}f_n))$$

$$= \cdots$$

$$= (\mu_{t_1},f_2 h_{n-1}^n\cdot P_{s_2}(f_3 P_{s_3}(\cdots(f_{n-1}P_{s_{n-1}}f_n)\cdots)))$$

$$= E(f_1(X_{t_1})f_2(X_{t_2})\cdots f_n(X_{t_n})).$$

应用单调类定理(参看[20] 第 0 章(2.5)) 可得

$$E(f(X_{t_1},\cdots,X_{t_n})) = E(f(X_{t_n},\cdots,X_{t_1})). \qquad \square$$

定理 13.7 转移函数 $P(s,t,x,A)$ 是对称的充要条件是：存在一个概率测度 μ，使

$$\int_A \mu(\mathrm{d}x)P(s,t,x,B) = \int_B \mu(\mathrm{d}x)P(s,t,x,A)$$

$$(0 \leqslant s < t < \infty,\ A,B \in \mathscr{E}). \qquad (13.4)$$

这时有

$$\int_E \mu(\mathrm{d}x)P(0,s,x,A) \equiv \mu(A) \quad (s \geqslant 0). \qquad (13.5)$$

证 充分性 若存在概率测度 μ 使(13.4) 成立, 则

$$\int_E \mu(\mathrm{d}x)P(0,s,x,A) = \int_A \mu(\mathrm{d}x)P(0,s,x,E) = \mu(A),$$

显然这时 $P(s,t,x,A)$ 关于 μ 是对称的.

必要性 若 $P(s,t,x,A)$ 关于某个 μ 是对称的, 可证(13.4),
(13.5) 成立. 事实上, 由对称性有

$$\int_A \mu_s(\mathrm{d}x)P(s,t,x,B) = \int_B \mu_s(\mathrm{d}x)P(s,t,x,A), \qquad (13.6)$$

其中

$$\mu_s(A) = \int_E \mu(\mathrm{d}x) P(0,s,x,A) \quad (s \geq 0,\, A \in \mathscr{E}) \qquad (13.7)$$

在(13.6)中取 $s=0$ 并应用(13.7)知 $\mu_0 = \mu$ 可得

$$\int_A \mu(\mathrm{d}x) P(0,t,x,B) = \int_B \mu(\mathrm{d}x) P(0,t,x,A). \qquad (13.8)$$

在(13.8)中取 $B=E$ 并用(13.7)得

$$\mu(A) = \int_A \mu(\mathrm{d}x) P(0,t,x,E) = \int_E \mu(\mathrm{d}x) P(0,t,x,A)$$

$$= \mu_t(A) \quad (t \geq 0,\, A \in \mathscr{E}). \qquad (13.9)$$

由(13.6),(13.9)得(13.4)和(13.5). $\qquad\square$

下设 $P(s,t,x,A)$ 是标准准转移函数,$R(\lambda,s,x,A)$ 是其右拉氏变换(参看定义5.1).

定义 13.4 称 $R(\lambda,s,x,A)$ 是**对称的**,如果存在 $\mu_s(A)$,使 $\mu_s(\cdot) \in \mathscr{L}^+$,$\mu(A)$ 是右连续函数,$\mu = \mu_0$ 是概率测度,而且

$$\int_0^\infty \mu_s(A) \mathrm{e}^{-\lambda s} \mathrm{d}s = \int_E \mu(\mathrm{d}x) R(\lambda,s,x,A)$$

$$(\lambda > 0,\, A \in \mathscr{E}), \qquad (13.10)$$

$$\int_A \mu_s(\mathrm{d}x) R(\lambda,s,x,B) = \int_B \mu_s(\mathrm{d}x) R(\lambda,s,x,A)$$

$$(s \geq 0,\, \lambda > 0,\, x \in E,\, A,B \in \mathscr{E}). \qquad (13.11)$$

这时,称 $R(\lambda,s,x,A)$ **关于 μ_s 对称.**

定理 13.8 对任意标准准转移函数 $P(s,t,x,A)$,它对称的充要条件是 $R(\lambda,s,x,A)$ 对称.

证 用拉氏变换之唯一性定理可证定理13.8. $\qquad\square$

系 1 若 $P(s,t,x,A)$ 是标准转移函数(等价地,$\lambda R(\lambda,s,x,E) \equiv 1$),则 $R(\lambda,s,x,A)$ 关于 μ 对称的充要条件是

$$\int_A \mu(\mathrm{d}x) R(\lambda,s,x,B) = \int_B \mu(\mathrm{d}x) R(\lambda,s,x,A)$$

$$(\lambda > 0,\, s \geq 0,\, A,B \in \mathscr{E},\, \mu \text{ 是概率测度}). \qquad (13.12)$$

这时有

$$(\Delta_1)\quad\begin{cases}\displaystyle\int_0^\infty \mu_s(A)\mathrm{e}^{-\lambda s}\,\mathrm{d}s = \int_E \mu(\mathrm{d}x)R(\lambda,0,x,A)\\[2mm]\mu_.(A)\text{ 右连续},\ \mu_s(\cdot)\in\mathscr{L}^+,\ \mu_0=\mu\text{ 是概率测度},\\[2mm]\text{恰有 }\mu\text{ 作为其唯一解}.\end{cases}$$

证 若 $R(\lambda,s,x,A)$ 关于 μ 对称，(13.11) 化为 (13.12)，又由定义，(Δ_1) 必有满足 (3.11) 的解 μ_s. 但是，

$$\lambda R(\lambda,s,x,E)\equiv 1,$$

所以由 (Δ_1) 及 (13.11) 有

$$\int_0^\infty \mu_s(A)\mathrm{e}^{-\lambda s}\,\mathrm{d}s = \int_E \mu(\mathrm{d}x)R(\lambda,0,x,A)$$

$$= \int_A \mu(\mathrm{d}x)R(\lambda,0,x,E) = \frac{\mu(A)}{\lambda}.$$

由拉氏变换的唯一性定理得 $\mu_s\equiv\mu$. 此即 (Δ_1) 以 μ 作为其唯一解.

反之，若 (13.12) 成立，取 $\mu_s\equiv\mu$，易证 $R(\lambda,s,x,A)$ 关于 μ 对称.

$\square$

定义 13.5 称 q 函数 $\tilde{q}(t,x,A)$（其定义参见定义 4.1）是**对称的**，如果存在 $\mu_t\in\mathscr{L}^+$，使

$$\int_E \mu_s(\mathrm{d}x)q(t,x) < \infty,\qquad (13.13)$$

$$\int_A \mu_t(\mathrm{d}x)q(t,x,B) = \int_B \mu_t(\mathrm{d}x)q(t,x,A)$$

$$(0\leqslant s,t<\infty,\ x\in E,\ A,B\in\mathscr{E}),\qquad (13.14)$$

$\mu_0=\mu$ 是概率测度，而且

$$\frac{\mathrm{d}}{\mathrm{d}t}\mu_t(A) = \int_E \mu_t(\mathrm{d}x)\tilde{q}(0,x,A)\quad(t\geqslant 0,\ A\in\mathscr{E}),\qquad (13.15)$$

其中

$$q(t,x,A) = \tilde{q}(t,x,A-\{x\}),\qquad q(t,x) = -\tilde{q}(t,x,\{x\}).$$

这时，称 $\tilde{q}(t,x,A)$ **关于** μ_t **对称**.

定义 13.6 设 $(\Omega,\mathscr{F},\mu)$ 为任一测度空间，T 为任一指标集，对任一 $t\in T$，有 $f_t\colon\Omega\to\mathbf{R}^1$，$f_t\in\mathscr{F}/\mathscr{B}^1$. 若

$$\lim_{k \to \infty} \sup_{t \in T} \int_{\{|f_t| > k\}} |f_t| \, \mathrm{d}\mu = 0,$$

则称 $\{f_t, t \in T\}$ 关于测度 μ 是一致可积的.

引理 13.1 若 $\{f_t, t \in T\}$ 关于 μ 是一致可积的, 且 $\mu(\Omega) < \infty$, 则

$$\int_\Omega \liminf_{t \to t_0} f_t \mathrm{d}\mu \leqslant \liminf_{t \to t_0} \int_\Omega f_t \mathrm{d}\mu \leqslant \limsup_{t \to t_0} \int_\Omega f_t \mathrm{d}\mu$$

$$\leqslant \int_\Omega \limsup_{t \to t_0} f_t \mathrm{d}\mu.$$

证 令 $f_t^{(a)} = \max\{a, f_t\} \geqslant a$, 则由 Fatou 引理有

$$\int_\Omega \liminf_{t \to t_0} f_t \mathrm{d}\mu \leqslant \int_\Omega \liminf_{t \to t_0} f_t^{(a)} \mathrm{d}\mu \leqslant \liminf_{t \to t_0} \int_\Omega f_t^{(a)} \mathrm{d}\mu.$$

但是

$$\int_\Omega f_t^{(a)} \, \mathrm{d}\mu = \int_\Omega f_t \mathrm{d}\mu + \int_\Omega (f_t^{(a)} - f_t) \mathrm{d}\mu,$$

$$\int_\Omega (f_t^{(a)} - f_t) \mathrm{d}\mu = \int_{\{f_t < a\}} (a - f_t^{(a)}) \mathrm{d}\mu,$$

当 $a < 0$ 时我们有

$$\left| \int_{\{f_t < a\}} a \mathrm{d}\mu \right| \leqslant \int_{\{f_t < a\}} |f_t| \, \mathrm{d}\mu \leqslant \int_{\{|f_t| < |a|\}} |f_t| \, \mathrm{d}\mu,$$

$$\left| \int_{\{f_t < a\}} f_t \mathrm{d}\mu \right| \leqslant \int_{\{f_t < a\}} |f_t| \, \mathrm{d}\mu \leqslant \int_{\{|f_t| < |a|\}} |f_t| \, \mathrm{d}\mu.$$

因此, 由 $\{f_t\}$ 对 μ 一致可积得知: 任给 $\varepsilon > 0$, 存在 $A > 0$, 当 $|a| > A$ 时有

$$\int_{\{|f_t| < |a|\}} |f_t| \, \mathrm{d}\mu < \frac{\varepsilon}{2} \quad (\text{对一切 } t \in T).$$

所以, 当 $a < -A$ 时有

$$\left| \int_\Omega (f_t^{(a)} - f_t) \mathrm{d}\mu \right| < \varepsilon \quad (t \in T).$$

因此, 当 $a < -A$ 时有

$$\liminf_{t \to t_0} \int_\Omega f_t^{(a)} \, \mathrm{d}\mu \leqslant \liminf_{t \to t_0} \int_\Omega f_t \mathrm{d}\mu + \varepsilon.$$

由 $\varepsilon > 0$ 可以任意小得知

$$\int_\Omega \liminf_{t \to t_0} f_t \, d\mu \leqslant \liminf_{t \to t_0} \int_\Omega f_t \, d\mu.$$

仿之可证：$\displaystyle\limsup_{t \to t_0} \int_\Omega f_t \, d\mu \leqslant \int_\Omega \limsup_{t \to t_0} f_t \, d\mu.$ $\quad\square$

定理 13.9 设 q 函数 $\widetilde{q}(t,x,A)$ 对 t 连续，且存在一个关于 μ 为对称的 q 过程 $P(s,t,x,A)$，对任一固定的 $s \geqslant 0$，$\{q(t,\cdot),\ t \geqslant 0\}$ 对 μ_s 一致可积，此处

$$\mu_s(A) = \int_E \mu(dx) P(0,s,x,A) \quad (s \geqslant 0,\ A \in \mathscr{E}),$$

则 $\widetilde{q}(t,x,A)$ 是对称的.

证 由定理 6.2 (2) 有

$$\left| \frac{P(s,s+t,x,A) - I_A(x)}{t} \right|$$

$$\leqslant \left| \frac{P(s,s+t,x,A-\{x\})}{t} \right| + I_A(x) \frac{1 - P(s,s+t,x,\{x\})}{t}$$

$$\leqslant \frac{2}{t}\left(1 - e^{-\int_s^{s+t} q(u,x)\,du}\right) \leqslant 2q(s+\theta t, x) \quad (0 \leqslant \theta \leqslant 1).$$

所以由 $\{q(t,\cdot),\ t \geqslant 0\}$ 对 μ_s 一致可积得知

$$\left\{ \left| \frac{P(s,s+t,\cdot,A) - I_A(\cdot)}{t} \right|,\ t > 0 \right\}$$

对 μ_s 是一致可积的. 因此，由引理 (3.1) 及 $P(s,t,x,A)$ 的对称性可得

$$\int_A \mu_s(dx) \widetilde{q}(s,x,B) = \lim_{t \to 0^+} \int_A \mu_s(dx) \frac{P(s,s+t,x,B) - I_B(x)}{t}$$

$$= \lim_{t \to 0^+} \int_B \mu_s(dx) \frac{P(s,s+t,x,A) - I_A(x)}{t}$$

$$= \int_B \mu_s(dx) \widetilde{q}(s,x,A).$$

显然此式等价于 (3.14).

类似地，可以证明 $\dfrac{d}{dt}\mu_t(A) = \displaystyle\int_E \mu_t(dx) \widetilde{q}(0,x,A).$ $\quad\square$

定理 13.10 设 q 函数 $\tilde{q}(t,x,A)$ 是 t 的连续函数，对任一固定的 $s \geqslant 0$，$\{q(t,\cdot),\ t \geqslant 0\}$ 对 μ_s 一致可积，其中 $\mu_s \in \mathcal{L}^+$，$\mu.(A)$ 是右连续函数，$\mu_0 = \mu$ 是概率测度，设 $R(\lambda,s,x,A)$ 是任一 q 过程的拉氏变换，则它关于 μ_s 对称的充要条件是

$$\int_B \mu_s(\mathrm{d}x) \int_E q(s+t,x,\mathrm{d}y) \mathrm{e}^{-\int_s^{s+t} q(v,x)\mathrm{d}v} R(\lambda,s+t,y,A)$$

$$= \int_A \mu_s(\mathrm{d}x) \int_E q(s+t,x,\mathrm{d}y) \mathrm{e}^{-\int_s^{s+t} q(v,x)\mathrm{d}v} R(\lambda,s+t,y,B)$$

$$(0 \leqslant s,t < \infty,\ A,B \in \mathcal{E}), \qquad (13.16)$$

$$\int_0^\infty \mu_s(A) \mathrm{e}^{-\lambda s}\,\mathrm{d}s = \int_E \mu(\mathrm{d}x) R(\lambda,0,x,A). \qquad (13.17)$$

证　充分性　由引理 7.2，$R(\lambda,s,x,A)$ 满足倒退方程式

$$(B_\lambda) \qquad R(\lambda,s,x,A) = \int_0^\infty \mathrm{e}^{-\lambda t} I_A(x) \mathrm{e}^{-\int_s^{s+t} q(v,x)\mathrm{d}v}\,\mathrm{d}t$$

$$+ \int_0^\infty \mathrm{d}t \int_E q(s+t,x,\mathrm{d}y) \left(\mathrm{e}^{-\lambda t} \mathrm{e}^{-\int_s^{s+t} q(v,x)\mathrm{d}v} R(\lambda,s+t,y,A) \right).$$

由 (13.16) 及 (B_λ) 有

$$\int_A \mu_s(\mathrm{d}x) R(\lambda,s,x,B)$$

$$= \int_0^\infty \mathrm{d}t \left(\mathrm{e}^{-\lambda t} \int_A I_B(x) \mathrm{e}^{-\int_s^{s+t} q(v,x)\mathrm{d}v} \mu_s(\mathrm{d}x) \right) + \int_0^\infty \mathrm{d}t \left[\mathrm{e}^{-\lambda t} \int_A \mu_s(\mathrm{d}x) \right.$$

$$\left. \left(\int_E q(s+t,x,\mathrm{d}y) \mathrm{e}^{-\int_s^{s+t} q(v,x)\mathrm{d}v} R(\lambda,s+t,y,B) \right) \right]$$

$$= \int_0^\infty \mathrm{d}t \left(\mathrm{e}^{-\lambda t} \int_B I_A(x) \mathrm{e}^{-\int_s^{s+t} q(v,x)\mathrm{d}v} \mu_s(\mathrm{d}x) \right) + \int_0^\infty \mathrm{d}t \left[\mathrm{e}^{-\lambda t} \int_B \mu_s(\mathrm{d}x) \right.$$

$$\left. \cdot \left(\int_E q(s+t,x,\mathrm{d}y) \mathrm{e}^{-\int_s^{s+t} q(v,x)\mathrm{d}v} R(\lambda,s+t,y,A) \right) \right]$$

$$= \int_B \mu_s(\mathrm{d}x) R(\lambda,s,x,A) \quad (\lambda > 0,\ s \geqslant 0,\ A,B \in \mathcal{E}). \quad (13.18)$$

所以 $R(\lambda,s,x,A)$ 关于 μ_s 对称.

必要性　设 $R(\lambda,s,x,A)$ 关于 μ_s 对称. 由倒退方程式 (B_λ) 有

$$\int_0^\infty \mathrm{d}t\left[\mathrm{e}^{-\lambda t}\int_B \mu_s(\mathrm{d}x)\int_E q(s+t,x,\mathrm{d}y)\mathrm{e}^{-\int_s^{s+t}q(v,x)\mathrm{d}v}R(\lambda,s+t,y,A)\right]$$

$$=\int_0^\infty \mathrm{d}t\left[\mathrm{e}^{-\lambda t}\int_A \mu_s(\mathrm{d}x)\int_E q(s+t,x,\mathrm{d}y)\mathrm{e}^{-\int_s^{s+t}q(v,x)\mathrm{d}v}R(\lambda,s+t,y,B)\right].$$

但是, 由第一章引理 7.3,

$$\int_E q(s+t,x,\mathrm{d}y)\mathrm{e}^{-\int_s^{s+t}q(v,x)\mathrm{d}v}R(\lambda,s+t,y,B)$$

作为 t 的函数在 $[0,\infty)$ 上是连续的, 而且界于 $\left[0,\dfrac{q(s+t,x)}{\lambda}\right]$. 此外, 我们还假定了: $\{q(t,\cdot),\ t\geqslant 0\}$ 关于 μ_s 一致可积, 所以由引理 13.1 得知

$$\int_A \mu_s(\mathrm{d}x)\int_E q(s+t,x,\mathrm{d}y)\mathrm{e}^{-\int_s^{s+t}q(v,x)\mathrm{d}v}R(\lambda,s+t,y,B)$$

作为 t 的函数在 $[0,\infty)$ 上连续. 由拉氏变换之唯一性得知条件是必要的. □

定理 13.11　若 $\tilde{q}(t,x,A)$ 是保守的 q 函数, 则它是对称的充要条件是存在一个概率测度 μ, 使得

$$\int_A \mu(\mathrm{d}x)q(t,x,B)=\int_B \mu(\mathrm{d}x)q(t,x,A)\quad (t\geqslant 0,\ A,B\in\mathscr{E}),$$

且上式两边皆有限. 此时

$$(\Delta_2)\begin{cases}\dfrac{\mathrm{d}}{\mathrm{d}t}\mu_t(A)=\displaystyle\int_E \mu_t(\mathrm{d}x)\tilde{q}(0,x,A),\\[2mm]\displaystyle\int_A \mu_t(\mathrm{d}x)q(t,x,B)=\int_B \mu_t(\mathrm{d}x)q(t,x,A)\\[2mm]\quad (A,B\in\mathscr{E},\ t\geqslant 0),\\[2mm]\mu_t\in\mathscr{L}^+,\ \mu_0=\mu\ 是概率测度\end{cases}$$

恰以 μ 作为其唯一解.

证　充分性　设条件成立, 取 $\mu_t=\mu\ (t\geqslant 0)$, 则由保守性知

$$\int_E \mu_s(\mathrm{d}x)q(t,x)=\int_E \mu(\mathrm{d}x)q(t,x,E)<\infty,$$

且 μ_t 是 (Δ_2) 的一个解. 故 $\tilde{q}(t,x,A)$ 关于 $\mu_s\equiv\mu$ 对称.

此时, 若(Δ_2) 还有另一解 $\tilde{\mu}_t$, 则

$$\frac{\mathrm{d}}{\mathrm{d}t}\tilde{\mu}_t(A) = \int_E \tilde{\mu}_t(\mathrm{d}x)\tilde{q}(0,x,A) = \int_A \tilde{\mu}_t(\mathrm{d}x)\tilde{q}(0,x,E) = 0,$$

所以 $\tilde{\mu}_t = \tilde{\mu}_0 = \mu$, 此即($\Delta_2$) 恰以 μ 为唯一解.

必要性 若 $\tilde{q}(t,x,A)$ 对称, 则(Δ_2) 有一解 μ_t. 但是 $\tilde{q}(t,x,A)$ 保守, 所以

$$\frac{\mathrm{d}}{\mathrm{d}t}\mu_t(A) = \int_E \mu_t(\mathrm{d}x)\tilde{q}(0,x,A) = \int_A \mu_t(\mathrm{d}x)\tilde{q}(0,x,E) = 0.$$

因此 $\mu_t \equiv \mu_0 = \mu$, 所以条件成立. $\qquad\qquad\square$

定理 13.12 设 q 函数 $\tilde{q}(t,x,A)$ 保守, 且是 t 的连续函数, 再设它关于 μ 对称, 且

$$\int_E P_0(s,s+t,x,\mathrm{d}y)\int_E q(s+t,y,\mathrm{d}z)R_n(\lambda,s+t,z,A)$$

$$= \int_E (R_n(\lambda,s+t,x,\mathrm{d}y)\int_E q(s+t,y,\mathrm{d}z)P_0(s,s+t,z,A),$$

$$(13.19)$$

$(U_{\lambda,s})$ 只有零解(对一切 $\lambda > 0$, $s \geqslant 0$), 则恰有唯一一个不断的关于 μ 对称的 q 过程, 它就是最小 q 过程 $\overline{P}(s,t,x,A)$. 此处 $P_n(s,s+t,x,A), R_n(\lambda,s,x,A), (U_{\lambda,s})$ 的意义请参看引理 7.1 和定理 7.1.

证 若 $\tilde{q}(t,x,A)$ 保守, 是 t 的连续函数, $(U_{\lambda,s})$ 只有零解, 则由定理 7.1 得知, 恰有唯一一个 q 过程, 它是不断的, 而且就是最小的 q 过程 $\overline{P}(s,t,x,A)$. 令其右拉氏变换为 $\overline{R}(\lambda,s,x,A)$. 由于 $\tilde{q}(t,x,A)$ 关于 μ 对称, 所以

$$\int_A \mu(\mathrm{d}x)q(t,x,B) = \int_B \mu(\mathrm{d}x)q(t,x,A) \quad (t \geqslant 0, \ A,B \in \mathscr{E}).$$

显然 $R_0(\lambda,s,\cdot,\cdot)$ 关于 μ 对称, 且由定义有

$$R_{n+1}(\lambda,s,x,A) = \int_0^\infty \mathrm{d}t\Big(\mathrm{e}^{-\lambda t}\int_E P_0(s,s+t,x,\mathrm{d}y)$$

$$\cdot \int_E q(s+t,y,\mathrm{d}z)R_n(\lambda,s+t,z,A)\Big),$$

因此，由定理 13.4 及本定理的假设，可以对 n 作归纳法来证明 $R_n(\lambda, s, \cdot, \cdot)$ 关于 μ 对称 $(n \geqslant 0)$，因此

$$\int_B \mu(\mathrm{d}x)\overline{R}(\lambda, s, x, A) = \int_A \mu(\mathrm{d}x)\overline{R}(\lambda, s, x, B)$$

$$(\lambda > 0, \, s \geqslant 0, \, A, B \in \mathscr{E}).$$

显然，若令 $\mu_t \equiv \mu$，则

$$\int_0^\infty \mu_t(A)\mathrm{e}^{-\lambda t}\,\mathrm{d}t = \frac{\mu(A)}{\lambda} = \int_A \mu(\mathrm{d}x)\overline{R}(\lambda, 0, x, E)$$

$$= \int_E \mu(\mathrm{d}x)\overline{R}(\lambda, 0, x, A),$$

所以 $\overline{R}(\lambda, s, x, A)$ 关于 μ 对称. $\qquad\square$

系 1　若 q 函数 $\tilde{q}(t, x, A) = \tilde{q}(x, A)$ 不依赖于 $t \geqslant 0$，$\tilde{q}(x, A)$ 保守，关于 μ 对称，$U_\lambda(s)$ 恰以 0 为其解，则 q 过程是唯一的不断的且关于 μ 是对称的. $U_\lambda(s)$ 的定义请见第二章命题 3.2.

证　由第二章定理 5.1、命题 5.2 及本章定理 13.12，为证系 1，只须证明 (13.19) 成立. 但 $P_n(s, s+t, x, A)$，$q(s, x, A)$ 皆不依赖于 s，我们可以用归纳法证明 (13.19) 成立. $\qquad\square$

定理 13.13　如果 q 函数 $\tilde{q}(x, A)$（不依赖 t）是对称的，则最小 q 过程亦为对称的.

证　因 $\tilde{q}(x, A)$ 是对称的，故有 $\mu_t \in \mathscr{L}^+$，$\mu_0 = \mu$ 是概率测度，它们满足

$$\int_A \mu_t(\mathrm{d}x)q(x, B) = \int_B \mu_t(\mathrm{d}x)q(x, A),$$

$$\int_E \mu_t(\mathrm{d}x)q(x) < \infty, \qquad \frac{\mathrm{d}}{\mathrm{d}t}\mu_t(A) = \int_E \mu_t(\mathrm{d}x)\tilde{q}(x, A).$$

因为最小 q 过程的拉氏变换是

$$\overline{R}(\lambda, x, A) = \sum_{n=0}^\infty R_n(\lambda, x, A), \quad R_0(\lambda, x, A) = \frac{I_A(x)}{\lambda + q(x)},$$

$$R_{n+1}(\lambda, x, A) = \int_E R_0(\lambda, x, \mathrm{d}y)\int_E q(y, \mathrm{d}z)R_n(\lambda, x, A) \quad (n \geqslant 0).$$

用归纳法易证：

$$\int_E R_0(\lambda,x,\mathrm{d}y)\int_E q(y,\mathrm{d}z)R_n(\lambda,z,A)$$

$$=\int_E R_n(\lambda,x,\mathrm{d}y)\int_E q(y,\mathrm{d}z)R_0(\lambda,z,A) \quad (n\geqslant 0).$$

再用归纳法还可证明：

$$\int_A \mu_t(\mathrm{d}x)R_n(\lambda,x,B)=\int_B \mu_t(\mathrm{d}x)R_n(\lambda,x,A)$$

$$(n\geqslant 0,\ \lambda>0,\ A,B\in\mathscr{E}).$$

所以

$$\int_A \mu_t(\mathrm{d}x)\overline{R}(\lambda,x,B)=\int_B \mu_t(\mathrm{d}x)\overline{R}(\lambda,x,A)$$

$$(\lambda>0,\ A,B\in\mathscr{E}).$$

但是每一个 q 过程皆满足倒退方程式 (B_λ)：

$$(\lambda+q(x))\overline{R}(\lambda,x,A)-\int_E q(x,\mathrm{d}y)\overline{R}(\lambda,y,A)=I_A(x).$$

又因为

$$\int_0^\infty \mathrm{e}^{-\lambda t}\mu_t(A)\mathrm{d}t=\frac{1}{\lambda}\Big[\mu_0(A)+\int_0^\infty\Big(\mathrm{e}^{-\lambda t}\frac{\mathrm{d}}{\mathrm{d}t}\mu_t(A)\Big)\mathrm{d}t\Big]$$

$$=\frac{1}{\lambda}\Big[\mu_0(A)+\int_0^\infty \mathrm{d}t\Big(\mathrm{e}^{-\lambda t}\int_E\mu_t(\mathrm{d}x)\widetilde{q}(x,A)\Big)\Big]$$

所以

$$\int_E \mu_0(\mathrm{d}x)\overline{R}(\lambda,x,A)$$

$$=\int_0^\infty \mathrm{d}t\Big[\mathrm{e}^{-\lambda t}\int_E\mu_t(\mathrm{d}x)\Big((\lambda+q(x))\overline{R}(\lambda,x,A)$$

$$-\int_E q(x,\mathrm{d}y)\overline{R}(\lambda,y,A)\Big)\Big]$$

$$=\int_0^\infty \mathrm{d}t\Big[\mathrm{e}^{-\lambda t}\int_E\mu_t(\mathrm{d}x)I_A(x)\Big]$$

$$=\int_0^\infty \mathrm{e}^{-\lambda t}\mu_t(A)\mathrm{d}t.$$

定理证毕. $\qquad\qquad\qquad\qquad\qquad\qquad\qquad\qquad\quad\square$

系 1　若 $\tilde{q}(x,A)$ 是对称的，$U_\lambda(s)$ 以 0 为其唯一解，则 q 过程唯一且对称. 此外，此 q 过程是不断的充要条件是 $\tilde{q}(x,A)$ 保守.

证　由第二章命题 5.2、定理 5.1 及本章定理 13.13 即得系 1.

□

定理 13.14　设 q 函数 $\tilde{q}(x,A)$ 保守且对称，则有：

(1) $\dim U_\lambda(s) = 0 \Rightarrow q$ 过程是唯一的不断的对称的；

(2) $\dim U_\lambda(s) > 0 \Rightarrow$ 存在无穷多个不断的对称的 q 过程；

(3) $\dim U_\lambda(s) = 1$，则下面定义的 $\mathscr{R}$ 就是全部 q 过程，每一个 q 过程都是对称的，而且存在无穷多个不断的对称的 q 过程，

(此处 $\dim U_\lambda(s)$ 的意义可参见第二章命题 3.3)

$$\mathscr{R} = \{R(\lambda,x,A): R(\lambda,x,A) = \overline{R}(\lambda,x,A) + \bar{\xi}(\lambda,x)\varphi_\lambda(A),$$

$$\varphi_\lambda(A) = \psi_\lambda(A)(c + \lambda\psi_\lambda(E))^{-1}, \ c \geqslant 0,$$

$$c \text{ 与 } \psi_\lambda \text{ 不同时为 } 0, \ \psi_\lambda \in \mathscr{L}^+, \text{ 并满足}$$

$$\psi_\nu(A) = \int_E \psi_\lambda(\mathrm{d}x)M(\lambda,\nu,x,A), \ \lambda > 0, \ \nu > 0, \ A \in \mathscr{E}\},$$

$$\bar{\xi}(\lambda,x) = 1 - \lambda\overline{R}(\lambda,x,E),$$

$$M(\lambda,\nu,x,A) = I_A(x) - (\lambda - \nu)\overline{R}(\nu,x,A).$$

证　(1)　由定理 13.13 系 1 可得 (1).

(2)　若 $\dim U_\lambda(s) > 0$. 由第二章定理 4.2 得知 $\mathscr{R}$ 是一族 q 过程，且当 $\dim U_\lambda(s) = 1$ 时，它就是全部 q 过程(那儿的 $\Psi(\lambda,x,A)$ 相当于此处的 $R(\lambda,x,A)$，Ψ_2 相当于此处 $\mathscr{R}$). 再用 $\tilde{q}(x,A)$ 的保守性及对称性得知：存在一个概率测度 μ，使得

$$\int_B \mu(\mathrm{d}x)q(x,A) = \int_A \mu(\mathrm{d}x)q(x,B) \quad (A,B \in \mathscr{E}).$$

由定理 13.13 我们有(而今一切 $\mu_t = \mu$)

$$\int_A \mu(\mathrm{d}x)\overline{R}(\lambda,x,B) = \int_B \mu(\mathrm{d}x)\overline{R}(\lambda,x,A)$$

$$(\lambda > 0, \ A,B \in \mathscr{E}),$$

$$\int_E \mu(\mathrm{d}x)\overline{R}(\lambda,x,A) = \int_0^\infty \mu(A)\mathrm{e}^{-\lambda t}\,\mathrm{d}t = \frac{\mu(A)}{\lambda}$$

$$(\lambda > 0, A \in \mathscr{E}).$$

因此，

$$0 \leqslant \int_A \mu(\mathrm{d}x)\overline{\xi}(\lambda,x) \leqslant \int_E \mu(\mathrm{d}x)\overline{\xi}(\lambda,x)$$

$$= \int_E \mu(\mathrm{d}x)(1 - \lambda\overline{R}(\lambda,x,E)) = 0 \quad (A \in \mathscr{E}).$$

所以

$$\int_A \mu(\mathrm{d}x)\overline{\xi}(\lambda,x) \equiv 0,$$

从而对每个 $R(\lambda,x,A) \in \mathscr{R}$，有

$$\int_A \mu(\mathrm{d}x)R(\lambda,x,B) = \int_A \mu(\mathrm{d}x)\overline{R}(\lambda,x,B) = \int_B \mu(\mathrm{d}x)\overline{R}(\lambda,x,A)$$

$$= \int_B \mu(\mathrm{d}x)R(\lambda,x,A) \quad (A,B \in \mathscr{E}),$$

$$\int_E \mu(\mathrm{d}x)R(\lambda,x,A) = \int_E \mu(\mathrm{d}x)\overline{R}(\lambda,x,A) = \int_0^\infty \mathrm{e}^{-\lambda t}\mu(A)\mathrm{d}t.$$

此即 $\mathscr{R}$ 中每一个 $R(\lambda,x,A)$ 都是对称的. 由第二章命题 5.2 $\mathscr{R}$ 中存在无穷多个不断的 q 过程(第二章(5.5)中构造的 q 过程均为不断的 q 过程，且它们都在 $\mathscr{R}$ 中，而(5.5)对不同的 $y \in E$，可构造无穷多个不断的 q 过程).

(3) 由(2)和第二章定理 4.2 得(3). □

参 考 文 献

［1］ K. Yosida. Functional analysis. Sixth edition. Springer-Verlag，1980.

［2］ E. Hille. Functional analysis and semi-groups. New York，1948.

［3］ 关肇直. 泛函分析讲义. 北京：高等教育出版社，1958.

［4］ E. Б. Дынкин. Основания Теории Марковских Процессов. Москва，1959.

［5］ E. Б. Дынкин. Марковские Процессы. Москва，1963.

［6］ J. L. Doob. Stochastic processes. New York，1953.

［7］ J. L. Kelley. General topology. New York，1955.

［8］ P. R. Halmos. Measure theory. New York，1950.

［9］ 胡迪鹤. 抽象空间中 q 过程的构造理论. 数学学报，1966，16（2）：150-165.

［10］ 胡迪鹤. 抽象空间中 q 过程的构造理论（Ⅱ）. 数学学报，1978，21（2）：190-192.

［11］ 胡迪鹤. 度量空间中的转移函数的强连续性、Feller 性及强马尔可夫性. 数字学报，1977，20（4）：298-300.

［12］ 胡迪鹤. 论纯间断的马尔可夫过程. 武汉大学学报（自然科学版），1978（4）：1-18.

［13］ 胡迪鹤. 论纯间断的马尔可夫过程（Ⅱ）. 武汉大学学报（自然科学版），1979（1）：15-38.

［14］ 胡迪鹤. 抽象空间中 q 过程的唯一性准则. 数学学报，1980，23（5）：750-757.

[15] 胡迪鹤. 抽象空间中非时齐的马氏过程的分析理论（Ⅰ）. 数学学报，1979，22（4）：420-437.

[16] 胡迪鹤. 抽象空间中非时齐的马氏过程的分析理论（Ⅱ）. 数学学报，1979，22（5）：530-545.

[17] 胡迪鹤. 抽象空间中非时齐的马氏过程的分析理论（Ⅲ）. 数学学报，1979，22（6）：643-652.

[18] 胡迪鹤. 抽象空间中马氏过程的强遍历性及收敛速度. 数学学报，1984，27（3）：293-304.

[19] 胡迪鹤. 抽象空间中 q 过程的遍历位势. 数学学报，1984，27（4）：469-481.

[20] R. M. Blumenthal，R. K. Getoor. Markov processes and potential theory. New York，1968.

[21] M. Loeve. Probability theory. New York，1955.

[22] D. G. Kendall. Some analytical properties of continuous stationary Markov transition functions. Tran. Amer. Math. Soc. 1955（78）：529-540.

[23] Г. М. 菲赫金哥尔茨. 微积分学教程，第二卷第二分册. 北京大学高等数学教研室译. 北京：高等教育出版社，1954.

[24] C. E. Richart. General theory of Banach algebras. New York，1960.

[25] D. V. Widder. The Laplace transform. Princeton University Press，1946.

[26] R. K. Getoor. Markov processes：Ray processes and right processes. Springer-Verlag，1975.

[27] 王梓坤. 随机过程论. 北京：科学出版社，1978.

[28] 严士健，王隽骧，刘秀芳. 概率论基础. 北京：科学出版社，1982.

[29] 侯振挺，郭青峰. 齐次可列马尔可夫过程. 北京：科学出版社，1978.

[30] 侯振挺. Q过程的唯一性准则. 长沙：湖南科学技术出

版社，1982.

　　［31］　钱敏，侯振挺，等. 可逆马尔可夫过程. 长沙：湖南科学技术出版社，1979.

　　［32］　杨向群. 可列马尔科夫过程构造论. 长沙：湖南科学技术出版社，1980.

　　［33］　王梓坤. 生灭过程与马尔科夫链. 北京：科学出版社，1980.

　　［34］　胡迪鹤. 可数状态的马尔可夫过程论. 武汉：武汉大学出版社，1983.

　　［35］　胡迪鹤. 可逆的马尔可夫核. 武汉大学学报（数学专刊），1980（1）：63-82.

　　［36］　陈木法. 抽象空间中的可逆的马尔可夫过程. 数学年刊，1980：3-4.

　　［37］　陈木法，郑小谷. q 过程的唯一性准则. 中国科学，1982（4）：288-308.

　　［38］　D. Isaacson，G. R. Luecke. Strongly ergodic Markov chains and rates of convergence using spectral conditions. Stochastic processes and their applications，1978（7）：113-121.

　　［39］　J. L. Doob. Asymptotic properties of Markoff transition probabilities. Tran. Amer. Math. Soc. 1948（63）：393-421.

　　［40］　J. L. Doob. Discrete potential theory and boundaries. J. Math. and Mech. 1959（8）：433-458.

　　［41］　A. M. Яглом. The ergodic principle for Markov processes with stationary distribution. Д. А. Н. （С. С. С. Р.），1947（54）：347-349.

　　［42］　D. Vere-Jones. Geometric ergodicity in denumerable Markov chains. Quart. J. Math. Oxford（2），1962（13）7-28.

　　［43］　J. F. C. Kingman. The exponential decay of Markov transition probabilities. Proc. Lodon Math. Soc. 1963（13）：337-358.

［44］ J. F. C. Kingman. Ergodic properties of Continuous time Markov processes and their discrete skeletons. Proc. London Math. Soc. , 1963 (13)：593-604.

［45］ D. G. Kendall. Unitary dilations of Markov transition operators and the corresponding integral representations for transition probability matrices, in：U. Grenander ed. , Probability and statistics. New York, 1959.

［46］ R. V. Chacon, D. S. Ornstein. A general ergodic theorem. Illinois J. Math. , 1960 (4)：153-160.

［47］ R. Syski. Ergodic potential. Stochastic processes and their applications, 1978 (7)：311-336.

［48］ E. Б. Дынкин. Граничная Теория Марковских Процессов. У. М. Н. 1969 (24)：3-42.

［49］ K. L. Chung. Markov chains with stationary transition probabilities. Springer-Verlag, 1960.

［50］ W. Feller. An introduction to probability theory and its applications, Vol. 2. Second edition. Wiley, New York, 1971.

［51］ D. B. Ray. Resolvents, transition functions, and strongly Markovian processes. Ann. Math, 1959 (70)：43-72.

［52］ D. G. Austin. The generalized backword Kolmogorov equition in abstract space. Illinois Journal of Math. , 1959 (3)：532-537.

［53］ W. Feller. On the integral-differential equitions of purely discontinuous Markoff processes. Tran. Amer. Math. Soc. , 1940 (48)：488-515.

［54］ W. Feller. On boundaries and lateral conditions for the Kolmogorov differential equition. Ann. Math. , 1957 (65)：527-570.

索　引

(B)	55
$(B)'$	55
(B_λ)	56
Banach 代数	164
Bochner 积分	6
$\mathscr{D}^*$	55
$^*\mathscr{D}$	55
$\dim U_\lambda(s)$	72
$\dim V_\lambda(s)$	76
$\mathscr{E}$	1
$\varepsilon_x(A)$	1
(F)	59
$(F)'$	59
(F_λ)	59
Feller 性	98
弱～	98
$I_A(x)$	1
K-C 方程式	2
$\mathscr{L}$	2
$\mathscr{M}$	2
$M(\lambda,\mu,x,A)$	71
$P_t,\ t\in\mathbf{T}$	26
$\overline{P}(t,x,A)$	62
$\overline{P}(s,s+t,x,A)$	138
$P_{s,t},\ 0\leqslant s\leqslant t<\infty$	158
q 函数	54
保守的～	54
q 过程	55
不断的～	55
最小的～	62
Q^*	55
$^*Q$	55
$Q(\lambda,s,x,A)$	129
$R(\lambda,s,x,A)$	129
$\mathbf{T}$	1
$U_\lambda(s)$	71
$V_\lambda(s)$	75
$\{V_t:\ t\in\mathbf{T}\}$	26
$\{V_{s,t}:\ 0\leqslant s\leqslant t<\infty\}$	158
$\delta(x,A)$	1
$\Psi(\lambda,x,A)$	70
$\xi(\lambda,x)$	70

＊　＊　＊

一至四画

一致可积的	206
无穷小算子	14

左～	153
右～	153
分割	108
～的直径	108
子～	109

五至七画

半可加性	40
半群	2
双参数～	149
标准型的～	2
压缩型的～	2
拟时齐的～	153
加细	109
正则元素	166
对称测度	197
对称马尔可夫过程	201
对称右拉氏变换	204
对称(准)转移函数	204
对称 q 函数	205
全叠积	109
有界叠积	109
吸收状态	42
位势算子	28
位势测度	194
伴随测度	174
纯盈赋号测度	194
纯盈测度	194

八至十画

非常返集	174
奇异元素	166

适应随机过程	201
转移函数	2
准转移函数	1
时齐的～	2
非时齐的～	106
拟时齐的～	161
标准的～	30
转移密度函数	125
拉氏变换	28
左～	129
右～	129
重～	129
误差函数	183
逆元素	166
盈测度	193
赋号～	193
预解式	16
预解方程式	28
预解算子	16
右～	152
弱收敛	98
弱遍历的	174
右～	174
弱可测	32

十一至十三画

强极限	4
强连续	5
强可导	5
强可测	5
强遍历的	174

　右～　　　　　　　　174

　一致～　　　　　　　174

渐近点谱　　　　　　　170

遍历极限　　　　　　　174

谐测度　　　　　　　　194

　赋号～　　　　　　　193

简单抽象函数　　　　　5

十四画以上

谱　　　　　　　　　　166

谱半径　　　　　　　　166

微叠积　　　　　　　　109

稳定状态　　　　　　　42

瞬变状态　　　　　　　42